Lecture Notes in Mathematics

Edited by A. Dold and B. Eckmann

708

J. P. Jouanolou

Equations de Pfaff algébriques

Springer-Verlag
Berlin Heidelberg New York 1979

Author
Jean-Pierre Jouanolou
Institut de Recherche
Mathématique Avancée
Laboratoire Associé
au C.N.R.S.
Université Louis Pasteur
7, rue René Descartes
F-67084 Strasbourg Cédex

AMS Subject Classifications (1970): 14 F xx, 34 A 20, 34 C 40

ISBN 3-540-09239-0 Springer-Verlag Berlin Heidelberg New York
ISBN 0-387-09239-0 Springer-Verlag New York Heidelberg Berlin

Printing and binding: Beltz Offsetdruck, Hemsbach/Bergstr.
2141/3140-543210

PREFACE

Le texte qui suit est la rédaction de cinq exposés faits par l'auteur dans diverses circonstances, entre Octobre 74 et Octobre 76, et qui ont tous pour thème la classification et l'étude globale des systèmes de Pfaff et des feuilletages " algébriques " sur les variétés algébriques complexes.

Le premier, outre quelques définitions utiles pour la suite, contient une description assez précise de la variété des formes de JACOBI sur un espace projectif, i.e. des formes polynomiales complètement intégrables

$$\omega = \sum_{i=1}^{r+1} \omega_i \, dx_i \ ,$$

où les ω_i sont des polynômes homogènes de degré 2 , avec $\sum_i x_i \omega_i = 0$, ainsi que celle de leurs solutions algébriques. Notons au passage qu'il serait utile d'avoir une classification analogue pour les formes ω " projectives " complètement intégrables de degré m (i.e. $d^\circ(\omega_i) = m$) , ou du moins une énumération des composantes irréductibles de la variété correspondante.

Le deuxième est consacré plus particulièrement aux systèmes de Pfaff algébriques, le plus souvent complètement intégrables, sur un espace projectif. On y aborde notamment les questions suivantes : lieu singulier (cas d'un feuilletage) , majoration du degré des solutions algébriques normales, position relative des solutions algébriques et du lieu singulier, absence de feuilles compactes, ... Il est complété par le suivant, dans lequel la variété X est supposée maintenant seulement algébrique compacte lisse, qui contient, par exemple, lorsque $b_1(X) = 0$, une majoration du nombre de solutions algébriques, supposé fini, d'une forme de Pfaff algébrique ω en fonction du " degré " de ω et du nombre de PICARD $\rho(X)$.

Le quatrième est consacré à la preuve du théorème de densité suivant: parmi les formes de Pfaff algébriques d'un degré donné sur $P^2_{\mathbb{C}}$, celles qui n'ont pas de solution algébrique forment une partie dense pour la topologie ordinaire.

Enfin, on étudie dans le dernier quelques propriétés globales des feuilletages analytiques complexes, ainsi que leurs singularités. Ceci permet de prouver géométriquement un certain nombre de résultats classiques de la théorie des équations différentielles : théorèmes de PAINLEVE, KIMURA, MALMQUIST. Par ailleurs, on y montre que toute feuille F d'un feuilletage $\mathfrak{F}$ analytique de codimension un sur un ouvert lisse U d'une variété algébrique projective intègre X est telle que son adhérence $\overline{F}$ dans X rencontre toute courbe intersection complète ensembliste de " sections hyperplanes " de X , et on donne des applications de cet énoncé.

J'ai été invité à Aarhus et Nymegen, lors de l'élaboration de ces notes et je tiens à remercier les départements de Mathématiques de ces Universités qui m'ont permis, en me donnant l'occasion de faire un cours sur le sujet, de clarifier mes idées.

Mes remerciements vont aussi aux auditeurs du Séminaire d'équations différentielles de Strasbourg, qui ont patiemment écouté mes élucubrations d'algébriste, et en particulier à R. GERARD, dont certaines questions sont à l'origine d'une partie du présent travail.

Enfin, ce fascicule n'existerait pas sans l'excellent travail de frappe de Mme LAMBERT.

Strasbourg, le 25 Janvier 1977

J.P. JOUANOLOU

Note ajoutée en Décembre 1978: Depuis la rédaction des présentes notes, l'auteur a amélioré certains résultats du texte. Les progrès accomplis sont signalés en notes de bas de page.

TABLE DES MATIERES

REFERENCES GENERALES

S G A : Séminaire de géométrie algébrique du Bois-Marie, in Lecture Notes Springer.

E G A : Elements de géométrie algébrique, par A. GROTHENDIECK, pub. I.H.E.S.

EQUATIONS DE JACOBI

Rappelons qu'on appelle classiquement, suivant DARBOUX [1] <u>équation de Jacobi</u> sur $P_{\mathbb{C}}^2$ une équation de Pfaff algébrique

$$P\,dx + Q\,dy + R\,dz = 0 ,$$

P, Q, R désignent des polynômes homogènes de degré 2 en x, y, z, satisfaisant à la relation $xP + yQ + zR = 0$. Ces équations sont équivalentes aux systèmes différentiels définis par un champ de vecteurs algébrique (ou analytique) sur $P_{\mathbb{C}}^2$ et, de ce point de vue, leur classification est bien connue. Après avoir étendu la définition donnée par DARBOUX au cas des espaces projectifs de dimension supérieure, nous nous proposons dans ce qui suit de montrer comment la condition de complète intégrabilité permet une classification aussi précise que celle des champs de vecteurs. En particulier, on obtient ainsi des renseignements sur le nombre et la nature des composantes irréductibles de la variété algébrique des équations de Jacobi.

1. RAPPELS ET GENERALITES SUR LES EQUATIONS DE PFAFF ALGEBRIQUES

1.1. Soit n un entier ≥ 1. Pour tout entier $r \geq 0$, on a

$$\Lambda^r = \Lambda^r_{\mathbb{C}[x_1,\dots,x_n]}\left(\mathbb{C}[x_1,\dots,x_n]^n\right) = \mathbb{C}[x_1,\dots,x_n] \otimes \Lambda^r_{\mathbb{C}}(\mathbb{C}^n) ,$$

ce qui permet de graduer le premier membre par transport de la graduation naturelle de $\mathbb{C}[x_1,\dots,x_n]$. Une r-forme

$$\alpha \in \Lambda^r_{\mathbb{C}[x_1,\dots,x_n]}(\mathbb{C}[x_1,\dots,x_n]^n)$$

est donc dite homogène de degré $p \geq 1$ si elle est combinaison linéaire à coefficients polynômiaux homogènes de degré p en les $dx_{i_1} \wedge \dots \wedge dx_{i_r}$.

Le $\mathbb{C}$-espace vectoriel $\Lambda_{\mathbb{C}[x_1,\dots,x_n]}(\mathbb{C}[x_1,\dots,x_n]^n)$ est muni de façon naturelle de deux structures de complexe :

a) Celle de <u>complexe de de Rham</u> , où la différentielle

$$d : \Lambda^i \to \Lambda^{i+1}$$

est enduite par la différentiation usuelle des fonctions polynômes, et transforme une i-forme homogène de degré p en une $(i+1)$-forme homogène de degré $p-1$. Ce complexe est acyclique en degrés ≥ 1 .

b) <u>Celle de complexe de Koszul</u> , où la différentielle

$$\lrcorner X : \Lambda^i \to \Lambda^{i-1} \quad (\Lambda^i = 0 \text{ si } i < 0)$$

est le produit intérieur par le champ de vecteurs

$$X = \sum_{i=1}^{n} x_i \frac{\partial}{\partial x_i} .$$

C' est une application $\mathbb{C}[x_1,\dots,x_n]$-linéaire , qui conserve le degré d'homogeneité des formes. Le complexe de Koszul ainsi défini n'est autre d'ailleurs que celui associé à la suite régulière $(x_1,\dots,x_n)$ de $\mathbb{C}[x_1,\dots,x_n]$, et par suite il est <u>acyclique</u> excepté en degré 0 . Ceci résulte aussi d'ailleurs du lemme suivant (on est en caractéristique 0 !) .

LEMME 1.2. <u>Soit</u> $\alpha \in \Lambda^r$ <u>une r-forme homogène de degré</u> p .
<u>On a</u>

$$(d\alpha) \lrcorner X + d(\alpha \lrcorner X) = (p+r)\alpha .$$

<u>Preuve</u> : Par C-linéarité, quitte à permuter les variables, on peut supposer que $\alpha = P\, dx_1 \wedge \ldots \wedge dx_r$, où P est un polynôme homogène de degré p . Alors

$$\alpha \lrcorner X = \sum_i (-1)^{i+1} x_i P\, dx_1 \wedge \ldots \wedge \widehat{dx_i} \wedge \ldots \wedge dx_r \text{ , d'où}$$

$$(1.2.1) \quad d(\alpha \lrcorner X) = dP \wedge \Big(\sum_i (-1)^{i+1} x_i . dx_1 \wedge \ldots \wedge \widehat{dx_i} \wedge \ldots \wedge dx_r\Big) + r P\, dx_1 \wedge \ldots \wedge dx_r .$$

Par ailleurs, $d\alpha = dP \wedge dx_1 \wedge \ldots \wedge dx_r$, d'où

$$(1.2.2.) \quad (d\alpha) \lrcorner X = p P\, dx_1 \wedge \ldots \wedge dx_r + \sum_i (-1)^{i+2} x_i dP \wedge dx_1 \wedge \ldots \wedge \widehat{dx_i} \wedge \ldots \wedge dx_r ,$$

car $(dP) \lrcorner X = pP$ d'après la formule d'Euler. Ce lemme résulte aussitôt de l'addition membre à membre de (1.2.1.) et (1.2.2.) .

DEFINITION 1.3. a) <u>Une r-forme homogène de degré</u> p $\omega \in \Lambda^r$ <u>est dite projective si</u> $\omega \lrcorner X = 0$.

b) <u>On appelle équation de Pfaff algébrique sur</u> P^n_C <u>une classe d'équivalence, modulo multiplication par un scalaire non nul, de 1-formes homogènes de degré</u> p <u>non nulles et projectives</u>

$$\omega = \omega_1 dx_1 + \ldots + \omega_n dx_n .$$

Dans le cas b) , la condition de projectivité pour ω s'écrit $\sum_i x_i \omega_i = 0$.

Une 1-forme ω est <u>complètement intégrable</u> si

$$(1.3.1) \qquad \omega \wedge d\omega = 0 .$$

Une équation de Pfaff algébrique sur P^n_C est complètement intégrable si c' est une classe de 1-formes projectives complètement intégrables sur C^{n+1}. Ces définitions coïncident avec la définition géométrique usuelle.

Soit $\omega \in \Lambda^r_{C[x_1,\ldots,x_n]}(C[x_1,\ldots,x_n]^n)$ une r-forme homogène de degré p, projective et complètement intégrable. Appliquant α à (1.3.1), on voit que $(d\omega) \wedge (d\omega) = 0$. Par ailleurs, il résulte de (1.2) et de la relation $\omega \lrcorner X = 0$ que

$$(p+r)\omega = (d\omega) \lrcorner X . \tag{1.3.2}$$

PROPOSITION 1.4. <u>Lorsque l'entier</u> r <u>est impair, l'application</u> $d : \omega \mapsto d\omega$ <u>définit une bijection de l'ensemble des</u> r-<u>formes homogènes de degré</u> p <u>projectives telles que</u> $d\omega \wedge \omega = 0$ <u>sur l'ensemble des</u> (r+1)-<u>formes</u> u <u>homogènes de degré</u> p-1 <u>vérifiant</u>

$$\begin{cases} du = 0 \\ u \wedge u = 0 . \end{cases} \tag{1.4.1}$$

<u>La bijection inverse est l'application</u>

$$\theta : u \longrightarrow \frac{1}{p+r}(u \lrcorner X) . \tag{1.4.2}$$

<u>Preuve</u> : Il est clair que $u = d\omega$ satisfait à (1.4.1).
Inversement, si u vérifie les relations (1.4.1), posons

$$\omega = \frac{1}{p+r}(u \lrcorner X) . \tag{1.4.3}$$

Faisant $\alpha = u$ dans (1.2), on obtient

$$(du) \lrcorner X + (p+r)d\omega = (p-1+r+1)u , \quad \text{d'où}$$

$$u = d\omega , \tag{1.4.4}$$

car $du = 0$ par hypothèse.

Par ailleurs,

$$0 = (u \wedge u) \rfloor X = (u \rfloor X) \wedge u + (-1)^{r+1} u \wedge (u \rfloor X)$$

$$= (u \rfloor X) \wedge u + (-1)^{r+1+r(r+1)} (u \rfloor X) \wedge u$$

$$= 2(u \rfloor X) \wedge u \ ,$$

car r est <u>impair</u>. Compte tenu de (1.4.3), on en déduit que $\omega \wedge d\omega = 0$. D'autre part, il est clair, par définition de ω, que $\omega \rfloor X = 0$, donc l'application θ est bien définie. Notons φ la restriction de d aux r-formes homogènes de degré p, projectives et telles que $\omega \wedge d\omega = 0$ La formule (1.4.4) signifie que $\varphi \circ \theta = id$. Par ailleurs, si $\omega \rfloor X = 0$, il résulte de (1.2) que

$$\omega = \frac{1}{p+r} (d\omega) \rfloor X \ ,$$

d'où $\theta \circ \varphi = id$.

1.5. Explicitons ce qui précède dans le cas $n = 3$ et $r = 1$.

Dans ce cas, si

$$\omega = P\,dx + Q\,dy + R\,dz$$

est une 1-forme homogène de degré $p \geq 1$, dire que ω est projective, i.e. $xP + yQ + zR = 0$, c'est dire, d'après l'acyclicité du complexe de Koszul associé à la 3-suite (x,y,z), qu'il existe trois polynômes L, M, N homogènes de degré $p-1$ tels que

$$(1.5.1) \qquad \begin{cases} P = zM - yN \\ Q = xN - zL \\ R = yL - xM \ , \end{cases}$$

i.e

$$(1.5.2) \qquad \begin{pmatrix} P \\ Q \\ R \end{pmatrix} = \begin{pmatrix} L \\ M \\ N \end{pmatrix} \wedge \begin{pmatrix} x \\ y \\ z \end{pmatrix} .$$

Un tel triplé (L, M, N) peut s'interprêter comme un champ de vecteurs sur $\mathbb{C}^3$, soit $L\frac{\partial}{\partial x} + M\frac{\partial}{\partial y} + N\frac{\partial}{\partial z}$. Si (L', M', N') définit également ω, on a

$$(L'-L)z - (N'-N)y = (N'-N)x - (L'-L)z = (L'-L)y - (M'-M)x = 0 ,$$

d'où résulte aussitôt qu'il existe un polynôme h homogène de degré $p-2$ tel que

$$(1.5.2) \qquad \begin{cases} L' = L + hx \\ M' = M + hy \\ N' = N + hz . \end{cases}$$

Inversement, une famille (L', M', N') de ce type définit également ω. Autrement dit, les champs de vecteurs

$$L\frac{\partial}{\partial x} + M\frac{\partial}{\partial y} + N\frac{\partial}{\partial z} \quad \text{et} \quad L'\frac{\partial}{\partial x} + M'\frac{\partial}{\partial y} + N'\frac{\partial}{\partial z}$$

définissent la même forme ω si et seulement si ils définissent "le même champ de vecteurs rationnel sur $P^2_{\mathbb{C}}$ ".

Ceci dit, soient L_o, M_o, N_o les polynômes définis par

$$(1.5.3) \qquad \frac{d\omega}{p+1} = N_o\, dx \wedge dy + L_o dy \wedge dz + M_o dz \wedge dx .$$

Il résulte de (1.4) que (L_o, M_o, N_o) définit ω, d'où une façon canonique d'associer un champ de vecteurs à ω. Outre qu'il définit ω, ce champ de vecteurs est caractérisé (la condition $u \wedge u = 0$ étant automatiquement réalisée) par la relation

$$d(N_o dx \wedge dy + L_o dy \wedge dz + M_o dz \wedge dx) = 0 ,$$

i.e

$$(1.5.4) \qquad \frac{\partial L_o}{\partial x} + \frac{\partial M_o}{\partial y} + \frac{\partial N_o}{\partial z} = 0 ,$$

ce qui n'est autre que la forme normale de Darboux.

Enfin, on a un énoncé plus précis : la classification des triples (P, Q, R) de polynômes homogènes de degré p vérifiant $xP + yQ + zR = 0$ est <u>équivalente</u> à celle des triples (L, M, N) de polynômes homogènes de degré $p-1$ satisfaisant à la relation $\frac{\partial L}{\partial x} + \frac{\partial M}{\partial y} + \frac{\partial N}{\partial z} = 0$.

1.6. Soit $\omega = \sum_{i=1} \omega_i . dx_i$ une 1 - forme à coefficients polynômiaux sur $\mathbb{C}^n$ et $u : \mathbb{C}^n \to \mathbb{C}^n$ une application linéaire représentée par une matrice $A = a_{ij}$. On a :

$$u^*(\omega) = \sum_{i=1}^{n} [(\omega_i o u)(\sum_{j=1} a_{ij}\, dx_j)] = \sum_{i=1}^{n} [\sum_j (\omega_j o u).a_{ji}] dx_i \text{ , soit}$$

$$(1.6.1) \qquad \begin{pmatrix} u^*(\omega)_1 \\ \vdots \\ u^*(\omega)_n \end{pmatrix} = {}^tA \begin{pmatrix} \omega_1 \circ u \\ \vdots \\ \omega_n \circ u \end{pmatrix} .$$

Soit $M(\omega) \in M_{n\times n}(\mathbb{C}[x_1,\ldots,x_n])$ la matrice jacobienne de l'application $f_\omega : (\omega_1,\ldots,\omega_n) : \mathbb{C}^n \to \mathbb{C}^n$, qui est donc définie par l'égalité

$$(1.6.2) \qquad \begin{pmatrix} d\omega_1 \\ \vdots \\ d\omega_n \end{pmatrix} = M(\omega) \begin{pmatrix} dx_1 \\ \vdots \\ dx_n \end{pmatrix} .$$

L'égalité (1.6.1) peut s'écrire

$$(1.6.3) \qquad f_{u^*(\omega)} = {}^tu \circ f_\omega \circ u ,$$

d'où, posant

$$(1.6.4) \qquad \omega * u = \sum_{i=1}^{n} (\omega_i \circ u) dx_i \text{ , l'égalité}$$

$$(1.6.5) \qquad M(u^*(\omega)) = {}^tA \circ M(\omega * u) \circ A .$$

Par ailleurs le groupe $GL(n)$ opère de façon naturelle sur l'anneau gradué $\mathbb{C}[x_1,\ldots,x_n]$ par la formule

$$P * u = P \circ u ,$$

où $u \in GL(n)$ et $P \in \mathbb{C}(x_1,\ldots,x_n]$ est considéré comme une <u>fonction polynôme</u> . Plus algébriquement , $* u$ est, au niveau des algèbres symétriques l'application

$$* u = S({}^t u) : S((\mathbb{C}^n)^\vee) \to S((\mathbb{C}^n)^\vee) .$$

Notons maintenant, pour $1 \leq i \leq n$)

$$\mathfrak{a}_i(\omega)$$

l'idéal de $\mathbb{C}[x_1,\ldots,x_n)$ engendré par les mineurs d'ordre i de $M(\omega)$. Il résulte aussitôt de (1.6.5) que

$$\mathfrak{a}_i(u^*(\omega)) = \mathfrak{a}_i(\omega) * u , \tag{1.6.6}$$

formule qui nous sera utile pour séparer les orbites du groupe linéaire dans l'espace des formes de Pfaff algébriques. Mieux, notant

$$V_i(\omega)$$

le sous $\mathbb{C}$ - espace vectoriel de $\mathbb{C}[x_1,\ldots,x_n]$ engendré par les mineurs d'ordre i de $M(\omega)$, on a

$$V_i(u^*(\omega)) = V_i(\omega * u) . \tag{1.6.7}$$

2. <u>FORMES ET EQUATIONS DE JACOBI DANS LE PLAN</u> .

2.1. Suivant Darboux, nous appellerons <u>forme de Jacobi</u> (plane) une forme de Pfaff algébrique en trois variables homogène de degré 2 , qui est projective. <u>Une équation de Jacobi</u> sur $P^2_{\mathbb{C}}$ sera une classe, modulo homothéties non nulles, de formes de Jacobi non nulles.

D'après (1.5), les formes de Jacobi planes sont en correspondance biunivoque avec les triples (L, M, N) de polynômes homogènes du 1er degré en (x,y,z) vérifiant

$$\frac{\partial L}{\partial x}+\frac{\partial M}{\partial y}+\frac{\partial N}{\partial z}=0 .$$

Cette correspondance est définie en associant à une forme de Jacobi ω les polynômes L, M, N donnés par

$$(2.1.1) \qquad d\omega = 3(N\, dx\wedge dy + L\, dy\wedge dz + M\, dz\wedge dx) .$$

Autrement dit, notant B la matrice 3×3 à coefficients complexes définie par

$$(2.1.2) \qquad \begin{pmatrix} L \\ M \\ N \end{pmatrix} = B \begin{pmatrix} x \\ y \\ z \end{pmatrix}$$

l'application $\omega \mapsto B$ définit une bijection entre les formes de Jacobi planes et l'espace vectoriel $sl(3,\mathbb{C})$ des matrices 3×3 de trace nulle. Notant Ω_J^1 l'espace vectoriel des formes de Jacobi, soit

$$(2.1.3) \qquad \Omega_J^1 \xrightarrow{\ \sim\ } sl(3,\mathbb{C})$$

cet isomorphisme d'espaces vectoriels.

LEMME 2.2. Soit $u \in GL(3,\mathbb{C})$. Le diagramme

$$\begin{array}{ccccc}
\omega & \Omega_J^1 & \xrightarrow[\sim]{(2.1.3)} & sl(3,\mathbb{C}) & B \\
\downarrow & \downarrow u^* & & \downarrow & \downarrow \\
u^*(\omega) & \Omega_J^1 & \xrightarrow[(2.1.3)]{\sim} & sl(3,\mathbb{C}) & \det(u)\, u^{-1}\circ B\circ u
\end{array}$$

est commutatif.

<u>Preuve</u>. Soit $\omega \in \Omega^1_J$ et L,M,N et B définis par (2.1.1) et (2.1.2) respectivement. Si $u = (u_{ij})$, définissons X,Y,Z par

$$(2.2.1) \qquad \begin{pmatrix} X \\ Y \\ Z \end{pmatrix} = (u_{ij}) \begin{pmatrix} x \\ y \\ z \end{pmatrix}.$$

On a

$$d(u^*\omega) = u^*(d\omega) = (N\circ u)\, dX\wedge dY + (L\circ u)\, dY\wedge dZ + (M\circ u)\, dZ\wedge dX$$

$$= N'\, dx\wedge dy + L' dy\wedge dz + M' dz\wedge dx ,$$

d'où, notant $U = (U_{ij})$ la matrice des cofacteurs de u ,

$$\begin{cases} L' = (L\circ u)\, U_{11} + (M\circ u)\, U_{21} + (N\circ u)\, U_{31} \\ M' = (L\circ u)\, U_{12} + (M\circ u)\, U_{22} + (N\circ u)\, U_{32} \\ N' = (L\circ u)\, U_{13} + (M\circ u)\, U_{23} + (N\circ u)\, U_{33} \end{cases}$$

soit

$$\begin{pmatrix} L' \\ M' \\ N' \end{pmatrix} = ({}^tU\circ B\circ u) \begin{pmatrix} x \\ y \\ z \end{pmatrix}.$$

Mais ${}^tU\circ u = \det(u).\, id$, d'où le lemme.

2.3. Soit maintenant B un élément arbitraire de $gl(3,\mathbb{C})$, d'où des polynômes L,M,N définis par (2.1.2) et une forme de Jacobi ω définie par (1.5.1) . Si B_o est la matrice canoniquement associée à ω , il résulte de (1.5.2) qu'il existe un scalaire λ tel que

$$(2.3.1) \qquad B = B_o + \lambda(id) , \quad \text{et}$$

inversement toute matrice du type (2.3.1) définit la même forme de Jacobi que ω par le procédé (1.5.1) . Si $u \in GL(3,\mathbb{C})$, il résulte de (2.3.1) que

$$u^{-1} \circ B \circ u = u^{-1} \circ (B_o) \circ u + \lambda \ (id) ,$$

ce qui montre, d'après (2.2) , que $u^*(\omega)$ peut être définie par

$$\det(u) \ u^{-1} \circ B \circ u .$$

Dans le même ordre d'idées, remarquons que si ω est définie par une matrice B au moyen de (1.5.1) , la matrice associée canoniquement à ω est

(2.3.2) $$B_o = B - \frac{1}{3} \operatorname{tr}(B) \ . \ id .$$

2.4. Les notations étant les mêmes qu'au début de (2.3) , on suppose de plus que $\omega \neq 0$, i.e. que la matrice B n'est pas un multiple de l'identité. Soit

$$f = ax + by + cz \qquad (a,b,c) \neq (0,0,0)$$

une forme linéaire $\neq 0$. Pour que $f | \omega \wedge df$, il faut et il suffit que

$$ax + by + cz \ | \ aL + bM + cN ,$$

i.e. qu'il existe un scalaire λ tel que

$$a(b_{11}x + b_{12}y + b_{13}z) + b(b_{21}x + b_{22}y + b_{23}z) + c(b_{31}x + b_{32}y + b_{33}z) = \lambda(ax + by + cz) .$$

Autrement dit, il faut et il suffit que (a,b,c) soit un vecteur propre de la de la matrice ${}^tB$.

En particulier, si ω est irréductible, les solutions algébriques de degré 1 de l'équation $\omega = 0$ sont en correspondance biunivoque avec les sous-espaces propres de dimension un de ${}^tB$.

2.5. On se propose maintenant de "classifier" les formes et les équations de Jacobi planes. En principe, le lemme (2.2) donne la réponse : on est ramené au théorème de structure de Jordan. Nous allons dans un premier temps adopter un point de vue légèrement différent mais plus pratique. Nous allons seulement classifier les formes de Jacobi ω, supposées définies par un champ de vecteurs (L,M,N) [ou une matrice B] qui n'est pas nécessairement celui associé canoniquement à ω, et nous intéresser seulement aux orbites du groupe $SL(3,\mathbb{C})$. De plus nous déterminerons dans chaque cas le nombre et la nature des solutions algébriques de l'équation de Pfaff associée, du moins si $\omega \not\equiv 0$.

Notons dès à présent que, pour une forme ω donnée, notant (L,M,N) un champ de vecteurs qui définit ω et (α, β, γ) les valeurs propres de la matrice associée (comptées avec leurs multiplicités), les scalaires $\pm(\alpha-\beta)$, $\pm(\beta-\gamma)$, $\pm(\gamma-\alpha)$ ne dépendent pas, à l'ordre près, de (L,M,N) mais seulement de ω.

Utilisant la classification de Jordan, on est amené à distinguer les cas suivants :

1) <u>Les valeurs propres</u> (α,β,γ) <u>sont distinctes deux à deux</u>.

Modulo $SL(3,\mathbb{C})$, on peut supposer B diagonale

$$B = \begin{pmatrix} \alpha & 0 & 0 \\ 0 & \beta & 0 \\ 0 & 0 & \gamma \end{pmatrix},$$

de sorte qu'une forme réduite de ω est

$$(2.5.1) \qquad \Omega = (\beta-\gamma)yz\,dx + (\gamma-\alpha)zx\,dy + (\alpha-\beta)xy\,dz \ .$$

Ceci montre déjà que la forme ω est irréductible et que, d'après (2.4), l'équation $\omega = 0$ admet exactement 3 solutions algébriques du Ier degré, qui sont dans le cas réduit (2.5.1)

$$x = 0 \; ; \quad y = 0 \; ; \quad z = 0 \; .$$

L'équation de Pfaff associée à Ω peut aussi s'écrire

$$(\beta - \alpha) \frac{dx}{x} + (\gamma - \alpha) \frac{dy}{y} + (\alpha - \beta) \frac{dz}{z} = 0 \; .$$

Comme la forme Ω est irréductible et les polynômes x,y,z sont premiers distincts, il résulte de ([3] prop. 3.7.8) que $\Omega = 0$ a un nombre fini de solutions algébriques si et seulement si l'un des rapports $\frac{\alpha-\beta}{\gamma-\alpha}$, $\frac{\alpha-\beta}{\beta-\gamma}$ est irrationnel. Dans ce cas, comme de toutes manières le nombre de solutions algébriques de $\Omega = 0$ est ≤ 3 ([3] th. 3.3.), on voit que cette équation a exactement trois solutions algébriques [à savoir $x = 0$, $y = 0$, $z = 0$]. Dans le cas contraire, il existe $p,q,r \in \mathbb{Z}$ et $\lambda \in \mathbb{C}^*$ tels que

$$\begin{cases} \alpha - \beta = \lambda r \\ \beta - \gamma = \lambda p \\ \gamma - \alpha = \lambda q \end{cases} , \quad \text{d'où} \quad p + q + r = 0 \; .$$

Quitte à changer λ en $-\lambda$, on peut supposer que deux d'entre eux sont > 0, par exemple $p \geq 1$, $q \geq 1$. L'équation $\Omega = 0$ s'écrit alors

$$p \frac{dx}{x} + q \frac{dy}{y} - (p + q) \frac{dz}{z} = 0 \; ,$$

d'où résulte qu'elle admet

$$\frac{x^p y^q}{z^{p+q}}$$

comme intégrale première. On peut supposer p et q premiers entre eux, de sorte que, pour a et b non nuls, le polynôme $ax^p y^q + bz^{p+q}$ est irréductible. Ceci montre que, hormis les 3 solutions du Ier degré déjà notées, toutes les solutions algébriques de $\Omega = 0$ ont même degré $p+q \geq 2$. En fait, on a même $p+q \geq 3$, excepté lorsque $2\gamma = \alpha + \beta$, qui correspond au cas où la matrice (2.3.2) a l'une de ses valeurs propres nulles.

2) $\alpha = \beta$, $\gamma \neq \alpha$.

Deux formes réduites sont possibles modulo $SL(3,\mathbb{C})$.

a)

$$B = \begin{pmatrix} \alpha & 0 & 0 \\ 0 & \alpha & 0 \\ 0 & 0 & \gamma \end{pmatrix} .$$

Alors $\omega = (\alpha - \gamma) z\, [y\,dx - x\,dy]$ n'est pas irréductible et les solutions de $y\,dx - x\,dy = 0$ sont les droites $\lambda x + \mu y = 0$, où $(\lambda, \mu) \neq (0,0)$.

b)

$$B = \begin{pmatrix} \alpha & 0 & 0 \\ \gamma - \alpha & \alpha & 0 \\ 0 & 0 & \gamma \end{pmatrix} . \qquad (\gamma - \alpha \neq 0\ !)$$

Alors $\omega = (\gamma - \alpha)\, [z(x - y)dx + zx\,dy - x^2 dz]$ est irréductible.

L'équation $\omega = 0$ admet les solutions $x = 0$ et $z = 0$, et nous allons voir que ce sont là ses seules solutions algébriques.

Pour qu'un polynôme irréductible f soit une solution algébrique de $\omega = 0$, il faut et il suffit que f divise

$$\alpha x f'_x + [(\gamma - \alpha)x + \alpha y]\, f'_y + \gamma z f'_z = \alpha(x f'_x + y f'_y + z f'_z) + (\gamma - \alpha)(x f'_y + z f'_z) ,$$

autrement dit, compte tenu de la relation d'Euler, il faut et il suffit qu'il existe un scalaire λ tel que

$$(2.5.1) \qquad x f'_y + z f'_z = \lambda f .$$

Ordonnons f , supposé homogène de degré $m \geq 1$, par rapport aux puissances décroissantes de z :

$$f = z^m f_o + \ldots + z^i\, f_{m-i} + \ldots + f_m ,$$

où les f_α sont homogènes de degré α en x et y .

Si on porte cette expression dans (2.5.1) , on obtient en identifiant les parties homogènes de degré 0 en z :

$$(2.5.2) \qquad x \frac{\partial f_m}{\partial y} = \lambda f_m .$$

Si $f_m = 0$, alors l'irréductibilité de f implique $f = az (a \in \mathbb{C}^*)$, qui en est une des solutions annoncées. Sinon, soit $x^r (r \geq 0)$ la plus grande puissance de x divisant f :

$$(2.5.3) \qquad f_m = x^r g \ , \ x \not| \ g .$$

Utilisant cette expression, on déduit de (2.5.2) que

$$x^{r+1} \frac{\partial g}{\partial y} = \lambda x^r g ,$$

qui entraîne, en comparant avec (2.5.3), que $\lambda = 0$. D'où :

$$(2.5.4) \qquad x f'_y + z f'_z = 0 .$$

Ordonnons maintenant f par rapport aux puissances de x :

$$f = h_o x^m + \ldots + h_{m-i} \, x^i + \ldots + h_m ,$$

où les h_α sont homogènes de degré α en y et z . Portons cette expression dans (2.5.4) :

$$x(x^m \frac{\partial h_o}{\partial y} + \ldots + x^{m-i} \frac{\partial h_i}{\partial y} + \ldots + \frac{\partial h_m}{\partial y}) + z(x^m \frac{\partial h_o}{\partial z} + \ldots + x^{m-i} \frac{\partial h_i}{\partial z} + \ldots + \frac{\partial h_m}{\partial z}) = 0 .$$

En identifiant les composantes de degrés 0 et 1 dans les deux membres, on en déduit :

$$\frac{\partial h_m}{\partial z} = 0 \quad \text{et} \quad \frac{\partial h_m}{\partial y} + z \frac{\partial h_{m-1}}{\partial y} = 0$$

La première égalité signifie que h_m ne dépend pas de z, il résulte de la seconde que $\frac{\partial h_m}{\partial y} = 0$. Comme $d°(h_m) = m \geq 1$, on a $h_m = 0$, d'où résulte, vu l'irréductibilité de f, $f = bx (b \in \mathbb{C}^*)$, qui est la deuxième solution annoncée.

3) $\alpha = \beta = \gamma$

3 formes réduites possibles modulo $SL(3,\mathbb{C})$.

a) $$B = \begin{pmatrix} \alpha & 0 & 0 \\ 0 & \alpha & 0 \\ 0 & 0 & \alpha \end{pmatrix}.$$ Alors $\omega = 0$.

b) $$B = \begin{pmatrix} \alpha & 0 & 0 \\ 1 & \alpha & 0 \\ 0 & 0 & \alpha \end{pmatrix}.$$

Alors $\omega = x(zdx - xdz)$ a pour contenu x et l'équation réduite $zdx - xdz = 0$ a pour solutions algébriques les droites d'équation $\lambda x + \mu z = 0$, $(\lambda,\mu) \neq (0,0)$.

c) $$B = \begin{pmatrix} \alpha & 0 & 0 \\ 1 & \alpha & 0 \\ 0 & 1 & \alpha \end{pmatrix}.$$

Alors $$\omega = (zx - y^2)dx + xydy - x^2dz$$
$$= (2zx - y^2)dx - \frac{1}{2} x \, d(2zx - y^2),$$

de sorte que l'équation $\omega = 0$ a pour intégrale première

$$\frac{2zx - y^2}{x^2}$$

Ses solutions algébriques sont donc la droite $x = 0$ et les coniques

$$y^2 - 2zx = ax^2 \qquad (a \in \mathbb{C}).$$

2.6. Soit ω une forme de Jacobi plane. Nous dirons que ω est <u>spéciale</u> s'il existe une forme linéaire non nulle $\ell \in (\mathbb{C}^3)^\vee$ et 1-forme homogène de degré un α telles que

$$d\omega = \alpha \wedge d\ell \ . \qquad (2.6.1)$$

LEMME 2.6.2. <u>Soit</u> ω <u>une forme de Jacobi plane. Les assertions suivantes sont équivalentes</u> :

(i) ω <u>est spéciale</u>.

(ii) <u>Il existe un polynôme homogène du</u> 2e <u>degré</u> g <u>et une forme linéaire</u> $\neq 0, \ell$, <u>tels que</u>

$$d\omega = dg \wedge d\ell \ ,$$

<u>Si de plus</u> ω <u>est irréductible, (i) et (ii) équivalent à</u>

(iii) <u>L'équation</u> $\omega = 0$ <u>a une solution algébrique de degré</u> 2 .

<u>Preuve</u> : Il est clair que (ii) ⇒ (i) . Inversement, supposons $d\omega$ décomposée en (2.6.1) . Quitte à faire un changement de base, on peut supposer que $\ell = z$, puis supposer α de la forme $Adx + Bdy$. Alors $\alpha = \alpha_1 + z\alpha_o$, où α_o et α_1 sont respectivement homogènes de degré 0 et 1 en x et y . De (2.6.1) résulte que $d\alpha \wedge dz = d(d\omega) = 0$, d'où $d\alpha_1 \wedge dz = 0$ et enfin $d\alpha_1 = 0$. Par suite, il existe un polynôme g_1 homogène de degré 2 en x et y tel que $\alpha_1 = dg_1$. Par ailleurs, si $\alpha_o = adx + bdy$ $(a,b \in \mathbb{C})$, on a

$$z\alpha_o \wedge dz = d(z(ax+by)) \wedge dz \ ,$$

d'où

$$d\omega = d(g_1 + z(ax+by)) \wedge dz \ .$$

Supposons maintenant ω irréductible. Si (ii) est vérifiée, on a

$$3\omega = d\omega \,\lrcorner\, X = 2g\,d\ell - \ell\,dg \ , \qquad (2.6.3)$$

d'où $g \mid \omega\wedge dg$. Si g est irréductible, cela signifie que g est solution algébrique de $\omega = 0$. De toutes manières, vu (2.6.3) , $\ell \nmid g$ et g n'est pas un carré, car, sinon, ω serait réductible.

Par suite, quitte à remplacer g par $g + a\ell^2$ $(a \in \mathbb{C})$, on peut supposer g irréductible. Supposons inversement que $\omega = 0$ ait pour solution $g = 0$, avec g irréductible du deuxième degré. Comme $d^\circ(\omega) = 2$, il résulte de ([3] prop. 4.1) qu'il existe une forme linéaire $\ell \neq 0$ telle que

$$3\,\omega = 2g\,d\ell - \ell\,dg ,$$

d'où, par différentiation, $d\omega = dg\wedge d\ell$.

Convenons maintenant de dire qu'une forme de Jacobi plane est <u>générique</u> si elle n'est pas spéciale.

PROPOSITION 2.6.4. <u>Soit</u> ω <u>une forme de Jacobi plane. Les assertions suivantes sont équivalentes</u>.

(i) ω <u>est générique.</u>

(ii) <u>La matrice associée canoniquement à</u> ω <u>est inversible</u>.

<u>Preuve</u> : Soit B la matrice canoniquement associée à ω , qui est donc de trace nulle. On vérifie l'assertion dans tous les cas étudiés dans 2.5.

1) Les valeurs propres de B sont distinctes. Alors ω est irréductible, donc (2.6.2) spéciale si et seulement si l'équation de Pfaff $\omega = 0$ a une solution de 2e degré. Mais nous avons vu (2.5,1)) que cela a lieu si et seulement si l'une des valeurs propres de B est nulle.

2) B a une valeur propre λ double mais non triple. Comme $tr(B) = 0$, on a nécessairement $\lambda \neq 0$, et il suffit de vérifier l'assertion dans les deux cas suivants :

a) $$B = \begin{pmatrix} \lambda & 0 & 0 \\ 0 & \lambda & 0 \\ 0 & 0 & -2\lambda \end{pmatrix} \quad (\lambda \neq 0) .$$

Alors B est inversible, et ω est générique. En effet, s'il existait une décomposition de $d\omega$ de la forme (2.6.1), avec $\ell = ax+by+cz$, on aurait $d\omega \wedge d\ell = 0$, d'où

$$0 = (xdy \wedge dz + ydz \wedge dx - 2zdx \wedge dy) \wedge (adx + bdy + cdz) = ax + by - 2cz .$$

b) $$B = \begin{pmatrix} \lambda & 0 & 0 \\ \lambda & \lambda & 0 \\ 0 & 0 & -2\lambda \end{pmatrix} \quad (\lambda \neq 0) .$$

Alors B est inversible. D'autre part ω est irréductible et l'équation de Pfaff $\omega = 0$ n'a pas de solution algébrique du 2e degré (2.5.1)b), donc ω est générique (2.6.2).

3) B a pour valeur propre triple 0.

a) Si $B = 0$, alors $\omega = 0$ qui est spéciale

b) Si $B = \begin{pmatrix} 0&0&0 \\ 1&0&0 \\ 0&0&0 \end{pmatrix}$, alors $d\omega = 3xdz \wedge dx$.

c) Si $B = \begin{pmatrix} 0&0&0 \\ 1&0&0 \\ 0&1&0 \end{pmatrix}$, alors $d\omega = 3(xdz - ydy) \wedge dx$.

3. FORMES ET EQUATIONS DE JACOBI : CAS GENERAL.

3.1. Soit n un entier ≥ 2. Nous appellerons forme de Jacobi sur C^{n+1} une forme de Pfaff algébrique en $n+1$ variables.

$$\omega = \sum_{i=1}^{n+1} \omega_i dx_i ,$$

qui est projective, homogène de degré 2 et complètement intégrable.

De même, une <u>équation de Jacobi</u> sur P^n_C sera une classe d'équivalence, modulo homothéties non nulles, de formes de Jacobi non nulles.

Dans le cas $n = 2$, ces définitions coïncident avec celles données dans le § 2 . On s'assure aisément de leur caractère intrinsèque, indépendant du choix d'une base.

3.2. Comme en 2.6. , on dit qu'une forme de Jacobi sur C^{n+1} est <u>spéciale</u> s'il existe une forme linéaire non nulle $\ell \in (C^{n+1})^V$ et une 1-forme α homogène de degré 1 telles que

$$(3.2.1) \qquad d\omega = \alpha \wedge d\ell .$$

On s'assure aisément de la validité du lemme (2.6.2) dans ce cadre plus général.

PROPOSITION 3.2.1. <u>Soit</u> ω <u>une forme de Jacobi sur</u> C^{n+1} . <u>Les assertions suivantes sont équivalentes</u> :

(i) ω <u>est spéciale</u>.

(ii) <u>Pour toute application linéaire injective</u> $\theta : C^3 \hookrightarrow C^{n+1}$, <u>la forme de Jacobi</u> $\theta^*(\omega)$ <u>est spéciale.</u>

<u>Preuve</u> : On peut supposer $n \geq 3$. Par ailleurs, une forme de Pfaff dont l'image réciproque sur tout 3-plan est nulle, est elle-même nulle, donc on peut supposer $\omega \neq 0$. L'assertion (i) $\Rightarrow$ (ii) est immédiate.

Montrons (ii) $\Rightarrow$ (i) . Soit $e_1,\dots,e_{n+1}$ la base canonique de C^{n+1} . Procédant par récurrence sur n , on peut supposer, quitte à faire un changement de coordonnées dans $C^n = Ce_1 \oplus \dots \oplus Ce_n$, que

$$(3.2.2) \qquad d\omega | C^n = dx_1 \wedge \left(\sum_{i=2}^{n} L_i dx_i \right) \neq 0 ,$$

où les L_i sont des formes linéaires en $x_1,\dots,x_n$.

Soit p le rang de la famille $(L_2,\ldots,L_n)$ dans $(\mathbb{C}^n)^\vee$. Quitte à faire un changement de coordonnées dans $\mathbb{C}e_2\oplus\ldots\oplus\mathbb{C}e_n$, on peut supposer que

$$(3.2.3)\qquad \begin{cases} L_i = 0 & i \geq p+1 \\ L_2,\ldots,L_p & \text{linéairement indépendantes ,} \end{cases}$$

et, bien sûr, $L_2 \not\equiv 0$. De (3.2.2.) résulte qu'il existe des scalaires $\ell_i (2 \leq i \leq n)$, $c_{ij}(2 \leq i < j \leq n)$ et des formes linéaires $P_i(1 \leq i \leq n)$ en $x_1,\ldots,x_{n+1}$ tels que

$$(3.2.4)\quad d\omega = dx_1\wedge\Big(\sum_{2\leq i\leq n}(L_i+\ell_i x_{n+1})dx_i\Big) + \sum_{2\leq i<j\leq n} c_{ij}x_{n+1}dx_i\wedge dx_j + \sum_{1\leq i\leq n} P_i dx_i\wedge dx_{n+1}$$

Soient i et j deux entiers, avec $2 \leq i < j \leq n$. La nullité du coefficient de $dx_1\wedge dx_i\wedge dx_j$ dans $d(d\omega) = 0$ s'écrit

$$(3.2.5)\qquad \frac{\partial L_i}{\partial x_j} = \frac{\partial L_j}{\partial x_i} \qquad (2 \leq i < j \leq n) .$$

D'autre part, la nullité du coefficient de $dx_1\wedge dx_i\wedge dx_j\wedge dx_{n+1}$ dans $d\omega\wedge d\omega = 0$ (1.4) fournit

$$3.2.6)\quad (L_i+\ell_i x_{n+1})P_j - (L_j+\ell_j x_{n+1})P_i + c_{ij}x_{n+1}P_1 = 0 \qquad (2\leq i<j\leq n)$$

d'où en particulier

$$L_i P_j \equiv L_j P_i \mod x_{n+1} .$$

<u>Supposons maintenant</u> $p \geq 2$. L'égalité $L_2P_3 \equiv L_3P_2 \mod x_{n+1}$ et le fait que L_2 et L_3 sont linéairement indépendantes, implique qu'il existe $\lambda\in\mathbb{C}$ tel que $P_2 \equiv \lambda L_2 \mod x_{n+1}$. Alors les égalités $L_2P_i \equiv L_iP_2 \mod x_{n+1}$ $(3\leq i\leq n)$ s'écrivent $P_i \equiv \lambda L_i$, autrement dit il existe des $p_i \in \mathbb{C}$ tels que

$$(3.2.7)\qquad P_i = \lambda L_i + p_i x_{n+1} . \qquad (2\leq i\leq n) .$$

La nullité du coefficient de $dx_i \wedge dx_j \wedge dx_{n+1}$ $(2 \leq i < j \leq n)$ dans $d(d\omega) = 0$ s'écrit

$$(3.2.8) \qquad c_{ij} + \frac{\partial P_j}{\partial x_i} - \frac{\partial P_i}{\partial x_j} = 0 ,$$

soit, compte tenu de (3.2.7),

$$c_{ij} = \frac{\partial P_i}{\partial x_j} - \frac{\partial P_j}{\partial x_i} = \lambda\left(\frac{\partial L_i}{\partial x_j} - \frac{\partial L_j}{\partial x_i} \right) = 0 ,$$

la dernière égalité provenant de (3.2.5). Il résulte alors de (3.2.6) que

$$(3.2.9) \qquad P_i = \lambda(L_i + \ell_i x_{n+1}) \qquad (2 \leq i \leq n)$$

Par suite, les c_{ij} étant nuls,

$$d\omega = dx_1 \wedge \Big(\sum_{2 \leq i \leq n} (L_i + \ell_i x_{n+1}) dx_i \Big) + \lambda \sum_{2 \leq i \leq n} (L_i + \ell_i x_{n+1}) dx_i \wedge dx_{n+1} + P_1 \, dx_1 \wedge dx_{n+1}$$

$$= d(x_1 - \lambda x_{n+1}) \wedge \Big[\sum_{2 \leq i \leq n} (L_i + \ell_i x_{n+1}) dx_i + P_1 dx_{n+1} \Big] ,$$

qui est de la forme désirée.

<u>Supposons maintenant</u> $p = 1$, ie $L_i = 0$ $i \geq 3$. De (3.2.5) résulte alors que L_2 est de la forme $ax_1 + bx_2$, avec bien sûr $(a,b) \neq (0,0)$.
Alors, on se ramène par un changement de coordonnées immédiat au cas où $L_2 = x_1$ et (3.2.4) s'écrit alors

$$(3.2.10) \qquad d\,\omega = \begin{cases} dx_1 \wedge (x_1 + \ell_2 x_{n+1}) dx_2 + x_{n+1} \Big(\sum_{3 \leq i \leq n} \ell_i dx_1 \wedge dx_i \Big) \\ + x_{n+1} \Big(\sum_{2 \leq i < j \leq n} c_{ij} dx_i \wedge dx_j \Big) + \sum_{1 \leq i \leq n} P_i dx_i \wedge dx_{n+1} . \end{cases}$$

Soient i et j deux entiers, avec $3 \leq i < j \leq n$. La nullité du coefficient de $dx_1 \wedge dx_2 \wedge dx_i \wedge dx_j$ dans $d\omega \wedge d\omega$ s'écrit

$$(x_1 + \ell_2 x_{n+1}) c_{ij} + x_{n+1} (\ell_j c_{2i} - \ell_i c_{2j}) = 0 \text{ , d'où :}$$

$c_{ij} = 0$ si $i \neq 2$ et , posant pour simplifier

$$m_j = c_{2j} \qquad (3 \leq j \leq n) ,$$

$$(3.2.11) \qquad m_i \ell_j = m_j \ell_i \quad (i,j \in [3,n]) .$$

Par ailleurs, toujours lorsque $3 \leq i < j \leq n$, les nullités respectives des coefficients de $dx_1 \wedge dx_i \wedge dx_j \wedge dx_{n+1}$ et $dx_2 \wedge dx_i \wedge dx_j \wedge dx_{n+1}$ dans $d\omega \wedge d\omega$ s'écrivent :

$$(3.2.12) \qquad \begin{cases} \ell_j P_i = \ell_i P_j \\ m_j P_i = m_i P_j \end{cases} \qquad (i,j \in [3,n])$$

Supposons tout d'abord que les ℓ_i $(2 \leq i \leq n)$ ne soient pas tous nuls. Alors il existe un scalaire λ et une forme linéaire γ sur C^{n+1} tels que

$$(3.2.13) \qquad \begin{cases} m_i = \lambda \ell_i \\ P_i = \ell_i \gamma \end{cases} \qquad i \in [3,n]$$

d'après (3.2.11) et (3.2.13) . La forme linéaire

$$z = \sum_{3 \leq i \leq n} \ell_i x_i$$

est non nulle et linéairement indépendante de x_1, x_2, x_{n+1} . Avec ces notations, on obtient pour $d\omega$ l'expression

$$(3.2.14) \quad d\omega = \begin{cases} (x_1 + \ell_2 x_{n+1}) dx_1 \wedge dx_2 + x_{n+1}(dx_1 + \lambda dx_2) \wedge dz \\ + P_1 dx_1 \wedge dx_{n+1} + P_2 dx_2 \wedge dx_{n+1} + \gamma\, dz \wedge dx_{n+1} . \end{cases}$$

Ecrivons que le coefficient de $dx_1 \wedge dx_2 \wedge dz \wedge dx_{n+1}$ dans $d\omega \wedge d\omega$ est nul. On obtient

$$\gamma(x_1 + \ell_2 x_{n+1}) - P_2 x_{n+1} + \lambda x_{n+1} P_1 = 0 ,$$

d'où l'existence d'un scalaire a tel que

$$(3.2.15)\qquad \begin{cases} Y = ax_{n+1} \\ P_2 = \lambda P_1 + a(x_1 + \ell_2 x_{n+1}) . \end{cases}$$

Portant ces expressions dans (3.1.14) , on voit facilement que

$$d\omega = (dx_1 + \lambda dx_2 - adx_{n+1}) \wedge [(x_1 + \ell_2 x_{n+1})dx_2 + P_1 dx_{n+1} + x_{n+1} dz] ,$$

ce qui permet de conclure dans ce cas. Une preuve analogue s'applique lorsque les m_i ne sont pas simultanément nuls. Il reste enfin le cas où

$$(3.2.16)\quad d\omega = (x_1 + \ell_2 x_{n+1})dx_1 \wedge dx_2 + \sum_{1 \leq i \leq n} P_i dx_i \wedge dx_{n+1} .$$

Alors, l'égalité $d\omega \wedge d\omega = 0$ implique aussitôt que $P_i = 0$ si $i \neq 1,2$. Ecrivant ensuite que $d(d\omega) = 0$, on obtient

$$\frac{\partial P_i}{\partial x_j} = \frac{\partial P_2}{\partial x_j} = 0 \quad \text{si} \quad j \notin \{1,2, n+1\} ,$$

et par suite $d\omega$ est écrite comme forme en 3 variables, ce qui permet de conclure grâce à l'hypothèse de récurrence, qui sert pour la première fois avec toute sa force.

Remarque 3.2.17. Il se peut très bien qu'une forme de Jacobi non spéciale admette une restriction spéciale et non nulle sur un 3 - plan . Ainsi, dans C^4 , dont on note (x,y,z,t) les coordonnées canoniques, la forme

$$\omega = zdx \wedge dy + xdy \wedge dz - 2z\, dz \wedge dx$$

a une restriction régulière sur le 3 - plan engendré par les 3 premiers vecteurs de la base canonique, mais, notant θ le plongement

$$C^3 \longrightarrow C^4$$

$$(u,v,w) \longmapsto (u,u,v,w) ,$$

on a $\theta^*(\omega) = (u+2v)\, du \wedge dv$ qui est non nulle et spéciale.

3.3. On dit qu'une forme de Jacobi ω sur $\mathbb{C}^{n+1}$ est <u>régulière</u> (le terme "générique" n'est plus approprié, comme on verra plus loin) si elle n'est pas spéciale, i.e. s'il existe un 3-plan V tel que $\omega|V$ soit générique.

PROPOSITION 3.3.1. $(n \geq 2)$ <u>Soit ω une forme de Jacobi sur $\mathbb{C}^{n+1}$. Les assertions suivantes sont équivalentes</u> :

(i) ω <u>est régulière</u>

(ii) <u>Il existe une base de $\mathbb{C}^{n+1}$ telle que, notant $x_1,\ldots,x_{n+1}$ les coordonnées par rapport à cette base, on ait</u>

$$d\omega = N\, dx_1 \wedge dx_2 + L\, dx_2 \wedge dx_3 + M\, dx_3 \wedge dx_1 ,$$

<u>où</u> L,M,N <u>sont des formes linéaires en x_1,x_2,x_3 qui sont linéairement indépendantes</u>.

<u>En particulier une forme régulière peut, dans une base convenable, s'exprimer en fonction de trois coordonnées seulement.</u>

<u>Preuve</u> : On a seulement à prouver (i) $\Rightarrow$ (ii) , l'autre assertion étant évidente. Faisons-le d'abord lorsque $n = 3$, et notons x,y,z,t les coordonnées de $\mathbb{C}^4$. Supposons que la restriction de ω au 3-plan $V = (x,y,z)$ soit générique. On a donc

$$d\omega\,|V = N\, dx \wedge dy + L\, dy \wedge dz + M\, dz \wedge dx ,$$

où L,M,N sont des formes linéaires, linéairement indépendantes, en (x,y,z) . Par suite, il existe des scalaires a,b,c et des formes linéaires P,Q,R et les variables (x,y,z,t) tels que

$$d\omega = (N+ct)dx \wedge dy + (L+at)dy \wedge dz + (M+bt)\, dz \wedge dx + (P dx + Q dy + R dz) \wedge dt .$$

La matrice B définie par

$$\begin{pmatrix} L \\ M \\ N \end{pmatrix} = B \begin{pmatrix} x \\ y \\ z \end{pmatrix}$$

étant inversible, on peut, quitte à faire un changement de variables de la forme

$$\begin{cases} X = x + \xi t \\ Y = y + \eta t \\ Z = z + \rho t \end{cases}$$
$$T = t$$

supposer que a = b = c = 0 . D'où

(3.3.2) $$d\omega = N\,dx\wedge dy + L\,dy\wedge dz + M\,dz\wedge dx + (P\,dx + Q\,dy + R\,dz)\wedge dt \ .$$

Posons

(3.3.3) $$\begin{cases} P = P_o + pt \\ Q = Q_o + qt \\ R = R_o + rt \ , \end{cases}$$

où P_o, Q_o, R_o ne dépendent que de (x,y,z) . Ecrivant que $d(d\omega) = 0$, on obtient

$$d(P_o dx + Q_o dy + R_o dz) = 0 \ ,$$

autrement dit, il existe une forme quadratique F en (x,y,z) telle que

$$P_o = \frac{\partial F}{\partial x}, Q_o = \frac{\partial F}{\partial y}, R_o = \frac{\partial F}{\partial z}, \text{ ou encore}$$

(3.3.4) $$\begin{pmatrix} P_o \\ Q_o \\ R_o \end{pmatrix} = \begin{pmatrix} p_1 & p_2 & p_3 \\ q_1 & q_2 & q_3 \\ r_1 & r_2 & r_3 \end{pmatrix} \begin{pmatrix} x \\ y \\ z \end{pmatrix} = A \begin{pmatrix} x \\ y \\ z \end{pmatrix},$$

avec A symétrique. Par ailleurs, la relation $d\omega \wedge d\omega = 0$ s'écrit

$$LP + MQ + NR = 0 \tag{3.3.5}$$

d'où en particulier $pL + qM + rN = 0$, ce qui implique

$$p = q = r = 0 \tag{3.3.6}$$

d'après l'indépendance linéaire de L, M, N . Nous allons maintenant montrer que $P = Q = R = 0$. On peut pour cela, d'après (3.3.6), faire un changement de coordonnées de la forme

$$\begin{pmatrix} x' \\ y' \\ z' \end{pmatrix} = C \begin{pmatrix} x \\ y \\ z \end{pmatrix} \qquad t' = t ,$$

ce qui permet de se ramener (voir 2.5) au cas où la matrice B a l'une des formes suivantes

a) $$B = \begin{pmatrix} \lambda & 0 & 0 \\ 0 & \mu & 0 \\ 0 & 0 & \nu \end{pmatrix} , \text{ avec } \lambda \neq 0 , \mu \neq 0 , \nu \neq 0 , \lambda + \mu + \nu = 0 .$$

Alors (3.3.5) s'écrit

$$\lambda x(p_1 x + p_2 y + p_3 z) + \mu y(q_1 x + q_2 y + q_3 z) + \nu z(r_1 x + r_2 y + r_3 z) = 0 ,$$

d'où $p_1 = q_2 = r_3 = 0$ et

$$\begin{cases} \lambda p_3 + \nu r_1 = 0 & (e_1) \\ \lambda p_2 + \mu q_1 = 0 & (e_2) \\ \mu q_3 + \nu r_2 = 0 & (e_3) . \end{cases}$$

Comme la matrice A est symétrique, (e_1) s'écrit $(\lambda + \nu) p_3 = (\lambda + \nu) r_1 = 0$ d'où $p_3 = r_1 = 0$ car $\lambda + \nu = -\mu \neq 0$. De même, $p_2 = q_1 = 0$ et $q_3 = r_2 = 0$.

b) $$B = \begin{pmatrix} \lambda & 0 & 0 \\ \lambda & \lambda & 0 \\ 0 & 0 & -2\lambda \end{pmatrix}, \text{ avec } \lambda \neq 0 .$$

Alors (3.3.5) s'écrit

$$x(p_1x+p_2y+p_3z)+(x+y)(q_1x+q_2y+q_3z)-2z(r_1x+r_2y+r_3z) = 0 ,$$

d'où par identification ,

$$\begin{cases} q_2 = r_3 = 0 & \\ p_1 + q_1 = 0 & (e_1) \\ p_2 + q_2 + q_1 = 0 & (e_2) \\ p_3 + q_3 - 2r_1 = 0 & (e_3) \\ q_3 - 2r_2 = 0 & (e_4) \end{cases}$$

La symétrie de A , jointe à (e_4) , implique $q_3 = r_2 = 0$. Compte tenu de $q_3 = 0$, la symétrie de A , jointe à (e_3) , implique $p_3 = r_1 = 0$. Comme $q_2 = 0$ et $p_2 = q_1$ (symétrie de A) , (e_2) implique $p_2 = q_1 = 0$, et enfin $p_1 = 0$ par (e_1) .

Dans le cas général, soit $e_1,\dots,e_{n+1}$ la base canonique de C^{n+1} . Posons $V = Ce_1 \oplus Ce_2 \oplus Ce_3$ et $W = \bigoplus_{i=1}^{n} Ce_i$. On suppose que

$$d\omega|V = N\, dx_1 \wedge dx_2 + L\, dx_2 \wedge dx_3 + M\, dx_3 \wedge dx_1 ,$$

où L,M,N sont des formes linéaires en x_1,x_2,x_3 , qui sont linéairement indépendantes. Procédant par récurrence sur n , on peut admettre que, quitte à faire un changement de base dans W , on a

$$(3.3.7) \qquad d\omega|W = N\, dx_1 \wedge dx_2 + L\, dx_2 \wedge dx_3 + M\, dx_3 \wedge dx_1 .$$

Alors $d\omega$ est de la forme

$$d\omega = \begin{cases} (N + cx_{n+1})dx_1\wedge dx_2 + (L + ax_{n+1})dx_2\wedge dx_3 + (M + bx_{n+1})dx_3\wedge dx_1 \\ + x_{n+1} \Big(\sum\limits_{\substack{1\le i<j\le n \\ (i,j)\ne(1,2),(2,3),(1,3)}} s_{ij}dx_i\wedge dx_j\Big) + \Big(\sum\limits_{i=1}^{n} P_i dx_i\Big)\wedge dx_{n+1} \end{cases}$$

avec a,b,c, s_{ij} des scalaires et les P_i des formes linéaires en $x_1,\dots,x_{n+1}$.

Comme précédemment, comme L,M,N sont linéairement indépendantes, on peut, quitte à faire un changement de variables de la forme $X_i = x_i + \xi_i x_{n+1}$, où $\xi_i = 0$ pour $i \ge 4$, supposer que $a = b = c = 0$.

Ecrivant la nullité du coefficient de $dx_1\wedge dx_2\wedge dx_i\wedge dx_{n+1}$ $(4 \le i \le n)$ dans $d\omega\wedge d\omega$, on obtient

(3.3.8) $NP_i + x_{n+1}(s_{2i}P_1 - s_{1i}P_2) = 0$, d'où l'existence de scalaires p_i tels que

(3.3.9) $$P_i = p_i\, x_{n+1} \quad (4 \le i \le n).$$

Par ailleurs, la nullité du coefficient de $dx_1\wedge dx_2\wedge dx_3\wedge dx_{n+1}$ fournit

(3.3.10) $$LP_1 + MP_2 + NP_3 = 0.$$

Posant $P_i = \sum\limits_{i=1}^{n+1} p_i^j x_j$ $(1 \le i \le 3)$, on déduit de (3.3.9)

$$Lp_1^j + Mp_2^j + Np_3^j = 0 \quad (4 \le j \le n+1)$$

d'où

$$p_1^j = p_2^j = p_3^j = 0 \quad (4 \le j \le n+1),$$

vu l'indépendance linéaire de L,M,N. Les formes P_1,P_2,P_3 ne dépendent donc que de (x_1,x_2,x_3). Appliquant la première partie à la restriction de $d\omega$ au 4-plan $Ce_1\oplus Ce_2\oplus Ce_3\oplus Ce_{n+1}$, on en déduit que $P_1 = P_2 = P_3 = 0$.

Vu (3.3.9), on en déduit que

$$0 = d(d\omega) = \begin{cases} dN \wedge dx_1 \wedge dx_2 + dL \wedge dx_2 \wedge dx_3 + dM \wedge dx_3 \wedge dx_1 \quad (= 0) \\ + \displaystyle\sum_{1 \le i < j \le n} s_{ij}\, dx_i \wedge dx_j \wedge dx_{n+1} , \end{cases}$$

$$(i,j) \neq (1,2),(1,3),(2,3)$$

d'où $s_{ij} = 0 \ \forall (i,j)$. Par suite, (3.3.8) devient $p_i \, N = 0 \quad (4 \le i \le n)$, d'où $p_i = 0$, ce qui achève la preuve.

En fait, la démonstration prouve l'énoncé plus précis suivant.

COROLLAIRE 3.3.11. *Soit* $C^{n+1} = V \oplus W$ *une décomposition en somme directe, avec* $\dim V = 3$. *On note* $pr_V : C^{n+1} \longrightarrow V$ *la projection associée. Alors, si* ω *est une forme de Jacobi telle que* $\omega_V = \omega/V$ *soit générique, il existe un isomorphisme linéaire* $u : C^{n+1} \longrightarrow C^{n+1}$ *de la forme*

$$\begin{pmatrix} 1_V & * \\ 0 & 1_W \end{pmatrix}$$

tel que $u^*(\omega) = pr_V^*(\omega_V)$.

Preuve : Nous l'avons vu pour $d\omega$, les changements de variables utilisés étant alors de ce type. Pour ω, cela résulte alors de (1.3.2).

COROLLAIRE 3.3.12. *Soit* ω *une forme de Jacobi régulière sur* C^{n+1}. *Si* θ_1 *et* θ_2 *sont deux applications linéaires injectives* $C^3 \longrightarrow C^{n+1}$, telles que $\theta_1^*(\omega)$ et $\theta_2^*(\omega)$ soient génériques, il existe $u \in GL(3,C)$ tel que

$$\theta_2^*(\omega) = u^* \, [\theta_1^*(\omega)] .$$

<u>Preuve</u> : Si $\theta_1^*(\omega) = N\,dx_1 \wedge dx_2 + L\,dx_2 \wedge dx_3 + M\,dx_3 \wedge dx_1$, il existe une base $f_1,\dots,f_{n+1}$ de C^{n+1}, par rapport à laquelle ω a la même expression. Les coordonnées utilisées pour C^{n+1} étant celles relatives à cette base, les 3-plans de représentation paramétrique

$$\theta_v : (x_1,x_2,x_3) \longmapsto (x_1,x_2,x_3,v_4(x_1,x_2,x_3),\dots,v_{n+1}(x_1,x_2,x_3)) ,$$

où $v_4,\dots,v_{n+1} \in (C^3)^\vee$, décrivent un voisinage ouvert de Zariski de $Cf_1 \oplus Cf_2 \oplus Cf_3$ dans la grassmannienne $G_{3,n+1}$ des 3-plans de C^{n+1}. Comme $\theta_v^*(\omega) = \theta_1^*(\omega)$, on voit donc qu'il existe un ouvert dense Ω_1 de $G_{3,n+1}$ tel que pour tout $V \in \Omega_1$ on ait

$$\omega/V = N\,dx_1 \wedge dx_2 + L\,dx_2 \wedge dx_3 + M\,dx_3 \wedge dx_1$$

dans une base convenable de V.

De même, on obtient à partir de θ_2 un ouvert dense Ω_2. Si $V \in \Omega_1 \cap \Omega_2 \neq \emptyset$, $\theta_1^*(\omega)$ et $\theta_2^*(\omega)$ ont mêmes expressions, rapportées à la base canonique de C^3, que ω/V rapportée à des bases convenables de V, d'où l'assertion.

3.3.13. Soit ω une forme de Jacobi régulière sur C^{n+1}.
Notant $\mathfrak{S}$ l'ensemble des matrices 3×3, à coefficients dans C, inversibles et de trace nulle, le lemme précédent permet d'associer canoniquement à ω une orbite

$$t(\omega) \in \mathfrak{S}/GL(3,C)$$

pour l'opération (2.2)

$$GL(3,C) \times \mathfrak{S} \longrightarrow \mathfrak{S}$$

$$(g,u) \longmapsto \frac{1}{\det(g)}\, g \circ u \circ g^{-1} .$$

Nous appellerons $t(\omega)$ le <u>type</u> de la forme de Jacobi régulière ω.

Il résulte alors immédiatement de (3.3.1) que deux formes de Jacobi régulières ω_1 et ω_2 sur C^{n+1} ont même type si et seulement si il existe $u \in GL(n+1,C)$ tel que

$$(3.3.14) \qquad \omega_2 = u^*(\omega_1) .$$

Autrement dit, notant

$$J^{\text{rég}}_{n+1}$$

l'ensemble des formes de Jacobi régulières sur C^{n+1}, sur lesquelles le groupe de $GL(n+1)$ opère de la manière évidente, le type définit une bijection

$$(3.3.15) \quad t : J^{\text{rég}}_{n+1}/GL(n+1) \xrightarrow{\sim} \mathfrak{S}/GL(3,C) .$$

COROLLAIRE 3.3.16. <u>Soient</u> $\omega_1,\ldots\omega_2$ r - <u>formes de Jacobi régulières sur</u> C^{n+1}. <u>Il existe un sous-espace vectoriel</u> V <u>de dimension</u> 3 <u>de</u> C^{n+1} <u>tel que</u>

$\omega_1/V,\ldots,\omega_r/V$ <u>soient génériques</u> .

<u>Preuve</u> : Résulte aussitôt de l'argument de densité sur la grassmannienne utilisé dans la preuve de 3.3.12 .

3.4. Nous allons maintenant préciser la structure des formes de Jacobi spéciales sur C^{n+1}. Nous utiliserons pour cela le lemme élémentaire suivant .

LEMME 3.4.1. <u>Soient</u> E <u>un espace vectoriel de dimension</u> $n+1$ <u>sur</u> C , <u>et</u> $t : E \to C$ <u>une forme linéaire non nulle. Pour toute forme quadratique</u> q <u>sur</u> E , <u>il est possible de prolonger</u> t <u>en une base</u> $(\xi_1,\ldots,\xi_n,t)$ <u>de</u> $\check{E}$, <u>telle que</u> q <u>ait l'une des formes suivantes</u>

$$\text{a)} \qquad \sum_{1\le i\le p} \xi_i^2 \quad (0 \le p \le n)$$

b) $\sum_{1\le i\le p} \xi_i^2 + \lambda t^2 \quad (0 \le p \le n \,;\, \lambda \ne 0)$

c) $\sum_{1\le i\le p} \xi_i^2 + \xi_{p+1} t \quad (0 \le p \le n-1)$,

ces trois cas s'excluant mutuellement.

Preuve : Soit $H = \mathrm{Ker}(t)$. On a respectivement :

Cas a : $rg(q) = p \quad rg(q/H) = p$

Cas b : $rg(q) = p+1 \quad rg(q/H) = p$

Cas c : $rg(q) = p+2 \quad rg(q/H) = p$,

ce qui montre bien que les trois cas s'excluent mutuellement.

Montrons l'existence. D'après les structures des formes quadratiques sur les complexes, il existe une base $(\tilde{\xi}_1,\dots,\tilde{\xi}_n)$ de $H^\vee$ telle que

$$(3.4.2) \qquad q/H = \tilde{\xi}_1^2 + \dots + \tilde{\xi}_p^2 \quad (0 \le p \le n) .$$

Soient $\bar{\xi}_1,\dots,\bar{\xi}_n$ des relèvements arbitraires des $\tilde{\xi}_i$ pour la projection canonique $E^\vee \to H^\vee$. Alors, il résulte de (3.4.2) que q est de la forme

$$q = \bar{\xi}_1^2 + \dots + \bar{\xi}_p^2 + t\Big(\sum_{i=1}^n c_i \bar{\xi}_i\Big) + \mu t^2 .$$

Soient $(a_1,\dots,a_p)$ des scalaires et posons $\xi_i = \bar{\xi}_i + a_i t$ pour $1 \le i \le p$, $\xi_i = \bar{\xi}_i (i > p)$. Alors

$$q = \xi_1^2 + \dots + \xi_p^2 + t\Big(\sum_{i=1}^n c_i \xi_i - 2\sum_{i=1}^p a_i \xi_i\Big) + \Big(\mu + \sum_{i=1}^p a_i^2\Big)t^2 .$$

Par suite, choisissant $a_i = \frac{c_i}{2}$, on peut mettre q sous la forme

$$q = \xi_1^2 + \dots + \xi_p^2 + t\Big(\sum_{i=p}^n c_i \xi_i\Big) + \lambda t^2 .$$

Alors, si tous les c_i sont nuls, on est dans l'un des cas a) ou b) .

Si par contre, il existe un $i_o > p$ avec $c_{i_o} \neq 0$, alors, quitte à remplacer ξ_{i_o} par $\xi_{i_o} + \frac{\lambda}{c_{i_o}} t$, qui est aussi un relèvement de $\tilde{\xi}_{i_o}$, on peut supposer que $\lambda = 0$. Mais alors

$$\xi_1,\ldots,\xi_p,\xi'_{p+1} = \sum_{i=p+1}^{n} c_i\xi_i,\xi_{p+2},\ldots,\xi_n,t$$

est une base de $E^\vee$ qui répond à la question.

Soit ω une forme de Jacobi spéciale sur C^{n+1} . D'après (2.6.2) , on a : $d\omega = dq \wedge dt$, avec q une forme quadratique et t un élément non nul de $(C^{n+1})^\vee$. D'après (3.4.1) , la forme $d\omega$ a , dans une base convenable de C^{n+1}, l'une des expressions suivantes

$$(3.4.3)\begin{cases} 1)\quad d\omega = \frac{1}{2}\, d\Big(\sum_{1\le i\le r-1} x_i^2\Big) \wedge dx_r & (1 \le r \le n+1) \\ 2)\quad d\omega = d\Big(\sum_{1\le i\le r-2} x_i^2 + x_{r-1}x_r\Big) \wedge dx_r & (2 \le r \le n+1)\ . \end{cases}$$

On peut alors classifier les formes de Jacobi spéciales comme suit .

1) <u>Cas où ω est réductible</u>. Cela se produit seulement , d'après (3.4.3) , dans deux cas :

a) $\omega = 0$

b) Dans une base convenable de C^{n+1} , on a $d\omega = x_1\, dx_1 \wedge dx_2$, d'où

$$\omega = x_1(x_1\, dx_2 - x_2 dx_1)\ .$$

2) <u>Cas où ω est irréductible</u>.

Alors, si $d\omega = dq \wedge dt$ comme plus haut ,

$$\omega = 2q\, dt - t dq$$

d'où
$$d\Big(\frac{q}{t^2}\Big) = -\frac{1}{t^3}\,(2q\, dt - t dq) = -\frac{\omega}{t^3}\ ,$$

de sorte que les solutions de l'équation $\omega = 0$ sont les composantes irréductibles des quadriques du pinceau défini par l'hyperplan double t^2 et la quadrique $q = 0$. On peut donc parler du <u>rang</u> r de la quadrique générique du pinceau.

A. <u>Cas</u> $r = 3$

a) $d\omega$ a, dans une base convenable, la forme réduite

$$\frac{1}{2}\, d(x_1^2 + x_2^2) \wedge dx_3 .$$

Se ramenant au cas $n = 2$, il résulte de (2.5.,1)), que l'équation $\omega = 0$ a exactement trois solutions du Ier degré, à savoir $x_1 + ix_2 = 0$, $x_1 - ix_2 = 0$, $x_3 = 0$ dans la forme réduite ci-dessous.

b) $d\omega$ a pour forme réduite

$$d(x_1^2 + x_2 x_3) \wedge dx_3 .$$

Si $n = 2$, c'est le cas envisagé en (2.5,3),c). L'équation $\omega = 0$ n'a qu'une solution algébrique du Ier degré, à savoir $x_3 = 0$ pour la forme réduite.

B. <u>Cas</u> $r \geq 4$

Pour tout $\lambda \in \mathbb{C}$, les polynômes $x_1^2 + \ldots + x_{r-1}^2 - \lambda x_r^2$ et $x_1^2 + \ldots + x_{r-2}^2 - \lambda x_{r-1} x_r$ sont irréductibles, de sorte que l'équation $\omega = 0$ a une solution algébrique du Ier degré et une seule. On note H l'hyperplan de $P_{\mathbb{C}}^n$ correspondant. Toutes les quadriques irréductibles solutions de $\omega = 0$ coupent H suivant une même quadrique de dimension $n-1$, noté Γ.

On se ramène aux deux formes réduites (3.4.3).

a) $d\omega = \frac{1}{2}\, d(x_1^2 + \ldots + x_{r-1}^2) \wedge dx_r$.

équation de H : $x_r = 0$

équation de $\Gamma = x_r = 0 \quad x_1^2 + \ldots + x_{r-1}^2 = 0$.

le rang de Γ est donc $r-1$.

b) $d\omega = d(x_1^2 + \ldots + x_{r-2}^2 + x_{r-1} x_r) \wedge dx_r$.

équation de H : $x_r = 0$

équation de Γ : $x_r = 0 \quad x_1^2 + \ldots + x_{r-2}^2 = 0$.

le rang de Γ est, cette fois, $r-2$.

3.4.4. La discussion précédente montre que les différents cas envisagés s'excluent mutuellement, de sorte que l'on a ainsi obtenu une énumération des orbites de $GL(n+1,C)$ pour son opération naturelle sur l'ensemble des formes de Jacobi spéciales sur C^{n+1} .

3.4.5. Les cas envisagés en 1) et 2) A sont exactement ceux pour lesquels la forme de Jacobi spéciale ω admet une forme réduite ne dépendant que de 3 variables (nous dirons brièvement que " ω ne dépend que de trois variables ") . En effet, si ω est irréductible et ne dépend que de trois variables, il est clair que toutes ses solutions du 2e degré sont de rang ≤ 3 .

PROPOSITION 3.4.6. <u>Soit</u> ω <u>une forme de Jacobi sur</u> C^{n+1} . <u>Les assertions suivantes sont équivalentes</u> :

i) ω <u>ne dépend que de trois variables</u>

ii) <u>Pour toute application linéaire injective</u> $\theta : C^4 \longrightarrow C^{n+1}$, on a, <u>sur les notations de</u> (1.6) ,

$$\det[\, M(\theta^*(\omega))\,] = 0 .$$

<u>Preuve</u> : Il est clair que (i) $\Rightarrow$ (ii) , d'après (1.6.6) . Montrons (ii) $\Rightarrow$ (i) . D'après (3.4.5) , il suffit d'exhiber dans chacun des cas a) et b) de 2)B une application linéaire injective $\theta : C^4 \longrightarrow C^{n+1}$ pour laquelle $\det[\, M(\theta^*(\omega))\,] \neq 0$. En effet, le cas des formes régulières est réglé par (3.3.1). Notons (e_1, e_{n+1}) la base canonique de C^{n+1} . Dans le cas a) , on prend pour θ le plongement canonique $C^4 = Ce_1 \oplus Ce_2 \oplus Ce_3 \oplus Ce_r \hookrightarrow C^{n+1}$. Alors

$$\theta^*(\omega) = (x_1^2 + x_2^2 + x_3^2)dx_r - x_r(x_1dx_1 + x_2dx_2 + x_3dx_3)$$

$$= \omega_1 dx_1 + \omega_2 dx_2 + \omega_3 dx_3 + \omega_r dx_r ,$$

avec

$$\begin{pmatrix} d\omega_1 \\ d\omega_2 \\ d\omega_3 \\ d\omega_r \end{pmatrix} = \left(\begin{array}{ccc|c} -x_2 & 0 & 0 & -x_1 \\ 0 & -x_r & 0 & -x_2 \\ 0 & 0 & -x_r & -x_3 \\ \hline 2x_1 & 2x_2 & 2x_3 & 0 \end{array}\right) \begin{pmatrix} dx_1 \\ dx_2 \\ dx_3 \\ dx_r \end{pmatrix}$$

d'où $\det M(\theta^*\omega) = 2x_r^2(x_1^2 + x_2^2 + x_3^2) \neq 0$. Dans le cas b) , on prend pour θ le plongement naturel $C^4 = Ce_1 \oplus Ce_2 \oplus Ce_{r-1} \oplus Ce_r \longrightarrow C^{n+1}$. Alors

$$\theta^*(\omega) = 2(x_1^2 + x_2^2 + x_{r-1}x_r)dx_r - x_r(2x_1dx_1 + 2x_2dx_2 + x_rdx_{r-1} + x_{r-1}dx_r)$$

$$= \sum_{i=1}^{2} \omega_i dx_i + \sum_{i=r-1}^{r} \omega_i dx_i \text{ , avec}$$

$$\begin{pmatrix} d\omega_1 \\ d\omega_2 \\ d\omega_{r-1} \\ d\omega_r \end{pmatrix} = \begin{pmatrix} -2x_r & 0 & 0 & -2x_1 \\ 0 & -2x_r & 0 & -2x_2 \\ 0 & 0 & 0 & -2x_r \\ 4x_1 & 4x_2 & x_r & x_{r-1} \end{pmatrix} \begin{pmatrix} dx_1 \\ dx_2 \\ dx_{r-1} \\ dx_r \end{pmatrix}$$

d'où $$\det M(\theta^*\omega) = -8x_r^4 \neq 0 .$$

3.5. L'ensemble des *formes de Pfaff homogènes de degré 2 et projectives sur* C^{n+1} est canoniquement muni d'une structure de C - espace vectoriel, de dimension

$$\frac{n(n+1)(n+2)}{3},$$

qu'on notera V_{n+1} .

La condition de complète intégrabilité étant de nature algébrique, l'ensemble

$$J_{n+1}$$

des *formes de Jacobi sur* C^{n+1} est un fermé de Zariski de V_{n+1} , qu'on munira de la structure de variété algébrique réduite correspondante. Dans ce qui suit, nous noterons R l'ensemble des formes de Jacobi ne dépendant que de trois variables, S l'ensemble des formes de Jacobi spéciales sur C^{n+1}. On rappelle enfin qu'on a noté (3.3) $J_{n+1}^{rég}$ l'ensemble des formes de Jacobi régulières.

PROPOSITION 3.5.1.

1) $J_{n+1}^{rég}$ <u>en un ouvert de Zariski de</u> J_{n+1}, <u>et son adhérence pour la topologie de Zariski est</u> R.

2) S <u>est l'adhérence pour la topologie de Zariski de l'orbite, pour l'opération naturelle de</u> $GL(n+1,C)$ <u>sur</u> J_{n+1}, <u>de la forme</u>

$$\omega = (x_1^2+\ldots+x_n^2)dx_{n+1} - x_{n+1}(x_1dx_1+\ldots+x_ndx_n) .$$

3) R <u>et</u> S <u>sont les composantes irréductibles de</u> J_{n+1}.

<u>Preuve</u> : Lorsque $n = 2$, l'isomorphisme (2.1.3) $J_3 \xrightarrow{\sim} s\ell(3,C)$ induit un isomorphisme de $J_3^{rég}$ sur l'ouvert de Zariski de $s\ell(3,C)$ formé des matrices inversibles et de trace nulle. D'où le fait que $J_3^{rég}$ est un ouvert de Zariski de J_3. Dans le cas général, pour toute application linéaire injective $\theta : C \longrightarrow C^{n+1}$, l'application

$$\theta^*: J_{n+1} \longrightarrow J_3$$

en un morphisme de variétés algébriques et, par définition, $J_{n+1}^{rég}$ est la réunion des ouverts affines

$$(3.5.2) \qquad W_\theta = (\theta^*)^{-1}(J_3^{rég}) .$$

Soit maintenant $\pi : C^{n+1} \longrightarrow C^3$ une restriction de θ, i.e. $\pi\circ\theta = id$. L'application $\pi^*: J_3 \longrightarrow J_{n+1}$ est une immersion fermée, d'où

$$\pi^*(J_3) = \pi^*(\overline{J}_3^{\text{rég}}) = \overline{\pi^*(J_3^{\text{rég}})}$$

(il s'agit d'adhérences pour la topologie de Zariski) . Mais $\pi^*(J_3^{\text{rég}}) \subset W_\theta$, d'où $\pi^*(J_3) \subset \overline{W}_\theta \subset \overline{J}_{n+1}^{\text{reg}}$, et par suite

$$R = \bigcup_{\pi : C^{n+1} \twoheadrightarrow C^3} \pi^*(J_3) \subset \overline{J}_{n+1}^{\text{rég}} .$$

Or R est fermé pour la topologie de Zariski (3.4.6) , et contient $J_{n+1}^{\text{rég}}$ (3.3.1) , d'où le fait que $R = \overline{J}_{n+1}^{\text{rég}}$. Soit π_o la projection canonique de C^{n+1} sur le sous-espace engendré par les trois premiers vecteurs bases

$$\pi_o : C^{n+1} \longrightarrow C^3 .$$

La variété R est l'image de l'application algébrique

$$(3.5.3) \qquad \begin{aligned} GL(n+1) \times J_3 &\longrightarrow J_{n+1} \\ (u,\omega) &\longmapsto (u^{-1})^*(\pi_o^*\omega) \end{aligned}$$

et par suite est irréductible. Montrons 2) . Tout d'abord, $S = J_{n+1} \dot{-} J_{n+1}^{\text{rég}}$ est fermé. Il suffit donc de prouver que toute forme de Jacobi spéciale ω est dans l'adhérence de l'orbite Z de ω . Utilisant (1.4) , il est plus commode de vérifier l'assertion correspondante pour $d\omega$, mis sous forme réduite. Tout d'abord, si

$$d\omega = d(x_1^2 + \ldots + x_{r-1}^2) \wedge dx_{n+1} (n \geq r \geq 1) ,$$

alors $d\omega$ est dans l'image du morphisme algébrique

$$\begin{aligned} \varphi : C^{r-1} &\longrightarrow d(J_{n+1}) \\ (\lambda_1,\ldots,\lambda_{r-1}) &\longmapsto d(\lambda_1 x_1^2 + \ldots + \lambda_{r-1} x_{r-1}^2) \wedge dx_{n+1} . \end{aligned}$$

Si aucun des λ_i n'est nul, $\varphi(\lambda_1,\ldots,\lambda_{n-1}) \in d(Z)$.

Comme C^{r-1} est irréductible, on met ainsi en évidence un ouvert dense de C^{r-1} appliqué par φ dans $d(Z)$. D'où aussitôt $\omega \in \overline{Z}$. Supposons maintenant que

$$d\omega = d(x_1^2+\ldots+x_{r-1}^2+x_n x_{n+1}) \wedge dx_{n+1} \qquad (1 \leq r \leq n).$$

On considère cette fois le morphisme

$$\psi : C \longrightarrow d(J_{n+1})$$

$$\lambda \longmapsto d(x_1^2+\ldots+x_{n-1}^2+\lambda^2 x_n^2+x_n x_{n+1}) \wedge dx_{n+1}$$

On a $\psi(0) = d\omega$ et, pour $\lambda \neq 0$,

$$\psi(\lambda) = d[x_1^2+\ldots+x_{r-1}^2+(\lambda x_n+\frac{x_{n+1}}{2\lambda})^2] \wedge dx_{n+1}$$

est dans l'orbite de $d(x_1^2+\ldots+x_r^2) \wedge dx_{n+1}$ donc dans $\overline{Z}$ d'après ce qui précède. Comme Z est une orbite de $GL(n+1,C)$, c'est une sous-variété irréductible de J_{n+1}, et donc $S = \overline{Z}$ est un fermé irréductible. L'assertion 3) est alors immédiate.

3.5.4. En particulier, il résulte de (3.5.1) que les variétés R et S sont des cônes (fermés) de sommet 0 dans V_{n+1}.

Dans l'énoncé qui suit, nous utilisons les notations suivantes pour les orbites de $GL(n+1,C)$ dans S $(1 \leq r \leq n+1)$

$(r \geq 2)$ E_r orbite de $\alpha_r = (x_1^2+\ldots+x_{r-1}^2)dx_r - x_r(x_1dx_1+\ldots+x_{r-1}dx_{r-1})$

$(r \geq 2)$ F_r orbite de $\beta_r = 2(x_1^2+\ldots+x_{r-2}^2+x_r x_{r-1})dx_r -$

$$- x_r(2x_1dx_1+\ldots+2x_{r-2}dx_{r-2}+x_r dx_{r-1}+x_{r-1}dx_r)$$

$$E_1 = \{0\},$$

et par convention, $F_1 = \emptyset$. Hormis l'égalité $E_2 = F_2$, ces orbites sont distinctes.

PROPOSITION 3.5.5. Soit r un entier, avec $1 \leq r \leq n+1$. Il y a identité entre les parties suivantes de S .

(i) $\overline{E}_r$, adhérence de E_r pour la topologie de Zariski,

(ii) $(E_1 \cup \ldots \cup E_r) \cup (F_1 \cup \ldots \cup F_r)$,

(iii) l'ensemble des formes de Jacobi spéciales ne dépendant que de r variables,

(iV) l'ensemble des formes de Jacobi spéciales ω telles que, pour toute application linéaire injective $\theta : C^{r+1} \longrightarrow C^{n+1}$, on ait, avec les notations de (1.6) ,

$$\det(M(\theta^* \omega)) = 0 .$$

Preuve : Notons A_r, B_r, C_r les parties de S définies en (ii), (iii), (iv) respectivement. Il est clair que $A_r \subset B_r$. Montrons que $B_r \subset A_r$. Lorsque $r = 1$, une forme de Jacobi $\omega \in B_1$ peut, dans une base convenable, se mettre sous la forme $\omega = \omega_1 dx_1$, d'où, comme ω est projective, $x_1 \omega_1 = 0$ et par suite $\omega = 0$. Lorsque $r \geq 2$, on a

$$(3.5.6) \qquad E_i \cap B_r = F_i \cap B_r = \emptyset \quad (r < i \leq n+1) ,$$

car une forme spéciale $\omega \in E_i \cup F_i$ est irréductible et les solutions de l'équation de Pfaff $\omega = 0$ sont génériquement de rang $\geq i$ (3.4) , alors que si ω est irréductible dans B_r , les solutions de $\omega = 0$ sont de rang $\leq r$. Comme $S = A_{n+1}$, l'inclusion $B_r \subset A_r$ résulte aussitôt de (3.5.6) . Montrons que $C_r \subset B_r = A_r$, l'inclusion en sens opposé étant évidente, d'après (1.6.6) . Si $i > r$, la restriction au sous-espace $V = (x_1, \ldots, x_r, x_i)$ de la forme α_i est

$$\alpha_i | V = (x_1^2 + \ldots + x_r^2)\, dx_i - x_i(x_1 dx_1 + \ldots + x_r dx_r) = \omega_1 dx_1 + \ldots + \omega_r dx_r + \omega_i dx_i ,$$

avec

$$\begin{pmatrix} d\omega_1 \\ d\omega_2 \\ \vdots \\ d\omega_r \\ d\omega_i \end{pmatrix} = \left(\begin{array}{cccc|c} -x_i & & & 0 & -x_1 \\ & -x_i & & & -x_2 \\ & & \ddots & & \vdots \\ 0 & & & -x_i & -x_r \\ \hline 2x_1 & 2x_2 & \cdots & 2x_r & 0 \end{array}\right) \begin{pmatrix} dx_1 \\ dx_2 \\ \vdots \\ dx_r \\ dx_i \end{pmatrix} = M \begin{pmatrix} dx_1 \\ dx_2 \\ \vdots \\ dx_r \\ dx_i \end{pmatrix}$$

Une récurrence facile montre que

$$\det(M) = 2x_i^{r-1}(x_1^2 + \dots + x_n^2) \neq 0 ,$$

d'où $C_r \cap E_i = \emptyset$. De même, la restriction au sous-espace $W = (x_1,\dots,x_{r-1},x_{i-1},x_i)$ de la forme β_i est

$$\beta_i|W = 2(x_1^2+\dots+x_{r-1}^2+x_{i-1}x_i)\, dx_i - x_i(2x_1dx_1+\dots+2x_{r-1}dx_{r-1}+x_idx_{i-1}+x_{i-1}dx_i)$$

$$= \omega_1 dx_1 + \dots + \omega_{r-1}dx_{r-1} + \omega_{i-1}dx_{i-1} + \omega_i dx_i ,$$

avec

$$\begin{pmatrix} d\omega_1 \\ d\omega_2 \\ \vdots \\ d\omega_{r-1} \\ d\omega_{i-1} \\ d\omega_i \end{pmatrix} = \left(\begin{array}{cccc|c|c} -2x_i & & & & 0 & -2x_1 \\ & -2x_i & & 0 & 0 & \vdots \\ & & \ddots & & & \\ & 0 & & -2x_i & 0 & -2x_{r-1} \\ \hline 0 & & \cdots & 0 & 0 & -2x_i \\ \hline 4x_1 & 4x_2 & \cdots & 4x_{r-1} & x_i & x_{i-1} \end{array}\right) \begin{pmatrix} dx_1 \\ dx_2 \\ \vdots \\ dx_{r-1} \\ dx_{i-1} \\ dx_i \end{pmatrix} = N \begin{pmatrix} dx_1 \\ dx_2 \\ \vdots \\ dx_i \end{pmatrix}$$

On voit maintenant que

$$\det(N) = (-2)^r x_i^{r+1} \neq 0 ,$$

d'où $C_r \cap F_i = \emptyset$ $(i > r)$. Par suite, on a bien $C_r \subset A_r = B_r$.
Un argument de spécialisation analogue à celui utilisé dans la preuve de (3.5.1,2)) montre que $\overline{E}_r \supset A_r$. Par ailleurs, la définition de C_r montre que c'est un fermé de Zariski. Des inclusions $C_r \supset A_r \supset E_r$ résulte alors que $C_r \supset \overline{E}_r$,

d'où $C_r \supset \overline{E}_r \supset A_r$, et $\overline{E}_r = A_r$, puisqu'on sait déjà que $A_r = C_r$.

3.5.7. On définit une filtration croissante $S^{(i)}$ $(1 \leq i \leq 2n+2)$ de S en posant

$$S^{(1)} = \emptyset$$

$$S^{(2r)} = (E_1 \cup \ldots \cup E_r) \cup (F_1 \cup \ldots \cup F_r) \quad (1 \leq r \leq n+1)$$

$$S^{(2r+1)} = (E_1 \cup \ldots \cup E_r) \cup (F_1 \cup \ldots \cup F_r \cup F_{r+1}) \quad (1 \leq r \leq n) .$$

Les parties $S^{(i)}$ de S sont des <u>fermés de Zariski irréductibles</u>. Pour $i = 2r$, cela résulte aussitôt de (3.5.5) et du fait que, comme orbite de $GL(n+1)$, E_r est irréductible, donc aussi $\overline{E}_r$. Lorsque $i = 2r+1$, cela provient de même du lemme ci-dessous.

LEMME 3.5.8. <u>Si</u> $1 \leq r \leq n$, <u>on a</u> :

$$\overline{F}_{r+1} = (E_1 \cup \ldots \cup E_r) \cup (F_1 \cup \ldots \cup F_r \cup F_{r+1}) = S^{(2r+1)}$$

(il s'agit d'adhérence pour la topologie de Zariski)

<u>Preuve</u> : Considérons le morphisme algébrique

$$\varphi : C \longrightarrow d(S)$$

$$\lambda \longmapsto d(x_1^2 + \ldots + x_{r-1}^2 + \lambda x_r x_{r+1}) \wedge dx_{r+1} .$$

On a $\varphi(0) = d(x_1^2 + \ldots + x_{r-1}^2) \wedge dx_{r+1}$, et, pour $\lambda \neq 0$, $\varphi(\lambda) \in d(F_{r+1})$.
Par suite, $E_r \subset \overline{F}_{r+1}$, d'où

$$\overline{F}_{r+1} \supset \overline{E}_r \cup F_{r+1} = S^{(2r+1)} \supset F_{r+1} .$$

On aura terminé si on prouve que $S^{(2r+1)}$ est fermé. Or $S^{(2r+1)} = \overline{E}_{r+1} \dot{-} E_{r+1}$ et E_{r+1} , comme orbite d'un groupe algébrique, est localement fermée dans S , donc ouverte dans son adhérence.

3.6. Nous allons maintenant préciser la nature des orbites de $GL(n+1)$ dans J_{n+1} . Faisons pour cela tout d'abord quelques remarques concernant les formes de Pfaff algébriques.

Soit $\omega \in \mathbb{C}[x_1,\ldots x_{n+1}] \otimes \Lambda^1(\mathbb{C}^{n+1})^\vee$. Nous dirons qu'une écriture

$$\omega = \sum_1^s P_\alpha d\ell_\alpha \quad (P_\alpha \in \mathbb{C}[x_1,\ldots,x_{n+1}] \ , \ \ell_\alpha \in (\mathbb{C}^{n+1})^\vee)$$

est de longueur minimum si l'entier s est la plus petit possible.

LEMME 3.6.1. *Soit* $\omega \in \mathbb{C}[x_1,\ldots,x_{n+1}] \otimes \Lambda^1(\mathbb{C}^{n+1})^\vee$, *et*

$$\text{(D)} \qquad \omega = \sum_1^s P_\alpha d\ell_\alpha$$

une décomposition de ω . *Les assertions suivantes sont équivalentes* :

(i) *la décomposition* (D) *est de longueur minimum* .

(ii) $P_1,\ldots,P_s$ *sont linéairement indépendantes dans* $\mathbb{C}[x_1,\ldots x_{n+1}]$, *et* $\ell_1,\ldots,\ell_s$ *sont linéairement indépendantes dans* $(\mathbb{C}^{n+1})^\vee$.

En outre, le sous-espace vectoriel $(\ell_1,\ldots,\ell_s)$ de $(\mathbb{C}^{n+1})^\vee$ *est indépendant de la décomposition* (D) *de longueur minimum choisie pour* ω . *Nous le noterons* $sv(\omega)$ ["support vectoriel" de ω] .

Plus généralement :

LEMME 3.6.1 bis. *Soient* E *et* F *deux espaces vectoriels de dimension finie sur un corps* k , *et* $z \in E \otimes_k F$. *Supposons donnée une décomposition*

$$\text{(D)} \qquad z = \sum_{i=1}^s x_i \otimes y_i \quad (x_i \in E \ , \ y_i \in F)$$

de z . *Les assertions suivantes sont équivalentes* :

(i) *la décomposition* (D) *est de longueur minimum* .

(ii) $x_1,\ldots,x_s$ *sont linéairement indépendants dans* E , *et* $y_1,\ldots,y_s$ *sont linéairement indépendants dans* F .

En outre, les sous-espaces vectoriels $(x_1,\ldots,x_s)$ *de* E *et* $(y_1,\ldots,y_s)$ *de* F *sont indépendants de la décomposition* (D) *de longueur* minimum choisie pour z .

Preuve : Montrons (i) $\Rightarrow$ (ii) . Si, par exemple, $x_1 = \lambda_2 x_2 + \ldots + \lambda_s x_s$, alors $z = x_2 \otimes (y_2 + \lambda_2 y_1) + \ldots + x_s \otimes (y_s + \lambda_s y_1)$, donc (D) ne saurait être de longueur minimum. Pour terminer, il suffit de montrer que si

$$z = \sum_{i=1}^{s} x_i \otimes y_i$$
$$z = \sum_{j=1}^{t} u_j \otimes v_j$$

sont deux décompositions de z satisfaisant à (ii) , alors $(x_1,\ldots,x_s) = (u_1,\ldots,u_t)$ et $(y_1,\ldots,y_s) = (v_1,\ldots,v_t)$, car en particulier on en concluera que $s = t$. Pour des raisons évidentes de symétrie, on a seulement à voir par exemple que $(u_1,\ldots,u_t) \subset (x_1,\ldots,x_s)$. Pour cela, complétons $x_1,\ldots,x_s$ en une base $x_1,\ldots,x_s,x_{s+t},\ldots,x_m$ de E et décompositions les u_j par rapport à cette base :

(3.6.2) $$\begin{pmatrix} u_1 \\ \vdots \\ u_t \end{pmatrix} = C \begin{pmatrix} x_1 \\ \vdots \\ x_m \end{pmatrix}, \quad \text{avec } C = (c_{ij}) .$$

On en déduit

$$z = \sum_{j=1}^{t} \left(\sum_{i=1}^{m} c_{ji} x_i \right) \otimes v_j = \sum_{i=1}^{m} x_i \otimes \left(\sum_{j=1}^{t} c_{ji} v_j \right) ,$$

d'où, comme $x_1 \otimes 1, \ldots, x_m \otimes 1$ est une base du $S_k(F)$ - module $E \underset{k}{\otimes} S_k(F)$ et $z \in (x_1,\ldots,x_s) \underset{k}{\otimes} S_k(F)$, les égalités $\sum_{j=1}^{t} c_{ji} v_j = 0$ $(i > s)$. L'indépendance linéaire des v_j implique alors $c_{ji} = 0$ $(i > s)$, d'où aussitôt l'assertion .

3.6.3. Notons $sv_E(z)$ et $sv_F(z)$ les sous-espaces vectoriels de E et F définis à la fin de (3.6.1 bis) . Si maintenant

$$z = \sum_{i=1}^{t} x_i \otimes y_i$$

est une décomposition quelconque de z dans $E \otimes F$, on a

$$(x_1,\dots,x_t) \supset sv_E(z)$$
$$(y_1,\dots,y_t) \supset sv_F(z)$$

Supposons en effet que $(x_1,\dots,x_p)$ soit une base de $(x_1,\dots,x_t)$. Par une suite de transformation du type indiqué au début de la preuve de (3.6.1 bis), on peut écrire z sous la forme

$$z = \sum_{i=1}^{p} x_i \otimes y'_i , \quad \text{avec } (y'_1,\dots,y'_p) \subset (y_1,\dots,y_t) .$$

Si maintenant, par exemple, $y'_1,\dots,y'_q$ est une base de $(y'_1,\dots y'_p)$, on va pouvoir de même mettre z sous la forme

$$z = \sum_{i=1}^{q} x'_i \otimes y'_1 , \quad \text{avec } (x'_1,\dots,x'_q) \subset (x_1,\dots,x_p) ,$$

où les $x'_i \in x_i + (x_{q+1},\dots,x_p)$ sont linéairement indépendants. On obtient donc ainsi une décomposition de longueur minimum de z, d'où l'énoncé.

LEMME 3.6.4. <u>Soit</u> ω <u>une forme de Pfaff algébrique sur</u> $\mathbb{C}^{n+1}$.

(i) <u>Si</u> $u \in End_{\mathbb{C}}(\mathbb{C}^{n+1})$, <u>on a</u>

$$sv(u^*\omega) \subset \check{u}(sv(\omega)) .$$

(ii) <u>Si</u> $u \in GL(n+1,\mathbb{C})$, <u>alors</u>

$$sv(u^*\omega) = \check{u}(sv(\omega)) .$$

<u>Preuve</u> : Soit $u \in End_{\mathbb{C}}(\mathbb{C}^{n+1})$. Si $\omega = \sum_{\alpha=1} P_\alpha d\ell_\alpha$ est une décomposition de longueur minimum de ω, on a, avec les notations de (1.6),

3.6.5) $$u^*(\omega) = \sum_{\alpha=1} (P_\alpha * u)\, d(\ell_\alpha \circ u) .$$

L'assertion (i) découle alors aussitôt de (3.6.3) . Pour (ii) , on remarque que (3.6.5) est une décomposition de longueur minimum de $u^*(\omega)$.

3.6.6. Soient $x_1,\dots,x_{n+1}$ les coordonnées de C^{n+1} par rapport à sa base canonique. Considérons la forme de Pfaff algébrique

$$\omega = \sum_{i=1}^{r} P_i dx_i ,$$

où les $P_i \in C[x_1,\dots,x_{n+1}]$ sont linéairement indépendants. De (3.6.4) résulte que si $u \in GL(n+1)$ stabilise ω , ie $u^*(\omega) = \omega$, sa matrice est de la forme

$$\begin{array}{c} \qquad r \\ r \left(\begin{array}{c|c} A & 0 \\ \hline * & * \end{array} \right) \end{array} ,$$

car $sv(\omega) = (x_1,\dots x_r)$. Si de plus les $P_i \in C[x_1,\dots,x_r]$, le stabilisateur de ω s'identifie au sous-groupe de $GL(n+1)$ formé des matrices inversibles du type indiqué, où A stabilise ω considérée, de façon évidente, comme forme sur C^r .

3.6.7. Soit $\omega \in J_3$ une forme de Jacobi sur C^3 , et B la matrice de trace nulle qui lui est associée (2.1.2) . D'après (2.2) , pour que $A \in GL(3,C)$ stabilise ω , il faut et il suffit que

$$\det(A)\, A^{-1} B\, A = B .$$

Lorsque B est inversible, i.e. ω <u>générique</u>, on en déduit aussitôt que A stabilise ω si et seulement si

$$\begin{cases} \det(A) = 1 \\ AB = BA \end{cases} .$$

Ces préliminaires étant faits, nous allons maintenant classifier stabilisateurs et orbites pour l'opération naturelle de $GL(n+1)$ sur J_{n+1} .

3.6.8. ORBITES DES FORMES DE JACOBI REGULIERES.

D'après (3.3.15) , l'orbite d'une forme de Jacobi régulière ω est caractérisée par son type $t(\omega)$. La classification de Jordan, suivie du passage au quotient par les homothéties non nulles, met en évidence une famille continue d'orbites "générales" et deux orbites "exceptionnelles".

a) Orbite d'une forme

$$\omega = (\mu - \nu)x_2 x_3 dx_1 + (\nu - \lambda) x_3 x_1 dx_2 + (\lambda - \mu) x_1 x_2 dx_3 \ ,$$

avec λ, μ, ν deux à deux distincts et non nuls, et $\lambda + \mu + \nu = 0$.

Considérée comme forme sur C^3 , ω correspond à la matrice

$$B = \begin{pmatrix} \lambda & 0 & 0 \\ 0 & \mu & 0 \\ 0 & 0 & \nu \end{pmatrix}$$

dont le centralisateur des $GL(3,C)$ en forme des matrices diagonales inversibles [le $C(T)$-module est somme directe de 3 $C(T)$-modules simples deux à deux non isomorphes] . D'après (3.6.6) et (3.6.7) , le groupe $st(\omega)$ d'isotropie de ω dans $GL(n+1,C)$ en forme des matrices de la forme

$$(T) \qquad \begin{array}{c} \\ 3 \end{array} \ \overset{\displaystyle 3}{\left(\begin{array}{c|c} A & 0 \\ \hline * & * \end{array} \right)}$$

avec A diagonale est de déterminant 1 . On en déduit aussitôt

$$\begin{cases} \dim st(\omega) = (n-2)(n+1) + 2 = n(n-1) \\[2ex] \dim orb(\omega) = (n+1)^2 - n(n-1) = 3n+1 \ . \end{cases}$$

b) Orbite, notée P , de la forme

$$3x_3(x_2 dx_1 - x_1 dx_2) \ ,$$

qui, considérée comme forme sur C^3, correspond à la matrice

$$B = \begin{pmatrix} 1 & 0 & 0 \\ 0 & 1 & 0 \\ 0 & 0 & -2 \end{pmatrix} \ .$$

Si $u \in st(\omega)$ est défini par $(x_1,\ldots,x_{n+1}) \longmapsto (X_1,\ldots,X_{n+1})$, la relation

$$x_3(x_2 dx_1 - x_1 - dx_2) = X_3(X_2 dX_1 - X_1 \, dX_2)$$

implique qu'il existe $t \neq 0$ tel que

$$X_3 = tx_3 \quad \text{et} \quad t(X_2 dX_1 - X_1 dX_2) = x_2 dx_1 - x_1 dx_2 \ .$$

De $(3.6.4)$ résulte alors que la matrice de u est de la forme (T) , avec

$$A = \begin{array}{c} \\ 2 \end{array} \begin{pmatrix} \overset{2}{C} & \Big| & 0 \\ \hline 0 & \Big| & t \end{pmatrix} \ , \ \text{où} \ \ t \det (C) = 1 \ .$$

Inversement, on vérifie sans peine qu'une telle matrice stabilise ω .

Par suite :

$$\begin{cases} \dim st(\omega) = (n-2)(n+1) + 4 = n^2 - n + 2 \\[2ex] \dim P = (n+1)^2 - (n^2 - n + 2) = 3n - 1 \ . \end{cases}$$

c) Orbite, notée Q , de la forme

$$\omega = -3[x_3(x_1 - x_2)dx_1 + x_1 x_3 dx_2 - x_1^2 dx_3] \ ,$$

qui considérée comme forme sur C^3 , correspond à la matrice

$$B = \begin{pmatrix} 1 & 0 & 0 \\ -3 & 1 & 0 \\ 0 & 0 & -2 \end{pmatrix} \ .$$

Dans $GL(3,\mathbb{C})$, le centralisateur de B est formé des matrices

$$\begin{pmatrix} a & 0 & 0 \\ c & a & 0 \\ 0 & 0 & b \end{pmatrix}, \text{ avec } ab \neq 0 .$$

D'après (3.6.6) et (3.6.7) , le groupe $st(\omega)$ est donc formé des matrices de la forme (T) , avec

$$A = \begin{pmatrix} a & 0 & 0 \\ c & a & 0 \\ 0 & 0 & a^{-2} \end{pmatrix} , \text{ où } a \neq 0 .$$

Par suite

$$\begin{cases} \dim st(\omega) = (n-2)(n+1) + 2 = n^2 - n \\ \dim Q = (n+1)^2 - (n^2 - n) = 3n + 1 . \end{cases}$$

3.6.9. ORBITES DES FORMES DE JACOBI SPECIALES.

Nous utilisons librement les notations introduites en (3.5) .

A - Orbite de α_r $(r \geq 1)$, notée E_r .

a) $E_1 = (0)$.

b) Cas $r = 2$. Alors $\alpha_2 = x_1(x_1 dx_2 - x_2 dx_1)$. Si $u \in st(\alpha_2)$ est défini par $(x_1,\ldots,x_{n+1}) \longmapsto (X_1,\ldots,X_{n+1})$, la relation

$$x_1(x_1 dx_2 - x_2 dx_1) = X_1(X_1 dX_2 - X_2 dX_1)$$

implique qu'il existe $\lambda \neq 0$ tel que

$$X_1 = \lambda x_1 \quad \text{et} \quad x_1 dx_2 - x_2 dx_1 = \lambda(X_1 dX_2 - X_2 dX_1) .$$

Utilisant (3.6.4) , les relations précédentes impliquent que la matrice de u est de la forme

$$\begin{pmatrix} \lambda & 0 & \vline & 0 \\ \mu & \lambda^{-2} & \vline & \\ \hline * & & \vline & * \end{pmatrix},$$

et inversement une telle matrice stabilise α_2 . Par suite

$$\begin{cases} \dim st(\alpha_2) = (n+1)(n-1)+2 = n^2+1 \\ \dim E_2 = (n+1)^2 - (n^2+1) = 2n . \end{cases}$$

c) <u>Cas</u> $r \geq 3$. Soit $u : (x_1,\ldots,x_{n+1}) \longmapsto (X_1,\ldots,X_{n+1})$ un élément de $GL(n+1,C)$. Pour que $u \in st(\alpha_r)$, il faut et il suffit que

$$(R_1) \qquad d(X_1^2+\ldots+X_{r-1}^2) \wedge dX_r = d(x_1^2+\ldots+x_{r-1}^2) \wedge dx_r .$$

Nous allons voir que cela équivaut à :

(i) $X_1,\ldots,X_{r-1}$ sont des formes linéaires en $x_1,\ldots,x_{r-1}$

(ii) Il existe un scalaire $\lambda \neq 0$ tel que $X_r = \lambda x_r$ et

$$\lambda(X_1^2+\ldots+X_{r-1}^2) = x_1^2+\ldots+x_{r-1}^2 .$$

Il est clair que si ces conditions sont réalisées, alors $u \in st(\alpha_r)$. Inversement, soit $u \in st(\alpha_r)$. On vérifie sans peine que

$$\alpha_r \wedge dx_r + 3x_r d\alpha_r = 0 ,$$

d'où , en appliquant u^* ,

$$\alpha_r \wedge dX_r + 3X_r d\alpha_r = 0 .$$

Ces deux égalités impliquent que $(x_r dX_r - X_r dx_r) \wedge \alpha_r = 0$, donc qu'il existe des polynômes a et b , avec $a \neq 0$, tels que $a(x_r dX_r - X_r dx_r) = b\alpha_r$. L'irréductibilité de α_r implique que a divise b , d'où $x_r dX_r - X_r dx_r = 0$ pour des raisons de degré. On en déduit l'existence d'un scalaire $\lambda \neq 0$ tel que $X_r = \lambda x_r$. Portant cette expression dans (R) , on obtient

$$d[\lambda(X_1^2+\ldots+X_{r-1}^2)-(x_1^2+\ldots+x_{r-1}^2)]\wedge dx_r = 0\ .$$

Autrement dit, il existe $\rho \in C$ tel que

$$(R_2)\qquad \lambda(X_1^2+\ldots+X_{r-1}^2)-(x_1^2+\ldots+x_{r-1}^2) = \rho x_r^2\ .$$

D'autre part, on sait déjà (3.6.6) que les $X_i (1\leq i\leq r)$ ne dépendent que de $x_1,\ldots,x_r$. Posant $X_i = M_i + a_i x_r$ $(1\leq i\leq r-1)$, où les M_i sont des formes linéaires en $x_1,\ldots,x_{r-1}$, on déduit de (R_2) que $\sum\limits_{i=1}^{r-1} a_i M_i = 0$ d'où $a_i = 0$ $(1\leq i\leq r-1)$, vu l'indépendance linéaire des M_i (la matrice A de (3.6.6) est inversible et $X_r = \lambda x_r$!) . On a ainsi prouvé (i) . L'assertion (ii) en résulte aussitôt en utilisant (R_2) . Finalement, le stabilisateur est le sous-groupe de $GL(n+1)$ formé des matrices inversibles de la forme

$$(T')\qquad \begin{array}{c} \hspace{2em} r \\ \begin{array}{r} \\ r \end{array}\left(\begin{array}{c|c} A & 0 \\ \hline * & * \end{array}\right) \end{array},$$

avec

$$A = \left(\begin{array}{c|c} \mu\, C & \begin{matrix} 0 \\ \vdots \\ 0 \end{matrix} \\ \hline 0\ \ldots\ 0 & \mu^{-2} \end{array}\right),$$

où $\mu \in C^*$ et $C \in O(r-1,C)$ (matrices orthogonales complexes pour la forme quadratique $x_1^2+\ldots+x_{r-1}^2$ sur C^{r-1}) . Le groupe H des matrices $A \in GL(r,C)$ de cette forme admet $O(r-1,C)\times C^*$ comme revêtement d'ordre 2 , d'où

$$\left\{\begin{array}{l} \dim st(\alpha_r) = (n+1)(n+1-r)+1+\dim O(r-1,C) = (n+1)(n+1-r)+1+\dfrac{(r-1)(r-2)}{2} \\ \dim E_r = (n+1)^2 - \dim st(\alpha_r) = r(n+1) - \dfrac{r^2-3r+4}{2}\ . \end{array}\right.$$

B - <u>Orbite de</u> β_r $(r\geq 3)$, notée F_r .

Soit $u \in GL(n+1,C)$. Pour que u stabilise β_r , il faut et il suffit que

$$d(X_1^2+\ldots+X_{r-2}^2+X_{r-1}X_r)\wedge dX_r = d(x_1^2+\ldots+x_{r-2}^2+x_{r-1}x_r)\wedge dx_r \ .$$

Paraphrasant les arguments utilisés dans A c) , on voit que cela équivaut à l'existence de $\lambda \in \mathbb{C}^*$ et $\rho \in \mathbb{C}$ tels que

$$\begin{array}{l} (R_1) \\ \\ (R_2) \end{array} \left\{ \begin{array}{c} X_r = \lambda x_r \\ \\ \lambda(X_1^2+\ldots+X_{r-2}^2+X_{r-1}X_r) = x_1^2+\ldots+x_{r-2}^2+x_{r-1}x_r+\rho x_r^2 \ . \end{array} \right.$$

Posons alors

$$X_i = M_i+b_ix_{r-1}+a_ix_r \quad (1 \leq i \leq r-1) \ .$$

La scalaire $\lambda \neq 0$ étant défini par (R_1) , on voit sans peine que l'existence d'un ρ satisfaisant à (R_2) équivaut à la conjonction des relations

$$(\Sigma) \qquad \left\{ \begin{array}{l} \lambda(M_1^2+\ldots+M_{r-2}^2) = x_1^2+\ldots+x_{r-2}^2 \\ 2(\sum\limits_{i=1}^{r-2} a_iM_i) + \lambda M_{r-1} = 0 \\ \sum\limits_{i=1}^{r-2} b_i^2 = 0 \\ \sum\limits_{i=1}^{r-2} b_iM_i = 0 \\ \lambda\,[2(\sum\limits_{i=1}^{r-2} a_ib_i) + \lambda b_{r-1}] = 1 \end{array} \right.$$

Le stabilisateur de β_r est donc constitué des matrices de la forme

$$\begin{array}{c} \\ r \end{array}\left(\begin{array}{c|c} A & \overset{r}{0} \\ \hline * & * \end{array} \right) ,$$

où A appartient au sous-groupe H des matrices inversibles $\in GL(r)$

$$\left(\begin{array}{c|c|c} M_1 & b_1 & a_1 \\ \vdots & \vdots & \vdots \\ M_{r-1} & b_{r-1} & a_{r-1} \\ \hline 0 & 0 & \lambda \end{array} \right)$$

qui satisfont à (Σ). Notant $(e_1,\dots,e_r)$ la base canonique de $\mathbb{C}^r$, on voit que l'orbite de e_r pour l'opération naturelle de H dans $\mathbb{C}^r$ est égale à $\mathbb{C}^{r-1}\times\mathbb{C}^*$. En effet, les scalaires $a_1,\dots,a_{r-1}\in\mathbb{C}$ et $\lambda\in\mathbb{C}^*$ étant fixés, la matrice

$$\left[\begin{array}{c|c|c} \frac{1}{\mu}\,\mathrm{id} & 0 & \begin{matrix} a_1 \\ \vdots \\ a_{r-2}\end{matrix} \\ \hline M_{r-1} & b_{r-1} & a_{r-1} \\ \hline 0 & 0 & \lambda \end{array}\right]$$

où $\mu^2=\lambda$ et $M_{r-1} = -\frac{2}{\lambda\mu}\sum_{i=1}^{r-2} a_i x_i$, appartient à H. Pour que $A\in H$ stabilise e_r, il faut et il suffit que

$$\lambda = 1\ ,\ b_{r-1} = 1\ ,\ M_{r-1} = 0\ ,\ \sum_{i-1}^{r-2} b_i M_i = 0\ ,\ \sum_{i=1}^{r-2} b_i^2 = 0\ ,\ a_i = 0\ .$$

Comme A est inversible, l'égalité $M_r = 0$ implique que $M_1,\dots,M_{r-2}$ sont linéairement indépendantes, et par suite $\sum_{i=1}^{r-2} b_i M_i = 0$ entraîne

$$b_i = 0 \quad (1 \le i \le r-2)\ .$$

Autrement dit le stabilisateur K de e_r

$$K = \left\{ \left(\begin{array}{c|c} B & 0 \\ \hline 0 & \mathrm{id}\end{array}\right) \quad B\in O(r-2,\mathbb{C}) \right\}$$

est isomorphe à $O(r-2,\mathbb{C})$ et

$$H/K \xrightarrow{\sim} \mathbb{C}^{r-1}\times\mathbb{C}^*.$$

Par suite, $$\dim H = r + \frac{(r-2)(r-3)}{2} = \frac{r^2-3r+6}{2}$$ et

$$\begin{cases} \dim st(\beta_r) = (n+1)(n+1-r) + \dfrac{r^2-3r+6}{2} \,. \\ \\ \dim F_r = (n+1)^2 - \dim st(\beta_r) = r(n+1) - \dfrac{r^2-3r+6}{2} \,. \end{cases}$$

<u>Remarque</u> : Pour $r = 2$, cette formule (établie seulement pour $r \geq 3$) donne $2(n+1)-2 = 2n$, qui est bien la valeur obtenue en Ab) pour $\dim F_2 = \dim E_2$.

3.7. <u>Structure de</u> R <u>et</u> S .

Nous allons dans ce paragraphe essayer de préciser la nature des variétés R et S (3.5) , et nous intéresser notamment à leurs singularités.

3.7.1. Soit H le sous-groupe algébrique de $GL(n+1,C)$ formé des matrices de la forme

$$\begin{array}{c} \overset{3}{} \\ 3 \left(\begin{array}{c|c} A & 0 \\ \hline * & * \end{array} \right) \end{array}$$

et $v \longmapsto v_1$ la projection canonique $H \longrightarrow GL(3,C)$ associant à $v \in H$ son bloc supérieur gauche. Faisons opérer H à gauche sur J_3 par

(3.7.2) $$v.\omega = (v_1^*)^{-1}(\omega) \quad (\omega \in J_3 \,,\, v \in H) \,,$$

et remarquons que, notant comme en (3.5.3) $\pi_0 : C^{n+1} \longrightarrow C^3$ la projection définie par les trois premières coordonnées, on a

(3.7.3) $$v^*(\pi_0^*\omega) = \pi_0^*(v_1^*\omega) \quad (\omega \in J_3 \,,\, v \in H) \,.$$

Le groupe H opère à droite sur $GL(n+1) \times J_3$ par

$$v.(u,\omega) = (u \circ v \,,\, v^{-1}.\,\omega) = (u \circ v \,,\, v_1^*(\omega)) \,,$$

et on note, comme d'habitude ,

$$GL(n+1) \overset{H}{\times} J_3$$

le quotient. C'est une variété algébrique lisse, quotient pour la topologie fidèlement plate quasi-compacte, et qui admet la description suivante. La projection canonique

$$(3.7.4) \qquad GL(n+1) \longrightarrow GL(n+1)/H$$

munit $GL(n+1)$ d'une structure de H-torseur, localement trivial pour la topologie de Zariski, au-dessus de la grassmannienne $G_3(\mathbb{C}^{n+1})$ des 3-plans de $\mathbb{C}^{n+1}$, et $GL(n+1) \overset{H}{\times} J_3$ est le fibré vectoriel sur $G_3(\mathbb{C}^{n+1})$ déduit de la représentation (3.7.2) par torsion au moyen du torseur (3.7.4). De (3.7.3) résulte immédiatement que le morphisme (3.5.3) fournit par passage au quotient un morphisme

$$(3.7.5) \qquad \theta : E = GL(n+1) \overset{H}{\times} J_3 \longrightarrow R ,$$

que nous allons maintenant étudier.

PROPOSITION 3.7.6. <u>Le morphisme</u> θ <u>est propre.</u>

<u>Preuve</u> : Comme R est muni de sa structure réduite, il revient au même de montrer que le morphisme $E \longrightarrow \Delta_{n+1}$ composé de θ avec l'inclusion canonique de R dans l'espace vectoriel Δ_{n+1} des formes de Pfaff homogènes de degré 2 sur $\mathbb{C}^{n+1}$ est propre. Nous allons pour cela utiliser le critère valuatif de propreté, après avoir précisé la nature des foncteurs représentés par Δ_{n+1} et E respectivement. Pour toute $\mathbb{C}$-algèbre B, on a

$$\Delta_{n+1}(B) = S^2_B[(B^{n+1})^{\vee}] \underset{B}{\otimes} (B^{n+1})^{\vee}$$

et un morphisme fonctoriel

$$\left\{(P_1,\dots P_{n+1}) \in B[X_1,\dots,X_{n+1}]^{n+1} \,\middle|\, P_i \text{ homogènes de } 2\right\} \xrightarrow{\sim} \Delta_{n+1}(B)$$

$$(P_1,\dots,P_{n+1}) \longmapsto \sum_{i=1}^{n+1} P_i(\check{e}_1,\dots,\check{e}_{n+1}).\check{e}_i ,$$

où $(\check{e}_1,\dots,\check{e}_{n+1})$ désigne la base canonique de $(B^{n+1})^\vee$. Bien entendu, si $\varphi : B \longrightarrow B'$ est un morphisme de C-algèbres, alors $\Delta_{n+1}(\varphi)$ est l'extension des scalaires. Pour décrire $E(B)$, il est commode de développer quelques généralités. Si M est un B-module projectif de type fini, une 1-forme (de Pfaff) sur $W_B(M) = \mathrm{Spec}\, S_B(\check{M})$ est un élément de

$$Pf_B(M) = S_B(\check{M}) \underset{B}{\otimes} \check{M} .$$

Elle est dite homogène de degré m si elle appartient à $S_B^m(\check{M}) \underset{B}{\otimes} \check{M}$. Ainsi, les éléments de $\Delta_{n+1}(B)$ sont les formes de Pfaff homogènes de degré 2 sur B^{n+1} , ie sur $W_B(B^{n+1})$. Si $u : M \longrightarrow N$ est une application B-linéaire entre B-modules projectifs de type fini, on a une notion d'image réciproque

$$u^*: Pf_B(N) \longrightarrow Pf_B(N) ,$$

défini par $u^* = S_B(\check{u}) \underset{B}{\otimes} \check{u}$, homogènes de degré 0 et fonctorielle en u . De plus, cette notion est compatible avec l'extension des scalaires. Enfin, il nous reste à généraliser la notion de forme de Pfaff projective. Soit pour cela M un B-module projectif de type fini. L'inclusion canonique $M \hookrightarrow S_B(\check{M})$ définit par extension des scalaires une application $S_B(\check{M})$-linéaire

(3.7.7) $$\text{"}\lrcorner X\text{"} \quad Pf_B(M) = S_B(\check{M}) \underset{B}{\otimes} \check{M} \longrightarrow S_B(\check{M}) ,$$

qui est homogène de degré un, fonctorielle en M et compatible avec les changements de base. Comme lorsque $B = C$, une forme de Pfaff ω est dite <u>projective</u> lorsque

$$\omega \lrcorner X = 0 .$$

Il est clair que cette notion est stable par images réciproques et que le noyau de (3.7.7) est un sous-$S_B(\check{M})$-module gradué de $Pf_B(M)$. Ceci dit, on vérifie facilement que $E(B)$ s'identifie à l'ensemble des classes de couples

$$\{(q,\omega) \mid : B^{n+1} \twoheadrightarrow M, M \text{ loc. libre rang } 3, \omega \text{ projective } \in \Delta_{n+1}(B)\}$$

deux tels couples (q,ω) et (q,ω) étant identifiés si et seulement s'il existe un isomorphisme $\iota : M \xrightarrow{\sim} M'$ rendant le diagramme

$$\begin{array}{ccc} & \overset{q}{\nearrow} & M \\ B^{n+1} & & \downarrow \iota \; S \\ & \underset{q'}{\searrow} & M' \end{array}$$

commutatif, et tel que $\iota^*(\omega') = \omega$. La vérification se fait en gros comme suit. L'application $\overline{(q,\omega)} \longmapsto \overline{q}$ définit un morphisme fonctoriel de but la grassmannienne des 3 - plans de C^{n+1} et il est facile de voir qu'il s'identifie au fibré vectoriel $E \longrightarrow G_3(C^{n+1})$ décrit précédemment.

Enfin, le morphisme θ de (3.7.6) est défini par le morphisme fonctoriel

$$\theta_B : E(B) \longrightarrow \Delta_{n+1}(B) .$$

$$(q,\omega) \longmapsto q^*(\omega)$$

Montrons donc que θ est propre. D'après le critère valuatif, il suffit de voir que pour tout anneau de valuation discrète D , de corps de fraction K , le diagramme canonique

(3.7.8)
$$\begin{array}{ccc} E(D) & \xrightarrow{j} & E(K) \\ \theta_D \downarrow & & \downarrow \theta_K \\ \Delta_{n+1}(D) & \xrightarrow{j} & \Delta_{n+1}(K) \end{array}$$

est cartésien. Il est facile de voir que $E(D) \hookrightarrow E(K)$ (E est séparé) , donc on a seulement à voir que l'application

$$E(D) \longrightarrow E(K) \times_{\Delta_{n+1}(K)} \Delta_{n+1}(D)$$

déduite de (3.7.8) est surjective. Soit donc $\omega \in \Delta_{n+1}(D)$ et supposons que $j(\omega) \in \mathrm{Im}(\theta_K)$. Par définition, il existe un K-espace vectoriel V de dimension 3, une application linéaire surjective $q_K : K^{n+1} \longrightarrow V$ et une forme projective $\alpha \in Pf_K^2(V)$ tels que

$$j(\omega) = q_K^*(\alpha) .$$

Soit M le réseau de V défini par $M = j_K(D^{n+1})$ et $q_D = q|D^{n+1}$. Nous allons voir que le diagramme

$$\text{(3.7.9)} \qquad \begin{array}{ccc} S_D^2(\check{M}) \otimes_D \check{M} & \longrightarrow & S_K^2(\check{V}) \otimes_K \check{V} \\ {\scriptstyle q_D^*}\downarrow & & \downarrow{\scriptstyle q_K^*} \\ S_D^2[(D^{n+1})^\vee] \otimes_D (D^{n+1})^\vee & \longrightarrow & S_K^2[(K^{n+1})^\vee] \otimes_K (K^{n+1})^\vee \end{array} ,$$

dans lequel q_D^* et q_K^* sont injectives (q_D et q_K admettent des sections) est cartésien. On en déduira l'existence d'une forme $\beta \in Pf_D^2(M)$ telle que $\omega = q_D^*(\beta)$ et β sera projective, à cause de la fonctorialité de (3.7.7), comme q_D^* est injective. On a un diagramme commutatif exact, obtenu en tensorisant la suite exacte canonique $0 \to D \to K \to K/D \to 0$

$$\begin{array}{ccccccccc} 0 & \longrightarrow & S_D^2(\check{M}) & \longrightarrow & S_D^2(\check{M}) \otimes_D K & \longrightarrow & S_D^2(\check{M}) \otimes_D K/D & \longrightarrow & 0 \\ & & \downarrow & & \downarrow & & \downarrow & & \\ 0 & \longrightarrow & S_D^2((D^{n+1})^\vee) & \longrightarrow & S_D^2((D^{n+1})^\vee) \otimes_D K & \longrightarrow & S_D^2((D^{n+1})^\vee) \otimes_D (K/D) & \longrightarrow & 0 \end{array} ,$$

dans lequel, comme l'inclusion $\check{M} \longrightarrow (D^{n+1})^\vee$ admet une rétraction, les flèches verticales, et notamment celle de droite, sont des monomorphismes directs. On en déduit, par tensorisation sur D par $\check{M}$, que le diagramme

$$\begin{array}{ccc} S^2_D(\check{M})\underset{D}{\otimes}\check{M} & \longrightarrow & S^2_K(\check{V})\underset{K}{\otimes}\check{V} \\ \big\downarrow & & \big\downarrow \\ S^2_D[(D^{n+1})^{\vee}]\underset{D}{\otimes}\check{M} & \longrightarrow & S^2_K[(K^{n+1})]\underset{K}{\otimes}\check{V} \end{array} \tag{3.7.10}$$

est cartésien. De même, tensorisant le diagramme cartésien canonique

$$\begin{array}{ccc} \check{M} & \longrightarrow & \check{V} \\ \big\downarrow & & \big\downarrow \\ (D^{n+1})^{\vee} & \longrightarrow & (K^{n+1})^{\vee} \end{array}$$

par le D-module plat $S^2_D[(D^{n+1})^{\vee}]$, on obtient un nouveau diagramme cartésien

$$\begin{array}{ccc} S^2_D[(D^{n+1})^{\vee}]\underset{D}{\otimes}\check{M} & \longrightarrow & S^2_K[(K^{n+1})^{\vee}]\underset{K}{\otimes}\check{V} \\ \big\downarrow & & \big\downarrow \\ S^2_D[(D^{n+1})^{\vee}]\underset{D}{\otimes}(D^{n+1})^{\vee} & \longrightarrow & S^2_K[(K^{n+1})^{\vee}]\underset{K}{\otimes}(K^{n+1})^{\vee} \end{array}$$

qui, comparé avec (3.7.10) , montre aussitôt que (3.7.9) est cartésien.

3.7.11. La partie Δ^{ir}_{n+1} de Δ_{n+1} formée des formes de Pfaff homogènes de degré 2 est <u>irréductible</u> sur $\mathbb{C}^{n+1}$ en est un ouvert de Zariski. Plus généralement, étant donné un entier $m \geq 2$, l'ensemble des formes de Pfaff irréductibles et homogènes de degré m sur $\mathbb{C}^{n+1}$ est un ouvert de $Pf^m_{\mathbb{C}}(\mathbb{C}^{n+1})$. Pour le voir, nous utiliserons le lemme ci-dessous.

LEMME 3.7.12. <u>Soient</u> k <u>un corps et</u> $P_1,\dots,P_r (r \geq 2)$ r <u>polynômes homogènes de degré</u> m <u>dans</u> $k[X_1,\dots,X_{n+1}]$. <u>Les assertions suivantes sont équivalentes</u>

(i) $\operatorname{pgcd}(P_1,\dots,P_r) \neq 1$

(ii) <u>Il existe</u> r <u>polynômes</u> $Q_1,\dots,Q_r$, <u>homogènes de degré</u> $m-1$ <u>et non tous nuls, tels que</u>

$$P_i Q_j = P_j Q_i \quad (1 \leq i , j \leq r) .$$

Preuve : (Supposons $P_1,\dots,P_r$ non tous nuls)

(i) ⇒ (ii) Soit D un pgcd de $P_1,\dots,P_r$. C'est un polynôme homogène de degré ≥ 1 et les polynômes Q_i' définis par $P_i = Q_i' D$ vérifient $P_i Q_j' = P_j Q_i'$ $(1 \leq i , j \leq r)$ .De plus, ils ont même degré $d \leq m-1$, de sorte que les polynômes $Q_i = X_i^{m-1-d} Q_i$ conviennent. Montrons (ii) ⇒ (i) . Il est clair qu'il existe un couple (L,M) de polynômes homogènes, premiers entre eux et non nuls, tels que

$$M P_i = L Q_i \quad (1 \leq i \leq r) .$$

On a nécessairement $d^{\circ}(L) \geq 1$ et, puisque $\mathrm{pgcd}(L,M) = 1$, L divise tous les P_i , d'où l'assertion.

Considérons l'application $\mathbb{C}$ - linéaire

$$\varphi : Pf_{\mathbb{C}}^m(\mathbb{C}^{n+1}) \longrightarrow \mathrm{Hom}_{\mathbb{C}}(Pf_{\mathbb{C}}^{m-1}(\mathbb{C}^{n+1}), \mathbb{C}[X_1,\dots,X_{n+1}]_{2m-1} \otimes \Lambda_{\mathbb{C}}^2(\mathbb{C}^{n+1}))$$

$$\omega \longmapsto (\varphi(\omega) : \alpha \longmapsto \alpha \wedge \omega) .$$

Le lemme (3.7.12) montre que pour que ω soit irréductible, il faut et il suffit que $\varphi(\omega)$ soit injective, d'où l'assertion (3.7.11) . Plus précisément, les espaces vectoriels $Pf_{\mathbb{C}}^{m-1}(\mathbb{C}^{n+1})$ et $\mathbb{C}[X_1,\dots,X_{n+1}]_{2m-1} \otimes \Lambda_{\mathbb{C}}^2(\mathbb{C}^{n+1})$ ont des bases canoniques (monômes en les X_i) de sorte que $\varphi(\omega)$ s'interprête de façon naturelle comme une matrice à coefficients complexes. Si on note $D_{\iota}(\omega) (\iota \in T)$ les mineurs de rang maximum de la matrice $[\varphi(\omega)]$, qui sont donc des polynômes en les coefficients de $\omega_1,\dots,\omega_{n+1}$ $(\omega = \sum_{i=1}^{n+1} \omega_i dx_i)$, alors pour que ω soit irréductible, il faut et il suffit qu'il existe un mineur D_{ι} tel que $D_{\iota}(\omega) \neq 0$.

Notant $Pf_{\mathbb{C}}^m(\mathbb{C}^{n+1})^{ir}$ l'ouvert de $Pf_{\mathbb{C}}^m(\mathbb{C}^{n+1})$ dont les éléments sont les formes de Pfaff irréductibles de degré m , et, pour toute $\mathbb{C}$ - algèbre B ,

$Pf_B^m(B^{n+1})^{ir}$ l'ensemble de ses points à valeurs dans B , on voit que $Pf_B^m(B^{n+1})^{ir}$ est l'ensemble des $\omega \in Pf_B^m(B^{n+1})$ telles que, localement pour la topologie de Zariski sur spec(B) , il existe un $\iota \in T$ tel que $D_\iota(\omega)$ [défini comme précédemment] soit inversible.

Avec les notations de (3.5) , posons

(3.7.13) $$R^{ir} = R \dot{-} (\overline{E}_2 \cup P) = R \cap \Delta_{n+1}^{ir}$$

Nous sommes maintenant en mesure de montrer la proposition suivante.

PROPOSITION 3.7.14. _L'application_ θ (3.7.5) _induit un isomorphisme de variétés algébriques._

$$\theta^{-1}(R^{ir}) \xrightarrow{\sim} R^{ir} .$$

En particulier, R^{ir} _est lisse et_ $\theta : E \longrightarrow R$ _est une désingularisation du cône_ R .

Preuve : Notant encore θ le morphisme composé $E \longrightarrow \Delta_{n+1}$, il suffit de montrer que θ induit un monomorphisme de schémas $\theta^{ir}: \theta^{-1}(\Delta_{n+1}^{ir}) \longrightarrow \Delta_{n+1}^{ir}$. En effet, comme θ^{ir} est propre, ce sera une immersion fermée, d'où l'assertion grâce au fait que R est muni de sa structure de schéma réduit. Vu la description de E(B) donnée dans la preuve de (3.7.6) , on a donc à prouver que, étant donné une C - algèbre B , deux épimorphismes B - linéaires $q : B^{n+1} \longrightarrow M$, $q' : B^{n+1} \longrightarrow M'$ et deux formes de Pfaff projectives homogènes de degré 2 ω et ω' sur M et M' respectivement, alors si $q^*(\omega) = q'(\omega') \in Pf_B^2(B^{n+1})^{ir}$, il existe un B - isomorphisme $\iota : M \xrightarrow{\sim} M'$ tel que $q' = \iota \circ q$ et $\omega = \iota^*(\omega')$. Utilisant le fait que q^* et $(q')^*$ sont injectives, on est ramené à montrer que Ker(q) = Ker(q') , ce qui est une assertion locale sur spec(B). Mieux, quitte à remplacer B par l'un de ses localisés, on peut supposer que $M = M' = B^3$ et que Ker(q) et Ker(q') sont libres.

Notons ℓ_1, ℓ_2, ℓ_3 les composantes de q , $\ell_4, \dots, \ell_{n+1}$ une base de $[\mathrm{Ker}(q)]^{\vee}$ et de même $\ell_1', \ell_2', \ell_3'$ les composantes de $q', \ell_4', \dots, \ell_{n+1}$ une base de $[\mathrm{Ker}(q')]^{\vee}$. On a deux décompositions pour $q^*(\omega) = q^*(\omega') = u$

$$u = P_1 \otimes \ell_1 + P_2 \otimes \ell_2 + P_3 \otimes \ell_3 = P_1' \otimes \ell_1' + P_2' \otimes \ell_2' + P_3' \otimes \ell_3' \ ,$$

avec $P_i, P_i' \in S_B^2[(B^{n+1})^{\vee}]$. Si on montre que (P_1, P_2, P_3) et (P_1', P_2', P_3') sont des familles libres du B-module $S_B^2[(B^{n+1})^{\vee}]$, une transposition facile de la preuve de la fin de (3.6.1 bis) fournira que

$$B\ell_1 + B\ell_2 + B\ell_3 = B\ell_1' + B\ell_2' + B\ell_3' \subset (B^{n+1})^{\vee} \ ,$$

d'où la proposition.

Supposons par exemple donnée une relation

$$b_1 P_1 + b_2 P_2 + b_3 P_3 = 0 \qquad (b_i \in B) \ .$$

Comme par ailleurs u est projective, on a aussi

$$\ell_1 P_1 + \ell_2 P_2 + \ell_3 P_3 = 0 \ .$$

Posant $Q_1 = b_2\ell_3 - b_3\ell_2$, $Q_2 = b_3\ell_1 - b_1\ell_3$, $Q_3 = b_1\ell_2 - b_2\ell_1$, on en déduit que

(3.7.15) $$P_i Q_j = P_j Q_i \quad (1 \leq i,j \leq 3) \ .$$

Or, à cause de l'irréductibilité de u , l'application

$$\mathrm{Pf}_B^1(B^{n+1}) \longrightarrow S_B^3((B^{n+1})^{\vee}) \otimes \Lambda_B^2((B^{n+1})^{\vee})$$

$$\omega \longmapsto u \wedge \omega$$

en un monomorphisme direct,donc il résulte de (3.7.15) que $Q_i = 0$ $(1 \leq i \leq 3)$, et par suite $b_i = 0$ $(1 \leq i \leq 3)$.

COROLLAIRE 3.7.16. <u>On a</u> $\dim(R) = 3n+2$.

<u>Preuve</u> : D'après (3.7.14), on a $\dim(R) = \dim(E)$. Comme E est un fibré vectoriel de fibre $J_3 \simeq s\ell(3,\mathbb{C})$ sur $G_3(\mathbb{C}^{n+1})$, on a

$$\dim(E) = \dim G_3(\mathbb{C}^{n+1}) + \dim J_3 = 3(n-2) + 8 = 3n + 2 .$$

3.7.17. Notons dans ce qui suit U_{n+1} la réunion, pour tous les triples (λ,μ,ν) de scalaires non nuls, deux à deux distincts, et vérifiant $\lambda+\mu+\nu = 0$, des orbites des formes [3.6.8. a)]

$$(\mu - \nu)x_2x_3dx_1+(\nu - \lambda)x_3x_1dx_2+(\lambda - \mu)x_1x_2dx_3 .$$

C'est un <u>ouvert affine</u> de R, contenu dans R^{ir}. En effet, on a

$$\theta^{-1}(U_{n+1}) = GL(n+1,\mathbb{C}) \overset{H}{\times} U_3 ,$$

de sorte que, utilisant (3.7.14), il suffit pour le voir de montrer que U_3 s'identifie à un ouvert affine de $J_3 \xrightarrow{\sim} sl(3,\mathbb{C})$. Notant, pour tout $u \in \mathrm{End}_{\mathbb{C}}(\mathbb{C}^3)$, $P_T(u)$ le polynôme caractéristique de u et $\Delta(u)$ le discriminant de $P_T(u)$, qui est un polynôme en les coefficients de la matrice définie par u dans la base canonique de $\mathbb{C}^3$, on voit que U_3 est défini dans $\mathrm{End}_{\mathbb{C}}(\mathbb{C}^3)$ par les équations

$$\det(u) \neq 0 , \ \Delta(u) \neq 0 , \ \mathrm{Tr}(u) = 0 ,$$

d'où aussitôt le résultat.

Dans l'énoncé qui suit, les notations sont celles de (3.5.5) et (3.6.8).

PROPOSITION 3.7.18. <u>On a</u> :

(i) $\overline{P} = P \cup \overline{E}_2$,

(ii) $\overline{Q} = Q \cup P \cup \overline{F}_3$,

(iii) <u>les composantes irréductibles de</u> $R \setminus U_{n+1}$ <u>sont</u> $\overline{E}_3$ <u>et</u> $\overline{Q}$, <u>et on a</u>

$$\overline{E}_3 \cap \overline{Q} = \overline{F}_3 .$$

[Il s'agit, bien sûr, d'adhérences pour la topologie de Zariski] .

<u>Preuve</u> : Montrons (i) . Tout d'abord, $R^{ir} = R \dot{-} (\overline{E}_2 \cup P)$ est ouvert dans R , donc $\overline{E}_2 \cup P$ fermé, et $\overline{P} \subset \overline{E}_2 \cup P$. Il suffit donc de voir que $E_2 \subset \overline{P}$. Or, pour tout $\lambda \neq 0$, la forme $(x_1+\lambda x_3)(x_1 dx_2 - x_2 dx_1)$ est dans P et tend vers $\alpha_2 = x_1(x_1 dx_2 - x_2 dx_1)$ lorsque $\lambda \longrightarrow 0$, d'où l'assertion. Pour voir que $P \subset \overline{Q}$, on se ramène immédiatement au cas où $n = 2$. Alors, cela résulte de ce que les matrices B_λ ci-dessous $(\lambda \neq 0)$ est telle que

$$B_\lambda = \begin{pmatrix} 1 & 0 & 0 \\ \lambda & 1 & 0 \\ 0 & 0 & -2 \end{pmatrix} \longrightarrow \begin{pmatrix} 1 & 0 & 0 \\ 0 & 1 & 0 \\ 0 & 0 & -2 \end{pmatrix} \text{ lorsque } \lambda \longrightarrow 0 .$$

De même, $F_3 \subset \overline{Q}$. De même, pour tout $\lambda \in C$, la matrice

$$C_\lambda = \begin{pmatrix} \lambda & 0 & 0 \\ 1 & \lambda & 0 \\ 0 & 1 & -2\lambda \end{pmatrix} .$$

dont le sous-espace propre associé à λ est de dimension 1 , est conjuguée à

$$\begin{pmatrix} \lambda & 0 & 0 \\ 1 & \lambda & 0 \\ 0 & 0 & -2\lambda \end{pmatrix} .$$

Lorsque $\lambda \neq 0$, la forme sur C^3 associée à C_λ est dans Q , tandis que la forme associée à C_o est dans F_3 . Les considérations précédentes montrent que $Q \cup P \cup \overline{F}_3 \subset \overline{Q}$. Comme $\overline{E}_3 = E_3 \cup F_3 \cup E_2 \cup \{0\}$, la liste des orbites de $GL(n+1,C)$ donnée en (3.6) montre que $R \dot{-} U_{n+1} = \overline{E}_3 \cup \overline{Q}$, et bien sûr $\overline{Q} \neq \overline{E}_3$, car $Q \not\subset \overline{E}_3$. On en déduit que $\overline{Q}$ et $\overline{E}_3$ sont les composantes irréductibles de $R \dot{-} U_{n+1}$.

Remarquons que $\dim \overline{E}_3 = \dim \overline{Q} = 3n+1$ (3.6.8 et 3.6.9) : cela est en accord avec le fait que, puisque U_{n+1} est affine (3.7.17), $R - U_{n+1}$ est purement de codimension 1 dans R. Comme $\overline{E}_3 \cap \overline{Q} \supset \overline{F}_3$ et $\overline{E}_3 = E_3 \cup \overline{F}_3$ (parties disjointes), on voit aussitôt que $\overline{E}_3 \cap \overline{Q} = \overline{F}_3$. Enfin, il devient clair maintenant que

$$\overline{Q} = (\overline{E}_3 \cup \overline{Q}) \dot{-} E_3 = R \dot{-} (U_{n+1} \cup E_3) = Q \cup P \cup \overline{F}_3 .$$

PROPOSITION 3.7.19. <u>Etant donnés trois scalaires</u> λ,μ,ν <u>non nuls, deux à deux distincts, et tels que</u> $\lambda+\mu+\nu = 0$, <u>soit</u> Γ <u>l'orbite dans</u> J_{n+1} <u>de la forme</u>

$$(\mu-\nu)x_2x_3dx_1 + (\nu-\lambda)x_3x_1dx_2 + (\lambda-\mu)x_1x_2dx_3 .$$

<u>Notant</u> $\overline{\Gamma}$ <u>son adhérence pour la topologie de Zariski dans</u> J_{n+1}, <u>on a</u> :

$$\overline{\Gamma} = \Gamma \cup \overline{F}_3 .$$

<u>Preuve</u> : On sait que $\overline{\Gamma}$ est une réunion d'orbites contenue dans R. Toutes les orbites contenues dans U_{n+1} ont même dimension, à savoir $3n+1$ (3.6.8 a), donc Γ est fermée dans U_{n+1}. On a donc à montrer que $\overline{\Gamma} \cap (R \dot{-} U_{n+1}) = \overline{F}_3$, ou encore, utilisant (3.7.18), que $\overline{\Gamma} \cap P = \overline{\Gamma} \cap E_3 = \emptyset$ et $F_3 \subset \overline{\Gamma}$. Comme θ est surjective, il suffit de voir les assertions analogues pour les images réciproques par θ, dans $GL(n+1,\mathbb{C}) \overset{H}{\times} J_3$; utilisant la propriété de θ, on est ramené à prouver (3.7.19) dans J_3, i.e. pour $n = 2$. Identifions J_3 à $sl(3,\mathbb{C})$ (2.1.3) Pour tout $u \in \Gamma$, on a $\det(u) \neq 0$ et

$$\frac{\operatorname{tr}(\Lambda^2 u)^3}{\det(u)^2} = \frac{(\lambda\mu+\mu\nu+\nu\lambda)^3}{(\lambda\mu\nu)^2} ,$$

tandis que, pour $v \in P$,

$$\frac{\operatorname{tr}(\Lambda^2 v)^3}{\det(v)^2} = -\frac{27}{4} \quad (3.6.8\ b)) .$$

Par suite, on ne peut avoir $v \in \overline{\Gamma} \cap P$ que s'il existe $a \in \mathbb{C}$ tel que

$$\begin{cases} \lambda\mu + \mu\nu + \nu\lambda = -3a^2 \\ \lambda\mu\nu = 2a^3 \\ \lambda + \mu + \nu = 0 . \end{cases}$$

Mais $X^3 - 3a^2X + 2a^3 = (X+2a)(X-a)^2$ a un zéro double, de sorte que les égalités précédentes sont incompatibles avec le fait que λ,μ,ν sont deux à deux distincts

Lorsque $n = 2$, E^3 est l'orbite de la matrice

$$\begin{pmatrix} 1 & 0 & 0 \\ 0 & -1 & 0 \\ 0 & 0 & 0 \end{pmatrix} ,$$

correspondant à la forme de Jacobi α telle que $d\alpha = 3d(x_1x_2) \wedge dx_3$.

Par suite, si $w \in E_3$, on a

$$\mathrm{Tr}(\Lambda^2 w) \neq 0 \quad \text{et} \quad \det(w) = 0 .$$

Il n'est pas possible que $W \in \overline{\Gamma}$, car sinon on aurait

$$(\lambda\mu\nu)^2 \mathrm{tr}(\Lambda^2 w)^3 = (\lambda\mu + \mu\nu + \nu\lambda)^3 \det(w)^2 ,$$

qui est incompatible avec ce qui précède. Enfin, il reste à voir que $F_3 \subset \overline{\Gamma}$. On remarque pour cela que la matrice

$$\begin{pmatrix} \lambda u & 0 & 0 \\ 1 & \mu u & 0 \\ 0 & 1 & \nu u \end{pmatrix}$$

appartient à Γ lorsque $u \neq 0$, et à F_3 lorsque $u = 0$.

3.7.20. Le groupe $GL(n+1)$ opérant sur U_{n+1} avec des orbites fermées, on sait (par ex [1] th 1) qu'il existe un <u>quotient géométrique</u> $U_{n+1}/GL(n+1)$, que nous allons maintenant déterminer.

LEMME 3.7.21. Soient k un corps algébriquement clos de caractéristique 0, G un groupe algébrique sur k et H un sous-groupe algébrique de G. On suppose que H opère, par l'intermédiaire d'un quotient réductif, sur une variété affine (irréductible et réduite) X, avec des orbites fermées. Alors, faisant opérer G sur $G \overset{H}{\times} X$ par l'intermédiaire du facteur de gauche, il existe un quotient géométrique $(G \overset{H}{\times} X)/G$ et le morphisme H-équivariant

$$\begin{aligned} X &\xrightarrow{\alpha} G \overset{H}{\times} X \\ x &\longmapsto \overline{(1,x)} \end{aligned}$$

induit un isomorphisme

$$X/H \xrightarrow{\sim} (G \overset{H}{\times} X)/G .$$

Preuve : Le morphisme $G \times H \longrightarrow G \overset{H}{\times} X$, étant fidèlement plat quasicompact, est un quotient géométrique pour l'opération $h(g,x) = (gh^{-1},hx)$ de H sur $G \times X$. De même $pr_2 : G \times X \to X$ est un quotient géométrique pour l'opération de G sur $G \times X$ définie par les translations sur le facteur de gauche. Comme H opère sur X par l'intermédiaire d'un quotient réductif et avec orbites fermées, on sait qu'il existe un quotient géométrique $X \longrightarrow X/H$. Le morphisme

$$\begin{aligned} G \times X &\longrightarrow X/H \\ (g,x) &\longmapsto \bar{x} \end{aligned}$$

définit par passage au quotient un morphisme $G \overset{H}{\times} X \xrightarrow{\beta} X/H$ rendant le diagramme

$$\begin{array}{ccc} G \times X & \xrightarrow{pr_2} & X \\ c \downarrow & & \downarrow c \\ G \overset{H}{\times} X & \xrightarrow{\beta} & X/H \end{array}$$

commutatif. Il résulte alors formellement de ce que les trois flèches autres que β sont des quotients géométriques que β en est également un. Le reste du lemme résulte sans peine de ce que $\beta \circ \alpha = id(X/H)$.

D'après (3.7.14), le morphisme θ induit un isomorphisme $GL(n+1) \overset{H}{\times} U_3 \xrightarrow{\sim} U_{n+1}$, d'où par passage au quotient un isomorphisme

$$[GL(n+1) \overset{H}{\times} U_3]/GL(n+1) \xrightarrow{\sim} U_{n+1}/GL(n+1) .$$

Par ailleurs, (3.7.21) fournit un isomorphisme

$$U_3/GL(3) = U_3/H \xrightarrow{\sim} [GL(n+1) \overset{H}{\times} U_3]/GL(n+1) ,$$

d'où enfin, par composition, un isomorphisme

$$U_3/GL(3) \xrightarrow{\sim} U_{n+1}/GL(n+1) .$$

Il reste à déterminer $U_3/GL(3)$. Faisons pour cela quelques préliminaires. Soient k un corps algébriquement clos, de car. 0 et r un entier ≥ 1. Faisons opérer $GL(r)$ par conjugaison sur la variété $M_r(k)$ des endomorphismes de k^r. On sait alors (cf [4], remarque du début de la page 179) qu'un quotient (non géométrique !) de cette opération est le morphisme

$$M_r(k) \longrightarrow \mathbb{E}^r_k$$

$$u \longmapsto (Tr(u),\ldots,Tr(\Lambda^i u),\ldots,\det(u)) .$$

Notant $\mathcal{S}_r$ le sous-schéma de $M_r(k)$ de points géométriques les matrices séparables, défini en écrivant que le polynôme caractéristique est premier à sa dérivée, on voit que $\mathcal{S}_r$ est un ouvert affine de $M_r(k)$ et que les orbites de $GL(r)$ dans $\mathcal{S}_r$ sont fermées ([4], prop.4). Par suite, le quotient $\mathcal{S}_r/GL(r)$ est géométrique. De plus, $M_r(k) \dot{-} \mathcal{S}_r$ étant lieu des zéros d'un polynôme invariant par $GL(r)$ [résultant du polynôme caractéristique et de sa dérivée], la considération des anneaux d'invariants montre que le morphisme canonique

$$\mathcal{S}_r/GL(r) \longrightarrow \mathbb{E}^r_k$$

est une immersion ouverte d'image

$$W = \{(a_1,\dots,a_r) | T^r - a_1 T^{r-1} + \dots + (-1)^r a_r \text{ sans zéro multiple}\} .$$

Revenons à nos moutons. Faisons opérer cette fois $GL(3)$ sur $M_3(\mathbb{C})$ au moyen de (2.2) , et $SL(3)$ par l'opération induite. Les considérations précédentes montrent qu'il existe un quotient géométrique $\mathcal{S}_3/SL(3)$ et que le morphisme

$$\varphi : \mathcal{S}_3/SL(3) \longrightarrow \mathbb{E}^3_{\mathbb{C}} \qquad (3.7.22)$$

$$\bar{u} \longmapsto (\mathrm{tr}\, u, \mathrm{tr}\, \Lambda^2 u, \det u)$$

est une immersion ouverte. Faisons opérer $\mathbb{C}^*$ sur $\mathcal{S}_3$ et $\mathcal{S}_3/SL(3)$ par homothéties, et sur $\mathbb{E}^3_{\mathbb{C}}$ par

$$\lambda.(x,y,z) = (\lambda x, \lambda^2 y, \lambda^3 z) ,$$

de sorte que φ est équivariant. Utilisant la définition des quotients géométriques ([4] , Déf 5) et le fait que $0 \in \mathcal{S}_3$ est invariant par $SL(3)$, on voit que

$$\mathcal{S}_3/SL(3) \dot{-} \{\bar{0}\} = \mathcal{S}_3 \dot{-} \{0\}/SL(3)$$

comme quotient géométrique. Par ailleurs, $\mathbb{E}^3_{\mathbb{C}} \dot{-} \{0\}$ est réunion d'ouverts affines invariants par $\mathbb{C}^*$ et les orbites de $\mathbb{C}^*$ sont fermées. Il en résulte qu'un quotient géométrique $\mathbb{E}^3_{\mathbb{C}} \dot{-} \{0\}/\mathbb{C}^*$ existe, à savoir l'<u>espace projectif tordu</u>

$$\pi = \mathrm{Proj}\, \mathbb{C}[T_1, T_2, T_3] \quad (T_i \text{ isobares de poids } i) .$$

Ces considérations montrent qu'il existe un quotient géométrique de $\mathcal{S}_3 \dot{-} \{0\}$ par $GL(3)$ et que (3.7.22) induit une immersion ouverte

$$(\mathcal{S}_3 \dot{-} 0)/GL(3) \hookrightarrow \Pi .$$

Par restriction à la sous-variété U_3 de $\mathcal{S}_3 \dot{-} \{0\}$, on en déduit une immersion $U_3/GL(3) \longrightarrow \Pi$, $u \longmapsto (0, \mathrm{tr}\, \Lambda^2 u, \det u)$, se factorisant à travers $Y = \mathrm{Proj}\, \mathbb{C}[T_2, T_3]$ (T_i isobares de poids i) .

Plus précisément, notant Y_∞ l'hyperplan à l'infini $t_3 = 0$ de $Y \simeq P^1_{\mathbb{C}})$, on obtient un morphisme d'immersion

$$U_3/GL(3) \longrightarrow Y \dot{-} Y_\infty .$$

Mais $Y \dot{-} Y_\infty = \mathrm{spec}\,[(\mathbb{C}[T_2,T_3][\frac{1}{T_3}])_o] = \mathrm{spec}\,\mathbb{C}[\frac{T_2^3}{T_3^2}]$ est isomorphe à $\mathbb{E}^1_{\mathbb{C}}$ par le morphisme $\overline{(a,b)} \longmapsto a^3/b^2$, d'où par composition une immersion, nécessairement ouverte car $U_3/GL(3) \neq 1$ pt ,

$$U_3/GL(3) \hookrightarrow \mathbb{E}^1_{\mathbb{C}}$$

$$\bar{u} \longmapsto \frac{(\mathrm{Tr}\,\Lambda^2 u)^3}{(\det u)^2} .$$

Il reste à déterminer son image. Pour que le polynôme $X^3 + aX - b$ soit séparable, il faut et il suffit que $4a^3 + 27b^2 \neq 0$, et par suite, on décrit ainsi un isomorphisme

$$U_3/GL(3) \xrightarrow{\sim} \mathbb{E}^1_{\mathbb{C}} - \{-\tfrac{27}{4}\} \ (\simeq \mathbb{C}^*) .$$

3.7.23. Soit L le fibré en droites canonique sur $\check{P}^n_{\mathbb{C}} = P_{\mathbb{C}}[(\mathbb{C}^{n+1})^\vee]$ et l'inclusion canonique

$$L \hookrightarrow \check{P}^n_{\mathbb{C}} \times (\mathbb{C}^{n+1})^\vee .$$

Posant $F_o = \mathrm{Coker}(S^2_{\mathbb{C}}\, j)$, on a une suite exacte de fibres vectoriels

$$0 \longrightarrow L^{\otimes 2} \xrightarrow{S^2 j} \check{P}^n_{\mathbb{C}} \times S^2_{\mathbb{C}}\,[(\mathbb{C}^{n+1})^\vee] \longrightarrow F_o \longrightarrow 0 ,$$

et l'on posera, pour simplifier l'écriture

$$\Sigma = \check{P}^n_{\mathbb{C}} \times S^2_{\mathbb{C}}\,[(\mathbb{C}^{n+1})^\vee] .$$

Par ailleurs, notant, comme en (3.5) , V_{n+1} l'espace vectoriel des formes de Pfaff homogènes de degré 2 et projectives sur $\mathbb{C}^{n+1}$, soit F le sous-fibré vectoriel de $\check{P}^n_{\mathbb{C}} \times V_{n+1}$ défini par

$$F = \{(\overline{\ell},\omega) \mid 3\omega\wedge d\ell + \ell d\omega = 0\} \quad (\ell \in (\mathbb{C}^{n+1})^{\vee *}, \omega \in V_{n+1}) .$$

PROPOSITION 3.7.24. <u>Le morphisme de fibrés vectoriel</u>

$$\psi : L\otimes\Sigma \longrightarrow \overset{\vee}{P}{}^n_{\mathbb{C}} \times V_{n+1}$$

$$u\otimes(\overline{\ell},g) \longmapsto (\overline{\ell}, 2g du - u dg)$$

<u>a pour image</u> F <u>et définit par passage au quotient un isomorphisme</u>

$$L\otimes F_o \xrightarrow{\sim} F .$$

<u>Preuve</u> : [Dans l'énoncé, $g \in S^2_{\mathbb{C}}[(\mathbb{C}^{n+1})^{\vee}]$ est une forme quadratique] . Avec les notations de l'énoncé, on a évidemment

$$3(2g du - u dg)\wedge d\ell + \ell[3\, dg\wedge du] = 0 ,$$

car $d\ell\wedge du = 0$. Par suite, $\mathrm{Im}(\psi) \subset F$. Montrons donc l'exactitude de la suite

$$0 \longrightarrow L^{\otimes 3} \xrightarrow{id(L)\otimes S^2(j)} L\otimes\Sigma \longrightarrow F \longrightarrow 0 .$$

Tout d'abord, $\mathrm{Im}(\psi) = F$. Soient $\omega \in V_{n+1}$ et $\ell \in (\mathbb{C}^{n+1})^{\vee}$ tels que

(3.7.25) $$3\,\omega\wedge d\ell + \ell d\omega = 0 .$$

Comme $\ell \neq 0$, il existe une base $(x_1,\ldots,x_{n+1})$ de $(\mathbb{C}^{n+1})^{\vee}$, avec $\ell = x_{n+1}$. De (3.7.25) résulte en particulier que $\ell \mid \omega\wedge d\ell$, d'où

$$\omega = \ell\alpha + b\, d\ell \ , \text{ avec } \alpha = \sum_{i=1}^{n} \alpha_i\, dx_i ,$$

où les α_i sont des formes linéaires en $x_1,\ldots,x_n,\ell$. Différentiant (3.7.25) , on obtient d'autre part

(3.7.26) $$d\omega\wedge d\ell = 0 \ , \text{ d'où } d\alpha\wedge d\ell = 0$$

Posant $$\alpha_i = \alpha'_i(x_1,\dots,x_n) + a_i\ell \quad (1 \le i \le n)$$

et $$\alpha' = \sum_{i=1}^{n} \alpha'_i \, dx_i ,$$

on déduit de (3.7.26) que $d\alpha' \wedge d\ell = 0$, soit $d\alpha' = 0$. L'acyclicité du complexe de de Rham algébrique sur $\mathbb{C}^n$ montre qu'il existe un polynôme h homogène du 2e degré en $(x_1,\dots,x_n)$ tel que $\alpha' = dh$, d'où

$$\omega = \ell dh + \ell^2 \Big(\sum_{i=1}^{n} a_i dx_i\Big) + b d\ell .$$

La projectivité de ω implique alors que

$$2h + \ell\Big(\sum_{i=1}^{n} a_i x_i\Big) + b = 0 ,$$

d'où $\omega = 2g d\ell - \ell dg$, avec

$$g = -\Big[h + \ell\Big(\sum_{i=1}^{n} a_i x_i\Big)\Big] .$$

Il reste enfin à voir que si g est une forme quadratique et $\ell \in (\mathbb{C}^{n+1})^{\vee}$, la relation $2g d\ell - \ell dg = 0$ implique que g est de la forme $a\ell^2 (a \in \mathbb{C})$. Or, choisissant une base comme précédemment, elle s'écrit

$$2g dx_{n+1} - x_{n+1}\Big(\sum_{i=1}^{n+1} \frac{\partial g}{\partial x_i} dx_i\Big) = 0 ,$$

d'où $\dfrac{\partial g}{\partial x_i} = 0 \quad (1 \le i \le n)$.

3.7.27. Explicitons maintenant le foncteur représenté par F . Pour toute $\mathbb{C}$-algèbre B , je prétends que $F(B)$ s'identifie à l'ensemble des couples (ω,ℓ) , où $\omega \in Pf^2_B(B^{n+1})$ est une 2-forme de Pfaff projective et

$$\ell : B^{n+1} \longrightarrow M \longrightarrow 0$$

est un quotient inversible de B^{n+1} tels que le morphisme composé

$$x \longmapsto \omega \otimes \check{\ell}(x)$$

$$(3.7.28) \qquad \check{M} \longrightarrow Pf^2_B(B^{n+1}) \underset{B}{\otimes} (B^{n+1})^{\vee} \longrightarrow S^2_B[(B^{n+1})^{\vee}] \underset{B}{\otimes} \Lambda^2_B[(B^{n+1})^{\vee}]$$

$$(\omega\ ,\ \alpha) \longmapsto 3\ \omega \wedge d\alpha + \alpha\ d\ \omega$$

soit nul. Pour le voir, il suffit, d'après (3.7.24), de montrer que, fixant ℓ, et notant $F_{\ell}(B)$ le B-module formé des ω tels que (3.7.28) soit nul, la suite

$$(u,g) \longmapsto 2g\,du - u\,dg$$

$$0 \longrightarrow \check{M} \underset{B}{\otimes} (\check{M})^{\otimes 2} \longrightarrow \check{M} \underset{B}{\otimes} S^2_B((B^{n+1})^{\vee}) \longrightarrow F_{\ell}(B) \longrightarrow 0$$

$$u \otimes a \otimes b \longmapsto u \otimes (ab)$$

est exacte. Localement pour la topologie de Zariski, on a $M = B$ et on peut compléter ℓ en une base $(x_1,\dots,x_n,\ell)$ de $(B^{n+1})^{\vee}$. Cela dit, on peut paraphraser la preuve de (3.7.24). Remarquons en passant qu'on obtient ainsi une preuve "plus correcte" de (3.7.24).

3.7.29. D'après (2.6.2) et (3.5), le morphisme

$$[(C^{n+1})^{\vee}]^* \times S^2_C[(C^{n+1})^{\vee}] \longrightarrow V_{n+1}$$

$$(\ell,g) \longmapsto 2g\,d\ell - \ell\,dg$$

a pour image (réduite) S. Avec les notations de (3.7.23), il est clair qu'il se factorise à travers un morphisme

$$L \otimes F_o \longrightarrow V_{n+1}$$

qui s'identifie, grâce à (3.7.24), à la projection

$$\pi : F \longrightarrow V_{n+1} .$$

$$(\overline{\ell},\omega) \longmapsto \omega .$$

PROPOSITION 3.7.30.

a) $\dim S = \frac{n(n+5)}{2}$

b) <u>Le morphisme</u> π <u>est propre et induit un isomorphisme</u>

$$\pi^{-1}(S^{ir}) \xrightarrow{\sim} S^{ir} ,$$

<u>où</u> $S^{ir} = J^{ir}_{n+1} \cap S = S \dot{-} \overline{E}_2$. <u>En particulier,</u> π <u>est une désingularisation du cône</u> S .

<u>Preuve</u> : Comme $S = \overline{E}_{n+1}$, l'assertion a) est un cas particulier de (3.6.9 A) , pour $r = n+1$. Remarquons qu'elle est compatible avec b) , car

$$\dim(F) = \dim(F_o) = \dim(\check{P}^n_{\mathbb{C}} \times S^2[\check{\mathbb{C}}^{n+1}]) - 1$$

$$= n + \binom{n+2}{2} - 1 = \frac{n^2+5n}{2} .$$

Montrons que π est propre. Pour cela, il suffit, étant donnés un anneau de valuation discrète A qui est une $\mathbb{C}$-algèbre et K son corps des fractions, de montrer que le morphisme canonique

$$\rho : F(A) \longrightarrow V_{n+1}(A) \underset{V_{n+1}(K)}{\otimes} F(K)$$

est bijectif. Il est immédiat que $F(A) \hookrightarrow F(K)$, car si $\check{\ell} : \check{M} \hookrightarrow (A^{n+1})^{\vee}$ est un monomorphisme direct, on a

$$[M \underset{A}{\otimes} K]^{\vee} \cap (A^{n+1})^{\vee} = \check{M} \text{ dans } (K^{n+1})^{\vee} .$$

Par suite, ρ est injective. Supposons maintenant donnés un sous-espace vectoriel W de dimension 1 de $(K^{n+1})^{\vee}$ et $\omega \in V_{n+1}(A) \hookrightarrow V_{n+1}(K)$.

Supposons que, notant $s : W \hookrightarrow (K^{n+1})^{\vee}$ l'inclusion canonique, on ait

$$(\omega, \check{s}) \in F(K) .$$

Posons $N = \check{A}^{n+1} \cap W$, $M = \check{N}$ et $\ell = (s/N)^{\vee}$. Alors $(\omega,\ell) \in F(A)$ et a pour image $(\omega,\check{s})$ dans $F(K)$. Le seul point à vérifier est que N est facteur direct dans $(A^{n+1})^{\vee}$, ou encore que $(A^{n+1})^{\vee}/N$ est sans torsion, ce qui résulte du fait qu'on a par construction une inclusion

$$(A^{n+1})^{\vee}/N \hookrightarrow (K^{n+1})^{\vee}/W .$$

Montrons que $\pi^{-1}(S^{ir}) \xrightarrow{\sim} S^{ir}$. Comme F est réduit et S muni de sa structure de variété réduite, il suffit de prouver que $\pi|\pi^{-1}(S^{ir})$ est une immersion fermée ou encore, vu que π est propre, que c'est un <u>monomorphisme</u> de schémas. Etant donnée une C-algèbre B , il s'agit de voir que si $\omega \in Pf^2_B(B^{n+1})$ est (projective et) <u>irréductible</u>, il existe au plus un quotient inversible (à isomorphisme près)

$$\ell : B^{n+1} \longrightarrow M$$

tel que $3\omega\wedge d\ell + \ell d\omega = 0$. Pour cela, nous allons voir que si ℓ est un tel quotient inversible, avec $M = B$ (ce qu'on peut toujours supposer par localisation) et $h \in (B^{n+1})^{\vee}$ vérifie $3\omega\wedge dh + hd\omega = 0$, alors il existe, localement pour la topologie de Zariski, $b \in B$ tel que $h = b\ell$. Lorsque $h : B^{n+1} \longrightarrow B$ sera surjective, alors b sera sera inversible, d'où l'assertion. Montrons donc l'existence de b . Pour cela, on peut supposer qu'il existe une base $(x_1,\dots,x_{n+1})$ de $(B^{n+1})^{\vee}$, avec $\ell = x_{n+1}$. Alors

$$h = \sum_{i=1} a_i x_i \quad (a_i \in B) .$$

Des relations $3\omega\wedge d\ell + \ell d\omega = 3\omega\wedge dh + hd\omega = 0$ résulte aussitôt

$$\omega\wedge(hd\ell - \ell dh) = 0 ,$$

soit, si $\omega = P_1dx_1+\ldots+P_{n+1}dx_{n+1}$,

$$(P_1dx_1+\ldots+P_{n+1}dx_{n+1})\wedge[(\sum_{i=1}^{n} a_ix_i)dx_{n+1} - x_{n+1}(\sum_{i=1}^{n} a_idx_i)] = 0 .$$

On s'assure aisément que cela équivaut aux égalités

$$P_iQ_j = P_jQ_i \quad (1 \leq i < j \leq n+1) \text{ , où}$$

$$Q_j = \begin{cases} a_j\, x_{n+1} & 1 \leq j \leq n \\ -\sum_{i=1}^{n} a_ix_i & j = n+1 \end{cases}$$

L'irréductibilité de ω , jointe aux commentaires suivant la preuve de (3.7.12) , montre alors que $Q_j = 0$ $(1 \leq j \leq n+1)$, d'où $a_j = 0$ $(1 \leq j \leq n)$, ce qui achève la démonstration.

3.7.31. Pour compléter (3.7.30) , déterminons les autres fibres de π . Tout d'abord, il est clair que

$$\pi^{-1}(\{0\}) = \{(\overline{\ell},0)\} \simeq P^n_{\mathbb{C}} .$$

Notant comme d'habitude $x_1,\ldots,x_{n+1}$ la base canonique de $(\mathbb{C}^{n+1})^\vee$, déterminons $\tau^{-1}(\alpha_2)$, où $\alpha_2 = x_1(x_1dx_2 - x_2\,dx_1)$ (3.5) . Soit

$$\ell = \sum_{i=1}^{n+1} a_ix_i$$

une forme linéaire non nulle sur $\mathbb{C}^{n+1}$. Pour que $3\alpha_2\wedge d\ell + \ell d\alpha_2 = 0$, i.e.

$$3x_1(x_1dx_2 - x_2dx_1)\wedge d\ell + 3\ell dx_1\wedge dx_2 = 0 ,$$

il faut et il suffit que $(x_1dx_2 - x_2dx_1)\wedge(\sum_{i=3}^{n+1} a_idx_i) = 0$, soit

$$\ell = a_1x_1 + a_2x_2 \qquad (a_1,a_2) \neq (0,0) .$$

Par suite, $\pi^{-1}(0) \simeq P^1_{\mathbb{C}}$. Plus précisément,

$$\pi^{-1}(0) = P_{\mathbb{C}}(\mathbb{C}x_1 + \mathbb{C}x_2) \hookrightarrow \check{P}^n_{\mathbb{C}} .$$

Considérons maintenant le diagramme cartésien

$$\begin{array}{ccc} P & \longrightarrow & \pi^{-1}(E_2) \\ \downarrow & & \downarrow \pi \\ GL(n+1) & \longrightarrow & E_2 \\ u & \longmapsto & u^*(\alpha_2) \end{array} .$$

Alors $P = \{(u,\overline{\ell}) \mid 3u^*(\alpha_2) \wedge d\ell + \ell du^*(\alpha_2) = 0\}$ s'identifie au moyen de l'isomorphisme

$$(u,\overline{\ell}) \longmapsto (u,\overline{m} = u^{*-1}(\overline{\ell}) = \overline{\ell \circ u^{-1}})$$

à

$$\{(u,\overline{m}) \mid 3\alpha_2 \wedge dm + md\alpha_2 = 0\} \simeq GL(n+1) \times P^1_{\mathbb{C}}$$

d'après ce qui précède. On en déduit ([2] th 1.8) que

$\pi^{-1}(E_2) \longrightarrow E_2$ est un fibré de fibre $P^1_{\mathbb{C}}$ sur E_2 , localement trivial pour la topologie de Zariski.

3.7.32. Pour terminer, remarquons que tous les énoncés précédents ont leur analogue pour les équations de Jacobi. Ainsi, la variété $\widetilde{J}_{n+1} = (J_{n+1} \dot{-} 0)/\mathbb{C}^*$ a pour composantes irréductibles $\widetilde{R} = (R \dot{-} 0)/\mathbb{C}^*$ et $\widetilde{S} = (S \dot{-} 0)/\mathbb{C}^*$, de dimensions respectives $3n+1$ et $\frac{n^2+5n-2}{2}$. Par passage au quotient, le morphisme θ (3.7.5) définit un morphisme propre et birationnel

$$\theta : P(E) \longrightarrow \widetilde{R} .$$

De même, π définit un morphisme propre et birationnel

$$\pi : P(F) \longrightarrow \widetilde{S} .$$

-:-:-:-:-:-:-:-

R E F E R E N C E S

[1] G. DARBOUX. Mémoire sur les équations différentielles algébriques du I° ordre et du premier degré, Bull. des Sc. Math. (Mélanges) 1878 pp. 60-96 ; 123 - 144 ; 151 - 200 .

[2] H. HIRONAKA. Smoothing of algebraic cycles, American J. of Math. pp. 1 - 54 .

[3] J.P. JOUANOLOU. Solutions algébriques des équations de Pfaff algébriques (exp. 2) .

[4] D. MUMFORD et K.SUOMINEN. Introduction to theory of moduli, in "Algebraic geometry, OSLO 1970" (éditeur F. OORT) pp. 171 - 222 .

EQUATIONS DE PFAFF ALGEBRIQUES SUR UN ESPACE PROJECTIF

Soient k un corps algébriquement clos et r un entier ≥ 1 . On se propose dans ce qui suit d'étudier les équations de Pfaff algébriques sur P_k^r , et plus précisément la nature de leurs singularités et la structure de leurs solutions algébriques. Cela nous conduira notamment à généraliser et à préciser des énoncés classiques de DARBOUX [2] et HABICHT [4] . Le plus souvent, on fera le moins d'hypothèses possible sur le corps k . Toutefois, au moins provisoirement, les assertions faisant intervenir la condition de complète intégrabilité sont formulées pour $k = \mathbb{C}$, leur démonstration étant de nature transcendante .

Ces quelques notes représentent la rédaction détaillée d'un exposé fait par l'auteur à l'occasion d'une rencontre Dijon-Strasbourg, en Janvier 1975, qui avait pour thème l'étude des singularités des formes de Pfaff . Afin de ne pas nuire à la clarté, nous avons essayé de ne pas trop nous écarter de l'exposé original, dans lequel le corps de base était toujours celui des complexes.

Le plan adopté est le suivant :

1 - Définitions et généralités .

2 - Lieu singulier et complète intégrabilité .

3 - Structure de l'ensemble des solutions algébriques .

4 - Solutions normales et feuilletages .

1. - DEFINITIONS ET GENERALITES.

Soient k un corps, supposé pour simplifier algébriquement clos, et r un entier ≥ 1. Notons L le fibré en droites canonique sur P_k^r. Nous appellerons, pour tout entier $m \geq 1$, forme de Pfaff algébrique de degré m sur P_k^r un morphisme de fibrés vectoriels algébriques

$$(1.1) \qquad T(P_k^r) \longrightarrow L^{\otimes -(m+1)}$$

où, bien sûr, $T(P_k^r)$ désigne le fibré tangent à P_k^r.

Notant $\mathbb{E}_k^{r+1}$ l'espace affine de dimension $r+1$ sur k, nous allons voir que la donnée de (1.1) équivaut à celle d'une 1-forme

$$\omega = \omega_1 dx_1 + \ldots + \omega_{r+1} dx_{r+1} \in \Omega_k^1(k[x_1,\ldots,x_{r+1}]) = \Omega_k^1(\mathbb{E}_k^{r+1}) ,$$

où les ω_i $(1 \leq i \leq r+1)$ sont des polynômes homogènes de degré m, satisfaisant de plus à la relation

$$(1.2) \qquad \sum_{i=1}^{r+1} x_i \omega_i = 0 .$$

De façon précise, notant θ le fibré trivial de rang 1, la suite exacte canonique

$$(1.3) \qquad 0 \longrightarrow L \longrightarrow \theta^{r+1} \longrightarrow T(P_k^r) \otimes L \longrightarrow 0$$

fournit, après tensorisation par L^{-1} une suite exacte

$$(1.4) \qquad 0 \longrightarrow \theta \longrightarrow (L^{\otimes -1})^{r+1} \longrightarrow T(P_k^r) \longrightarrow 0 .$$

Compte tenu de ce que, pour tout entier $i \geq 0$,

$$\Gamma(P,L^{\otimes -i}) = S_k^i(kx_1 \oplus \dots \oplus kx_{r+1}) ,$$

on obtient, en appliquant le foncteur $\mathrm{Hom}_P(\cdot, L^{\otimes -(m+1)})$ à (1.4) une nouvelle suite exacte

$$0 \longrightarrow \mathrm{Hom}_P(T(P_k^r), L^{\otimes -(m+1)}) \longrightarrow S_k^m(kx_1 \oplus \dots \oplus kx_{r+1})^{r+1} \xrightarrow{u} S_k^m(kx_1 \oplus \dots \oplus kx_{r+1})$$

dans laquelle il est facile de voir que u n'est autre que l'application

$$(1.5) \qquad (\omega_1, \omega_2, \dots, \omega_{r+1}) \longmapsto \sum_{i=1}^{r+1} x_i \omega_i .$$

D'où aussitôt l'identification annoncée .

Considérons le champ de vecteurs

$$(1.6) \qquad X = \sum_{i=1}^{r+1} x_i \frac{\partial}{\partial x_i}$$

sur $\mathbb{E}_k^{r+1}$. L'application (1.5) n'est autre que le produit intérieur $\cdot \rfloor X$, de sorte que (1.2) équivaut à

$$(1.7) \qquad \omega \rfloor X = 0 .$$

Géométriquement, lorsque $k = \mathbb{C}$, la relation (1.7) revient essentiellement à dire que les variétés intégrales de l'équation de Pfaff $\omega = 0$ dans le complémentaire du lieu singulier de ω dans $\mathbb{C}^{r+1}$ sont des cônes de sommet 0 privés de l'origine.

(1.8) Comme $(x_1, x_2, \ldots x_{r+1})$ est une suite régulière de $k[x_1, \ldots x_{r+1}]$, l'acyclicité en degrés $\neq 0$ du complexe de Koszul qui lui correspond montre que, pour que des polynômes homogènes de degré m, $\omega_1, \ldots, \omega_{r+1}$, vérifient (1.2), il faut et il suffit qu'il existe une matrice carrée antisymétrique A, à coefficients des polynômes homogènes de degré $m-1$, telle que

$$\begin{bmatrix} \omega_1 \\ \omega_2 \\ \vdots \\ \omega_{r+1} \end{bmatrix} = A \begin{bmatrix} x_1 \\ x_2 \\ \vdots \\ x_{r+1} \end{bmatrix}$$

En particulier, lorsque $r = 2$, notant de préférence dans ce cas (x, y, z) les coordonnées homogènes de P_k^r, on voit que pour qu'une 1-forme $\omega = P\,dx + Q\,dy + R\,dz$ à coefficients des polynômes homogènes de degré $m \geq 1$, vérifie (1.2), il faut et il suffit qu'il existe trois polynômes U, V, W, homogènes de degré $m-1$, tels que

$$(1.9) \qquad \begin{pmatrix} P \\ Q \\ R \end{pmatrix} = \begin{pmatrix} U \\ V \\ W \end{pmatrix} \wedge \begin{pmatrix} x \\ y \\ z \end{pmatrix} .$$

Un tel triplet (U, V, W) peut s'interprêter comme un champ de vecteurs sur $\mathbb{E}_k^3$, ou encore comme un champ de vecteurs rationnel sur P_k^2. Utilisant à nouveau l'acyclicité du complexe de Koszul, on voit que pour qu'un deuxième triplet (U', V', W') définisse également ω, il faut et il suffit qu'il existe un polynôme h homogène de degré $m-2$ tel que

$$\begin{cases} U' = U + hx \\ V' = V + hy \\ W' = W + hz \end{cases}$$

Rappelons enfin ([2] ou [5] , 1.5) qu'on peut normaliser le champ

$$\vec{E} = U\frac{\partial}{\partial x} + V\frac{\partial}{\partial y} + W\frac{\partial}{\partial z}$$

en imposant la condition $\operatorname{div}(\vec{E}) = 0$, ce qui le détermine alors de manière unique en fonction de ω .

DEFINITION 1.10. - Soit $\omega = \sum_{i=1}^{r+1} \omega_i dx_i$ une forme de Pfaff algébrique de degré m sur P_k^r . On appelle lieu singulier de ω la variété algébrique d'équations

$$\omega_1 = \omega_2 = \ldots = \omega_{r+1} = 0$$

dans P_k^r .

Notant $\alpha : T(P_k^r) \longrightarrow L^{\otimes -(m+1)}$ le morphisme de fibrés vectoriels défini par ω , on voit sans peine que le lieu singulier de ω s'identifie ensemblistement à

$$\{x \in P_k^r \mid \alpha_x \text{ non surjective}\} .$$

DEFINITION 1.11. - La forme ω est dite irréductible si $\omega \neq 0$ et

$$\operatorname{pgcd}(\omega_1, \omega_2, \ldots, \omega_{r+1}) = 1 ,$$

i.e lorsque son lieu singulier ne contient pas d'hypersurface de P_k^r .

Enfin, terminons ce paragraphe de généralités par une dernière définition .

DEFINITION 1.12. - On appelle équation de Pfaff algébrique de degré m sur P_k^r une classe, modulo multiplication par des scalaires non nuls, de formes de Pfaff algébriques de degré m sur P_k^r .

Bien entendu, les notions de lieu singulier et d'irréductibilité se transportent mutatis mutandis des formes aux équations.

2. - LIEU SINGULIER ET COMPLETE INTEGRABILITE.

Nous allons maintenant prouver de manière géométrique deux propriétés du lieu singulier, établies par HABICHT [4] en utilisant la théorie des résultants et les coordonnées de Chow .

PROPOSITION 2.1. - Soit ω une forme de Pfaff algébrique de degré m sur P_k^r , de lieu singulier S . Alors $S \neq \emptyset$, excepté éventuellement lorsque r est impair et $m = 1$.

Preuve : Soit $\alpha : T(P_k^r) \longrightarrow L^{\otimes -(m+1)}$ le morphisme de fibrés vectoriels représentant ω . Supposons que α soit un épimorphisme, et montrons que r est impair et $m = 1$. Nous allons pour cela choisir un nombre premier ℓ distinct de la caractéristique de k , et utiliser la théorie des classes de Chern en cohomologie ℓ-adique ([6] par exemple) . On sait qu'on a un isomorphisme d'anneaux

$$(2.1.1) \qquad \mathbb{Z}_\ell[T] /(T^{r+1}) \xrightarrow{\sim} H^*(P_k^r, \mathbb{Z}_\ell)$$

obtenu en envoyant T sur $\xi = c_1(L^{-1})$. De la suite exacte

$$(2.1.2) \qquad 0 \longrightarrow E \longrightarrow T(P_k^r) \xrightarrow{\alpha} L^{\otimes -(m+1)} \longrightarrow 0 ,$$

on déduit l'égalité liant les classes de Chern totales

(2.1.3) $$c(T(P_k^r)) = c(E)(1+(m+1)\xi) .$$

Posons $c_i(E) = c_i\xi^i$ (i entier ≥ 0) , où les c_i sont des entiers ℓ-adiques et $c_i = 0$ pour $i > rg(E) = r-1$. Compte tenu de (1.3) , on déduit de (2.1.3)

(2.1.4) $$(1+\xi)^{r+1} = (1+c_1\xi+\ldots+c_{r-1}\xi^{r-1})(1+(m+1)\xi) .$$

Le deuxième membre étant de degré au plus r en ξ , on en déduit, vu (2.1.1) , l'égalité

$$(1+T)^{r+1} - T^{r+1} = (1+c_1T+\ldots+c_{r-1}T^{r-1})(1+(m+1)T) .$$

En particulier, $-\frac{1}{m+1}$ est un zéro du premier membre, soit

$$m^{r+1} = (-1)^{r+1} ,$$

d'où l'assertion .

Remarque 2.2. - Soit p un entier ≥ 1 , et $r = 2p-1$. La 1-forme

$$\omega = \sum_{i=1}^{p} (x_i dx_{i+p} - x_{i+p} dx_i)$$

définit une forme de Pfaff algébrique de degré 1 sur P_k^{2p-1} , dont le lieu singulier est vide. Par suite, l'énoncé (2.1) est le meilleur possible . On observera que le sous-fibré, de codimension 1 , E de $T(P_k^{2p-1})$ correspondant par (2.1.2) à ω n'est autre, lorsque $k = \mathbb{C}$, que celui exhibé par BOTT ([1] th. 6.5) pour donner un exemple de sous-fibré non intégrable de $T(P_{\mathbb{C}}^{2p-1})$.

THEOREME 2.3. -

1) <u>Soit</u> ω <u>une forme de Pfaff algébrique de degré</u> m <u>sur</u> P_k^r , <u>et</u> S <u>son lieu singulier. Si</u> $\dim(S) = 0$, <u>alors le degré de</u> S <u>dans</u> P_k^r <u>est égal à</u>

$$m^r - m^{r-1} + \dots + (-1)^{r-i} m^i + \dots + (-1)^r = \frac{m^{r+1} - (-1)^{r+1}}{m+1} .$$

2) <u>Génériquement, le lieu singulier d'une forme de Pfaff algébrique de degré</u> m <u>sur</u> P_k^r <u>est une variété algébrique finie et lisse.</u>

<u>Preuve</u> : Montrons 1) , dont nous allons tout d'abord expliciter l'énoncé. Par définition ,

$$S = \mathrm{Proj}(k[x_1,\dots,x_{r+1}]/(\omega_1,\dots,\omega_{r+1})) ,$$

et, lorsque S est fini, il a pour degré

$$\dim_k \Gamma(S, \mathcal{O}_S) ,$$

i.e le nombre de points de S , comptés avec leur multiplicités. En particulier, lorsque S est lisse, il y a identité entre son degré et son cardinal. D'après (1.1) , on peut identifier ω à une section s du fibré vectoriel

(2.3.0) $$E = T(P_k^r)^\vee \otimes L^{\otimes -(m+1)} .$$

Notons σ le cycle section nulle de E , et choisissons un nombre premier ℓ premier à car(k) . On a alors ([6] cor. 4.7) l'égalité

$$\mathrm{cl}(s^*(\sigma)) = c_r(E) \in H^{2r}(P_k^r, \mathbb{Z}_\ell) ,$$

dans laquelle l'expression de gauche représente la classe fondamentale de l'image réciproque par s, au niveau des anneaux de Chow, du cycle σ. En particulier, si $\dim(S) = 0$, le cycle $s^{-1}(\sigma)$ est défini et égal à S, d'où

(2.3.1) $$cl(S) = c_r(E) .$$

Posant comme précédemment $\xi = c_1(L^{-1})$, soit

$$c(E) = c_o + c_1\xi + \ldots + c_r\xi^r \quad (c_i \in \mathbb{Z}_\ell)$$

la classe de Chern totale de E. De (1.3) résulte une suite exacte

$$0 \longrightarrow L^{\otimes(m+1)} \longrightarrow [L^{\otimes m}]^{(r+1)} \longrightarrow T(P^r_k)\otimes L^{\otimes(m+1)} \longrightarrow 0 ,$$

d'où l'égalité

(2.3.2) $$(c_o - c_1\xi + \ldots + (-1)^r c_r\xi^r)(1-(m+1)\xi) = (1-m\xi)^{r+1} .$$

Compte tenu de (2.1.1), on peut interprêter (2.3.2) comme une égalité

(2.3.3) $$(c_o - c_1T + \ldots + (-1)^r c_r T^r)(1-(m+1)T) + (-1)^r c_r (m+1)T^{r+1} =$$
$$= (1-mT)^{r+1} + (-1)^r m^{r+1} T^{r+1}$$

dans $\mathbb{Z}_\ell[T] \subset \mathbb{Q}_\ell[T]$. En substituant $\frac{1}{m+1}$ à T dans (2.3.3), on obtient

$$c_r = \frac{m^{r+1} - (-1)^{r+1}}{m+1} ,$$

d'où le résultat annoncé, compte tenu de (2.3.1).

Passons maintenant à 2), en explicitant d'abord l'énoncé. Nous avons vu que l'espace vectoriel des formes de Pfaff algébrique de degré m sur P_k^r s'identifie à l'espace vectoriel

(2.3.4) $$\Gamma = \Gamma(E)$$

des sections algébriques de E (2.3.0) . Soit $\pi : E \longrightarrow P_k^r$ la projection canonique. Notant de la même manière une forme de Pfaff algébrique et la section de E qui lui correspond, le morphisme

$$\iota : P_k^r \times \Gamma \longrightarrow E \times \Gamma$$

$$(x, \omega) \longmapsto (\omega(x), \omega)$$

est une section de $\pi \times id$. Soit Σ son schéma des zéros, d'où le diagramme

$$\begin{array}{ccc} & & E \times \Gamma \\ & & \pi \times id \downarrow \quad \uparrow \iota \\ \Sigma & \hookrightarrow & P_k^r \times \Gamma \end{array} .$$

Pour tout ω rationnel $\in \Gamma$, de lieu singulier S , le diagramme

$$\begin{array}{ccc} & & E \\ & & \pi \downarrow \quad \uparrow \omega \\ S & \hookrightarrow & P_k^r \end{array}$$

se déduit de (2.3.5) par le changement de base $x \longmapsto (x,\omega) : P_k^r \longrightarrow P_k^r \times \Gamma$. Soient p et q les projections respectives $\Sigma \longrightarrow \Gamma$ et $\Sigma \longrightarrow P_k^r$. Il est clair par construction que p est un morphisme projectif.

Nous allons voir que E est engendré par ses sections globales, de sorte que $\Sigma = \{(x,\omega) | \omega(x) = 0\}$ est le fibré vectoriel sur P_k^r noyau de l'épimorphisme canonique

$$P_k^r \times \Gamma \longrightarrow E \longrightarrow 0 .$$

En particulier, Σ est irréductible et lisse sur k .

LEMME 2.3.6. - Le fibré vectoriel E sur P_k^r est engendré par ses sections algébriques globales.

Vu (2.3.0) et le fait que $L^{\otimes -i} (i \geq 0)$ est engendré par ses sections globales, il suffit de vérifier que $T(P_k^r)^{\vee} \otimes L^{\otimes -2}$ l'est. Autrement dit que, notant Ω^1 le faisceau des formes différentielles algébriques sur P_k^r, le $\mathcal{O}_P$-module $\Omega^1(2)$ est engendré par ses sections globales. Pour cela remarquons que le complexe de KOSZUL associé à la suite régulière $(x_1,\ldots,x_{r+1})$ de $k[x_1,\ldots,x_{r+1}] = A$

$$0 \to \Lambda^{r+1}(k^{r+1}) \underset{k}{\otimes} A \to \ldots \to \Lambda^i(k^{r+1}) \underset{k}{\otimes} A \to \ldots \to k^{r+1} \underset{k}{\otimes} A \to A \to 0 ,$$

est un complexe de A-modules gradués, avec différentielles homogènes de degré 1 , acyclique excepté en degré 0 . Il lui correspond, par le foncteur $M \longmapsto \widetilde{M}$ de (EGA II , 2.5) , une suite exacte $(P = P_k^r)$:

$$0 \to \Lambda^{r+1}(\mathcal{O}_P^{r+1})(-r) \to \ldots \to \Lambda^{i+1}(\mathcal{O}_P^{r+1})(-i) \to \ldots \to \Lambda^2(\mathcal{O}_P^{r+1})(-1) \to \mathcal{O}_P^{r+1} \xrightarrow{\varphi} \mathcal{O}_P(1) \to 0$$

dans laquelle $\operatorname{Ker}(\varphi) \simeq \Omega_P^1(1)$. D'où un épimorphisme

$$\Lambda^2(\mathcal{O}_P^{r+1}) \longrightarrow \Omega_P^1(2) \longrightarrow 0 .$$

L'assertion 2) du théorème est qu'il existe un ouvert de Zariski non vide de Γ tel que tout $\omega \in \Gamma$ ait un lieu singulier fini et lisse. Il suffit pour cela de montrer qu'il existe une forme de Pfaff algébrique $\omega^{\circ} \in \Gamma$ possédant cette propriété. En effet, comme p est propre, on déduira du Main theorem de Zariski [cf. EGA III , 4.4.1] l'existence d'un voisinage ouvert de Zariski U de ω° tel que le morphisme

$$(2.3.7) \qquad p|p^{-1}(U) : p^{-1}(U) \longrightarrow U$$

soit fini . Comme U et $p^{-1}(U)$ sont réguliers et intégres, le morphisme (2.3.7) sera localement libre (EGA 0_{IV} ,17.3.5) , donc plat . L'assertion résultera alors de la définition (EGA IV , 6.8.1) des morphismes lisses, et du fait que p est propre.

Supposons prouvée l'existence de ω° . On en déduira :

COROLLAIRE 2 3.8. -

i) <u>Le morphisme</u> p <u>est fini, séparable, de degré</u>

$$\frac{m^{r+1}-(-1)^{r+1}}{m+1} .$$

ii) <u>Il existe un ouvert non vide</u> V <u>de</u> Γ <u>tel que</u> $\iota|P_k^r \times V$ <u>soit transverse à la section nulle de</u> $E \times V$.

Pour (ii) , il suffit de remarquer que pour que $\omega \in \Gamma$ ait un lieu singulier fini et lisse, il faut et il suffit qu'elle soit transverse à la section nulle de E .

Montrons donc l'existence de ω° . Plus précisément, nous allons prouver, par récurrence sur r , l'existence d'une forme de Pfaff algébrique de degré $m \geq 1$

$$\omega = \omega_1 dx_1 + \ldots + \omega_{r+1} dx_{r+1}$$

sur P_k^r telle que

$$\mathrm{Proj}[\,k[\,x_1,\dots,x_{r+1}]/(\omega_1,\omega_2,\dots,\omega_r)]$$

soit fini et réduit. L'assertion étant évidente pour $r = 0$, supposons donc construite une forme de Pfaff algébrique de degré m

$$\tilde{\omega} = \tilde{\omega}_1 dx_1 + \dots + \tilde{\omega}_r dx_r \qquad (\tilde{\omega}_i \in k[x_1,\dots,x_r])$$

sur P_k^{r-1} $(r \geq 1)$, du type indiqué. Quitte à transformer $\tilde{\omega}$ par une application linéaire projective, on peut supposer que $\tilde{\omega}_1,\tilde{\omega}_2,\dots,\tilde{\omega}_{r-1}$ ne s'annullent pas simultanément sur l'hyperplan $x_1 = 0$. Alors, nous allons chercher ω de la forme

$$\omega = \tilde{\omega} + \gamma(x_{r+1}dx_r - x_r dx_{r+1}) \, , \tag{2.3.9}$$

avec $\gamma \in k[\,x_1,x_{r+1}]$, homogène de degré $m-1$, d'où :

$$\omega_i = \tilde{\omega}_i \quad (1 \leq i \leq r-1) \; ; \quad \omega_r = \tilde{\omega}_r + \gamma\, x_{r+1} \, . \tag{2.3.10}$$

Lorsque le coefficient de x_{r+1}^{m-1} dans γ est non nul, il résulte de (2.3.10) que $(\overline{0,0\dots,0,1})$ n'est pas zéro commun aux ω_i $(1 \leq i \leq r)$. Comme, par hypothèse ,

$$T = \{\xi \in P_k^{r-1} \,|\, \tilde{\omega}_1(\xi) = \dots = \tilde{\omega}_{r-1}(\xi) = 0\,\}$$

ne rencontre pas l'hyperplan $x_1 = 0$ de P_k^{r-1}, on déduit alors de (2.3.10) que les ω_i $(1 \leq i \leq r)$ n'ont pas de zéro commun sur l'hyperplan $x_1 = 0$ de P_k^r . Tout $\xi \in T$ ayant un système de coordonnées homogènes de la forme

$$(1,\xi_2,\dots,\xi_r) = (1,\hat{\xi}) \, ,$$

on voit que, se plaçant dans le complémentaire de l'hyperplan $x_1 = 0$, on a :

$$\mathrm{Proj}[k[x_1,\dots,x_{r+1}]/(\omega_1,\omega_2,\dots,\omega_r)] = \mathrm{Spec}\; A \;, \text{ avec}$$

$$A = \prod_{\xi \in T} k[x_{r+1}]/(\widetilde{\omega}_r(1,\hat{\xi}) + x_{r+1}\gamma(1,x_{r+1}))$$

Nous allons terminer en montrant qu'on peut choisir γ tel que A soit une k-algèbre séparable, i.e. que les polynômes $\widetilde{\omega}_r(1,\hat{\xi}) + x_{r+1}\gamma(1,x_{r+1})$ soient séparables. Soit l'ensemble fini

$$F = \{\widetilde{\omega}_r(1,\hat{\xi}) \mid \xi \in T\} \subset k .$$

Lorsque $p \nmid m$, choisissons $a \in k$ tel que $a^m \notin F$ (c'est possible car k est infini). Le polynôme $(X+a)^m - a^m = f(X) \in k[X]$ s'annulle pour $X = 0$ et est tel que, pour tout $b \in F$, $f(X)+b$ soit séparable ($-a$ est seul zéro de $f'(X)$). Par suite,

$$\gamma = \frac{(x_{r+1} + ax_1)^m - a^m x_1^m}{x_{r+1}}$$

convient. Lorsque $p \mid m$, on choisit cette fois $a \in k$ tel que $a^m + a^{m-1} \notin F$. Le polynôme $f(X) = (X+a)^m + (X+a)^{m-1} - a^m - a^{m-1}$ a les mêmes propriétés que le polynôme noté de même précédemment, de sorte que

$$\gamma = \frac{(x_{r+1} + ax_1)^m + (x_{r+1} + ax_1)^{m-1}x_1 - (a^m + a^{m-1})x_1^m}{x_{r+1}}$$

convient cette fois.

<u>Remarque</u> 2.3.11. - Pour $m \geq 1$, on a une suite exacte

$$0 \to \Gamma \to \Lambda^1(k^{r+1}) \otimes S^m(k^{r+1}) \to S^{m+1}(k^{r+1}) \to 0 ,$$

d'où aussitôt

$$\dim \Gamma = \dim \Sigma = (r+1)\binom{m+r}{r} - \binom{m+r+1}{r} = \frac{(m+r)\ldots(m+2)}{r!}[(m+1)(r+1) - (m+r+1)] ,$$

i.e.

$$\dim \Gamma = \dim \Sigma = m\binom{m+r}{r-1}$$

2.4.- Généralisant un exemple donné par VAN DE VEN [7] , il est possible, pour tout $m \geq 1$, de construire une forme de Pfaff algébrique de degré m sur P_k^r , dont le lieu singulier n'a qu'un point rationnel. Utilisant (1.8) , nous allons pour cela exhiber une matrique antisymétrique qui la définit.

Lorsque $r = 2p$, on prend $A = C - {}^tC$, avec

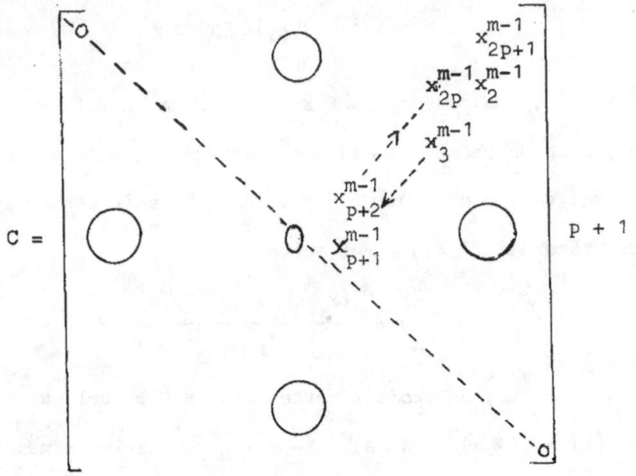

Lorsque $r = 2p + 1$, on prend

$$A = \left[\begin{array}{c|c} 0 & B \\ \hline -{}^tB & 0 \end{array}\right] , \text{ avec}$$

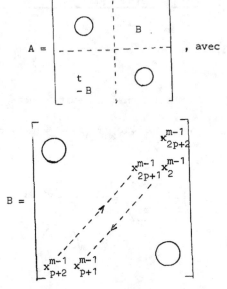

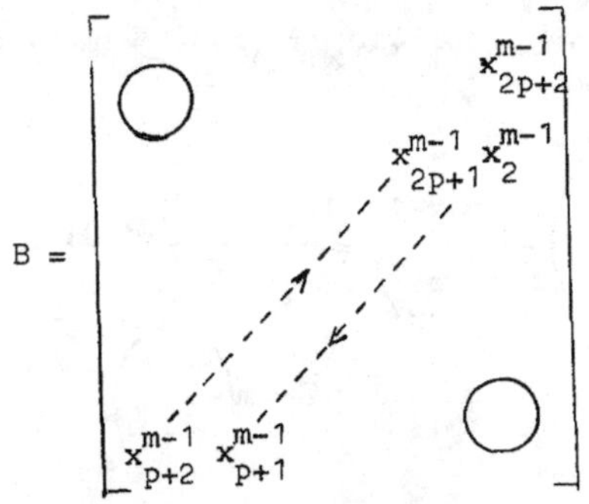

(Le sens des flèches indique le sens de croissance des indices)

On vérifie alors aisément que, dans les deux cas, le lieu singulier a pour unique point rationnel $\overline{(1,0,0,\ldots,0)}$, avec, bien entendu, pour multiplicité

$$\frac{m^{r+1}-(-1)^{r+1}}{m+1} .$$

2.5. - Une forme de Pfaff algébrique de degré m sur P_k^r , notée ω , est dite complétement intégrable si et seulement si

(2.5.1) $$\omega \wedge d\omega = 0 \quad , \quad \text{dans } \Omega_k^3(\mathbb{E}_k^{r+1}) .$$

Soit S le lieu singulier de ω , et $U = P_k^r - S$. Lorsque $k = \mathbb{C}$, dire que ω est complètement intégrable, c'est dire que le fibré vectoriel E sur U défini par la suite exacte

(2.5.2) $$0 \to E \to T(U) \xrightarrow{(1.1)} L_U^{\otimes -(m+1)} \to 0$$

est complètement intégrable.

Dans toute la suite du numéro 2, nous prendrons comme corps de base le corps des complexes.

PROPOSITION 2.6. - Soit ω une forme de Pfaff algébrique irréductible (1.11) et complètement intégrable sur $P_{\mathbb{C}}^r$. Alors, le lieu singulier S de ω a une composante irréductible de dimension $r-2$.

Comparant avec (2.3) , on voit donc qu'une forme complètement intégrable est, lorsque $r > 2$, loin d'être générique .

Preuve : Pour rendre l'énoncé vraisemblable, nous allons d'abord le prouver en faisant une hypothèse supplémentaire. Tout d'abord, on remarque qu'il suffit de prouver l'assertion analogue pour

$$\omega = \omega_1 dx_1 + \ldots + \omega_{r+1} dx_{r+1}$$

considérée comme 1-forme sur C^{r+1}, dont on note T le lieu singulier. Il est connu(*) que par tout point ξ de T tel que $d\omega(\xi) \neq 0$, passe une composante irréductible de codimension ≤ 2 de T. Il suffit donc de voir que $d\omega$ ne s'annulle pas identiquement sur T. Or, si tel était le cas, on aurait, pour tout couple (i,j) d'entiers $\in [1,r+1]$, une relation de la forme

$$\left(\frac{\partial\omega_i}{\partial x_j} - \frac{\partial\omega_j}{\partial x_i}\right)^{n_{ij}} \in (\omega_1,\omega_2,\ldots,\omega_{r+1}) \quad (n_{ij} \text{ entier} \geq 1),$$

d'après le théorème des zéros de Hilbert. Dans le cas où l'idéal $(\omega_1,\omega_2,\ldots,\omega_{r+1})$ est une racine, i.e T est réduit, on en déduit, pour des raisons de degrés,

$$\frac{\partial\omega_i}{\partial x_j} = \frac{\partial\omega_j}{\partial x_i} \quad \forall(i,j),$$

i.e. qu'il existe un polynôme g, homogène de degré $m+1$, tel que $\omega = dg$. Mais cela est absurde, car on en déduit, avec la notation de (1.6),

$$0 = \omega \lrcorner X = (dg) \lrcorner X = (m+1)g,$$

d'après Euler.

Démontrons maintenant l'assertion dans le cas général, en utilisant les notations de (2.5). Comme E est intégrable, il résulte du théorème de BOTT ([1], th (*)) que

$$0 = c_1(L_U^{\otimes -(m+1)})^2 \in H^4(U,C). \tag{2.6.1}$$

Si $s = \operatorname{codim}(S,P_C^r)$, l'image réciproque

$$\varphi^i : H^i(P_C^r) \longrightarrow H^i(U,C)$$

est un monomorphisme pour $i < 2s$. Si on avait $s \geq 3$, on déduirait alors de (2.6.1) et de l'injectivité de φ^4 que

(*) Phénomène de Kupka - Reeb.

$$(m+1)^2\xi^2 = c_1(L^{\otimes-(m+1)^2}) = 0 \ , \text{ dans } H^4(P^r_{\mathbb{C}},\mathbb{Z}) \ ,$$

ce qui est manifestement absurde.(*)

Cette dernière démonstration permet, plus généralement, de prouver l'énoncé suivant.

PROPOSITION 2.7. - Soit M une variété analytique compacte, et

$$\varphi : T(M) \longrightarrow Q$$

un morphisme de fibrés vectoriels analytiques complexes sur M, avec Q ample et de rang q. On suppose que, pour tout couple A,B de champs de vecteurs analytiques sur un ouvert de M tels que $\varphi(A) = \varphi(B) = 0$, on ait également $\varphi([A,B]) = 0$. Alors le lieu singulier

$$S = \{x \in M | \varphi_x \text{ non surjective}\}$$

de φ est de codimension $\leq q + 1$ dans M.

Preuve : Posons $U = M \dot{-} S$. Le sous-fibré vectoriel $E = \operatorname{Ker}(\varphi|U)$ de $T(U)$ est, par hypothèse, complètement intégrable. D'après le théorème de BOTT, on a $c_1(Q|U)^{q+1} = 0$ dans $H^{2q+2}(U,\mathbb{C})$. Si la codimension de S dans M était $\geq q + 2$, l'image réciproque

$$H^{2q+2}(M,\mathbb{C}) \longrightarrow H^{2q+2}(U,\mathbb{C})$$

serait injective, d'où l'on déduirait $c_1(Q)^{q+1} = 0$, dans $H^{2q+2}(M,\mathbb{C})$, ce qui est en contradiction avec les théorèmes de LEFSCHETZ, car M est compacte et lisse, et Q est ample.

Remarque 2.8. - Sous les hypothèses de 2.6., il n'est pas vrai que le lieu singulier S soit purement de codimension 2.

(*) On obtient une preuve plus algébrique de (2.6) en utilisant les propriétés d'acyclicité du complexe de Koszul (voir, par ex., Saito, Ann. Inst. Fourier, 26-2, 1976). En effet, si on avait $\operatorname{codim}(S,P^r_{\mathbb{C}}) \geq 3$, la condition $d\omega \wedge \omega = 0$ impliquerait l'existence d'une 1-forme polynomiale homogène α telle que $d\omega = \alpha \wedge \omega$, d'où $d\omega = 0$ pour des raisons de degrés, et $(m+1)\omega = (d\omega) \lrcorner X = 0$!

Notant (x,y,z,u,v,w) les coordonnées homogènes de P_C^5, un premier contre-exemple est fourni par la forme

$$\omega = (x^2+y^2+z^2)(udu+vdv+wdw)-(u^2+v^2+w^2)(xdx+ydy+zdz) ,$$

homogène de degré 3 sur P_C^5, dont le lieu singulier a pour composantes irréductibles les plans projectifs d'équations respectives $x = y = z = 0$ et $u = v = w = 0$, et la variété singulière de dimension 3 d'équations $x^2+y^2+z^2 = u^2+v^2+w^2 = 0$. Dans cet exemple, l'équation $\omega = 0$ admet un facteur intégrant rationnel, et par suite a toutes ses solutions algébriques [voir § 3 pour les définitions]. Pour avoir un exemple où ce n'est pas le cas, on va se placer sur P_C^8. Notant $x_1,x_2,x_3,y_1,y_2,y_3,z_1,z_2,z_3$ les coordonnées homogènes,

$$u = x_1^2+x_2^2+x_3^2 , \quad v = y_1^2+y_2^2+y_3^2 , \quad w = z_1^2+z_2^2+z_3^2 ,$$

considérons la forme homogène de degré 5

$$\omega = \lambda\, vwdu + \mu\, wudv + \nu\, uvdw , \tag{2.8.1}$$

où λ, μ, ν sont des scalaires <u>non nuls</u> et tels que $\lambda+\mu+\nu = 0$.
Nous verrons plus loin (§ 3) que si l'un des rapports λ/μ, μ/ν, ν/λ est irrationnel, l'équation $\omega = 0$ n'a qu'un nombre fini de solutions algébriques. Mais le lieu singulier de (2.8.1) a pour composantes irréductibles

3 espaces projectifs de dimension 5
$$\begin{cases} x_1 = y_1 = z_1 = 0 \\ x_2 = y_2 = z_2 = 0 \\ x_3 = y_3 = z_3 = 0 , \end{cases}$$

et

3 variétés singulières de dimension 6
$$\begin{cases} u = v = 0 \\ v = w = 0 \\ w = u = 0 \end{cases}$$

3. - STRUCTURE DE L'ENSEMBLE DES SOLUTIONS ALGEBRIQUES.

On suppose maintenant le corps k algébriquement clos de caractéristique zéro.

3.1. Etant donné une forme de Pfaff algébrique ω sur P_k^r , on appelle solution algébrique de degré n de l'équation de Pfaff $\omega = 0$ une classe, modulo multiplication par un scalaire non nul, de polynômes $f \in k[x_1,x_2,\ldots,x_{r+1}]$, irréductibles et homogènes de degré n tels que

(3.1.1) $$f \text{ divise } \omega\wedge df \text{ dans } \Omega_k^2(k[x_1,\ldots,x_{r+1}]) .$$

Soit Y l'hypersurface, irréductible et réduite, de P_k^r d'équation $f = 0$. Lorsque $\operatorname{codim}(S,P_k^r) \geq 2$, la condition (3.1.1) équivaut à dire qu'en tout point régulier y de Y , n'appartenant pas à S , on a

$$T_y(Y) \subset \operatorname{Ker}(\omega_y\colon T_y(P_k^r) \longrightarrow L_y^{\otimes -(m+1)}) .$$

Plus précisément, soit J l'idéal définissant Y . Notant, comme d'habitude,

$$T(Y) = V(\Omega^1_{Y/k}) \ ; \ N_Y = V(J/_{J^2}) ,$$

on a une suite exacte de "fibrés vectoriels algébriques"

$$0 \longrightarrow T(Y) \xrightarrow{i_Y} T(P_k^r)|Y \longrightarrow N_Y \longrightarrow 0 ,$$

et (3.1.1) signifie que le morphisme composé

(3.1.2) $$T(Y) \xrightarrow{i_Y} T(P_k^r)|Y \xrightarrow{\omega|Y} L_Y^{\otimes -(m+1)}$$

est nul.

3.2. - On appelle intégrale première rationnelle d'une forme de Pfaff algébrique ω une fraction rationnelle homogène R telle que

(3.2.1) $$dR = u\omega ,$$

avec u une fraction rationnelle. Il résulte aussitôt de (1.7) et de la formule d'Euler que

$$(d^\circ R)R = u(\omega \lrcorner X) = 0 \ ,$$

donc que R est homogène de degré $0(\mathrm{car}(k) = 0!)$.

Soit $R = F/G$ une fraction rationnelle non constante, avec F et G deux polygones homogènes non nuls et de même degré. Supposant toujours ω irréductible, dire que R est intégrale première rationnelle de ω , c'est dire qu'il existe un <u>polynôme</u> homogène non nul v tel que

$$(3.2.2) \qquad G\,dF - F\,dG = v\,\omega \ .$$

En effet, à priori on exige seulement que v soit une fraction rationnelle, mais (3.2.2) implique que, dans l'anneau factoriel $k[x_1,\ldots,x_{r+1}]$, v est le contenu (pgcd des coefficients) de $G\,dF - F\,dG$, qui est $\neq 0$, car k est de caractéristique 0 et $F/G \notin k$.

LEMME 3.2.3. - <u>Soit</u> ω <u>une forme de Pfaff algébrique irréductible sur</u> P^r_k , <u>admettant une intégrale première rationnelle</u> $R = F/G$, <u>avec</u> F <u>et</u> G <u>deux polynômes homogènes non nuls premiers entre eux. Alors, pour qu'un polynôme homogène irréductible</u> f <u>représente une solution algébrique de l'équation</u> $\omega = 0$, <u>il faut et il suffit qu'il existe deux scalaires</u> $(\lambda,\mu) \neq (0,0)$ <u>tels que</u>

$$f \mid \lambda F + \mu G \ .$$

<u>Preuve</u> : Etant donné un polynôme homogène irréductible f , nous utiliserons pour simplifier les notations suivantes

$$\begin{cases} C = k[x_1,\ldots,x_{r+1}] \ ; \quad A = C/_{(f)} \\ \\ K = \text{corps des fractions de } A \ . \end{cases}$$

Si f est solution de $\omega = 0$, il résulte de (3.2.2) que

$$f \mid (G\,dF - F\,dG) \wedge df \quad \text{dans } \Omega^2_C \text{ , donc que}$$

(3.2.4) $$(G\,dF - F\,dG) \wedge df \equiv 0 \text{ dans } \Omega^2_C \underset{C}{\otimes} A \subset \Omega^2_C \underset{C}{\otimes} K \; .$$

La formule d'Euler et le fait que $\mathrm{car}(k) \neq 0$ montrent que $f \nmid df$ dans Ω^1_C , donc

(3.2.5) $$df \not\equiv 0 \quad \text{dans } \Omega^1_C \underset{C}{\otimes} K \; .$$

Comme $r + 1 = \dim_K(\Omega^1_C \underset{C}{\otimes} K) > 1$, il résulte de (3.2.4) et (3.2.5) qu'il existe $\alpha \in K$ tel que

(3.2.6) $$G\,d\,F - F\,d\,G \equiv \alpha\, d\,f \quad \text{dans } \Omega^2_C \underset{C}{\otimes} K \; .$$

Faisant le produit intérieur de (3.2.6) par (1.6), on déduit aussitôt de la formule d'Euler que $\alpha = 0$, donc que

(3.2.7) $$f \mid G\,d\,F - F\,d\,G \quad \text{dans } \Omega^1_C \; ,$$

d'où $G\,d\,F - F\,d\,G \equiv 0$ dans Ω^1_A . Comme $\mathrm{pgcd}(F, G) = 1$, on peut supposer par exemple que $f \nmid G$. Alors, notant $\overline{F}$ et $\overline{G}$ les images de F et G dans A, il résulte de (3.2.7) que $\overline{F}/\overline{G}$ est dans le noyau de la différentielle canonique $d : K \longrightarrow \Omega^1_{K/k}$. Comme $\mathrm{car}(k) = 0$, on en conclut que $\overline{F}/\overline{G}$ est algébrique sur k , donc appartient à k , qui est supposé algébriquement clos. D'où l'existence d'un $a \in k$ tel que $f \mid F + a\,G$. Remarquons qu'on n'a pas réellement utilisé jusqu'à présent que $\mathrm{pgcd}(F,G) = 1$.

Inversement, supposons qu'il existe, par exemple, $a \in k$ tel que

$$f \mid F + a\,G \; ,$$

et montrons que f est solution de $\omega = 0$. Soit α l'entier ≥ 1 défini par

(3.2.8) $$F + a\,G = f^{\alpha} h \quad \text{et} \quad f \nmid h \; .$$

De (3.2.2) écrit sous la forme

$$v\omega = G\,d(F + aG) - (F + aG)\,dG$$

résulte que

(3.2.9) $$f^{\alpha} | v\omega \wedge df = [\,G(f^{\alpha} dh + \alpha f^{\alpha-1} h df) - f^{\alpha} h d G\,] \wedge df$$

et que $f^{\alpha-1} | v$. Par contre, f^{α} ne divise pas v , sinon il diviserait $\alpha G h df$, donc G (car $k = 0!$) , ce qui serait en contradiction avec (3.2.8) et le fait que $\mathrm{pgcd}(F, G) = 1$. Donc (3.2.9) implique que $f | \omega \wedge df$.

3.2.10. En particulier, il résulte aussitôt de (3.2.3) qu'une forme de Pfaff algébrique sur P_k^r ayant une intégrale première rationnelle a une infinité de solutions algébriques.

THEOREME 3.3. - <u>Soit</u> $\omega \neq 0$ <u>une forme de Pfaff algébrique de degré</u> m <u>sur</u> P_k^r .

(i) <u>Pour que l'équation de Pfaff</u> $\omega = 0$ <u>ait une infinité de solutions algébriques, il faut et il suffit que</u> ω <u>admette une intégrale première rationnelle.</u>

(ii) <u>Lorsque</u> $\omega = 0$ <u>n'a qu'un nombre fini de solutions algébriques, ce nombre est borné par</u>

$$\frac{1}{2}\, m(m-1)\binom{m+r-1}{r-2} + 2 \, .$$

<u>Preuve</u> : Posons, pour simplifier, $A = k[x_1,\ldots,x_{r+1}]$ et $K = k(x_1,\ldots,x_{r+1})$. Nous utiliserons plusieurs fois le lemme suivant, que nous allons d'abord démontrer.

LEMME 3.3.1. <u>Si</u> P <u>est un système représentatif d'éléments premiers de</u> A , <u>l'application</u> k-<u>linéaire</u>

$$\psi : k^{(P)} \longrightarrow \Omega^1_{K/k} = \Omega^1_{A/k} \underset{A}{\otimes} K$$

$$(\alpha_p)_{p \in P} \longrightarrow \sum_p \alpha_p \frac{dp}{p}$$

<u>est injective</u>.

Supposons donnée une relation

(3.3.2) $$\lambda_1 \frac{dp_1}{p_1} + \lambda_2 \frac{dp_2}{p_2} + \ldots + \lambda_s \frac{dp_s}{p_s} = 0 \quad (\lambda_i \in k, p_i \in P),$$

et montrons, par exemple, que $\lambda_1 = 0$. Notons Z_i $(1 \le i \le s)$ les hypersurfaces d'équation $p_i = 0$ dans $\mathbb{E}_k^{r+1}$. D'après le théorème des zéros de Hilbert il existe $a \in Z_1 \div \bigcup_{2 \le j \le s} Z_j$. Soit D une droite affine non contenue dans Y_1 et passant par a , et $u : \mathbb{E}_k^1 \to \mathbb{E}_k^{r+1}$ une représentation paramétrique affine de D telle que $u(0) = a$. Posant $q_i = p_i \circ u$, les fonctions $q_i'/q_i (2 \le i \le s)$ sont régulières en 0 , tandis que q_1'/q_1 a un pôle simple de résidu la multiplicité ρ de la racine 0 de q_1 . De (3.3.2) , on déduit

$$\lambda_1 \frac{q_1'}{q_1} + \ldots + \lambda_s \frac{q_s'}{q_s} = 0 \quad \text{dans} \quad k((T)),$$

d'où $\rho\lambda_1 = 0$ et $\lambda_1 = 0$, en prenant les résidus en 0 .

Montrons maintenant (3.3) . Pour cela, soit T un système représentatif de solutions algébriques de $\omega = 0$, et considérons l'application k-linéaire

(3.3.3) $$\varphi : k^{(T)} \longrightarrow S_k^{m-1}(k^{r+1}) \underset{k}{\otimes} \Lambda_k^2(k^{r+1}) \hookrightarrow \Omega^2_{A/k}$$

$$(\alpha_f)_{f \in T} \longmapsto (\sum_f \alpha_f \frac{df}{f}) \wedge \omega .$$

Supposons que $\dim(\operatorname{Ker}\varphi) > 1$, ce qui a lieu notamment lorsque T est infini. Notant $(e_f)_{f \in T}$ la base canonique de $k^{(T)}$, soient

(3.3.4) $$\begin{cases} u = \sum_{i=1}^{s} \alpha_i e_{f_i} \\ v = \sum_{i=1}^{s} \beta_i e_{f_i} \end{cases} \quad (\alpha_i, \beta_j \in k ; f_1, \ldots, f_s \in T)$$

deux éléments linéairement indépendants de $\operatorname{Ker}(\varphi)$. Il existe donc deux polynômes homogènes k_α et k_β tels que, posant $F = f_1 \cdot \ldots \cdot f_s$, on ait :

$$(3.3.5)\quad \begin{cases} \sum_{i=1}^{s} \alpha_i \dfrac{df_i}{f_i} = \dfrac{k_\alpha}{F}\,\omega & (k_\alpha \neq 0 \text{ d'après } (3.3.1)) \\[2ex] \sum_{i=1}^{s} \beta_i \dfrac{df_i}{f_i} = \dfrac{k_\beta}{F}\,\omega & (k_\beta \neq 0 \text{ d'après } (3.3.1)) . \end{cases}$$

Par différentiation des deux égalités (3.3.5) , on obtient

$$(3.3.6)\quad \begin{cases} d(\dfrac{k_\alpha}{F}) \wedge \omega + \dfrac{k_\alpha}{F}\, d\omega = 0 \\[2ex] d(\dfrac{k_\beta}{F}) \wedge \omega + \dfrac{k_\beta}{F}\, d\omega = 0 , \end{cases}$$

puis, en éliminant $d\omega$ entre les deux égalités (3.3.6) ,

$$(3.3.7)\qquad d(\frac{k_\alpha}{k_\beta}) \wedge \omega = 0 .$$

Or, comme u et v sont linéairement indépendantes, il résulte aussitôt de (3.3.1) et (3.3.5) que k_α/k_β n'est pas un scalaire. Donc (3.3.7) exprime que k_α/k_β est une intégrale première rationnelle de ω . Ceci prouve en particulier l'assertion (i) . Montrons maintenant (ii) . Si $\mathrm{card}(T) < +\infty$, on a nécessairement $\dim \mathrm{Ker}(\varphi) \leq 1$ d'après la preuve précédente, d'où

$$(3.3.8)\qquad \mathrm{card}(T) \leq 1 + \dim_k [\, S_k^{m-1}(k^{r+1}) \underset{k}{\otimes} \Lambda_k^2(k^{r+1})] .$$

Pour améliorer (3.3.8) , remarquons que si $(\alpha_f)_{f \in T} \in \mathrm{Ker}(\varphi)$, i.e.

$$(\sum_f \alpha_f \frac{df}{f}) \wedge \omega = 0 ,$$

on en déduit, en faisant le produit intérieur des deux membres par X (1.6) ,

$$(3.3.9)\qquad \sum \alpha_f d^\circ(f) = 0 .$$

Il est donc naturel d'introduire l'hyperplan W de $k^{(T)}$ défini par l'équation (3.3.9) , d'où une suite exacte

$$(3.3.10)\qquad 0 \to \mathrm{Ker}(\varphi) \to W \to \varphi(W) \to 0 .$$

Par ailleurs, si $(\alpha_f)_{f\in T} \in W$, on a

$$(\omega \wedge \sum_f \alpha_f \frac{df}{f}) \lrcorner X = -(\sum \alpha_f d^\circ(f))\, \omega = 0 \text{ , soit}$$

(3.3.11) $\varphi(W) \subset (Z_2)_{m-1} = \mathrm{Ker}(S_k^{m-1}(k^{r+1}) \otimes_k \wedge^2(k^{r+1}) \xrightarrow{\lrcorner X} S_k^m(k^{r+1}) \otimes_k k^{r+1})$.

Si donc $\dim(\mathrm{Ker}\,\varphi) \leq 1$, on a

$$\mathrm{card}(T) \leq 2 + \dim(Z_2)_{m-1} .$$

Il reste à calculer $\dim(Z_2)_{m-1}$. L'acyclicité du complexe de Koszul fournit une suite exacte

$$0 \to (Z_2)_{m-1} \to S_k^{m-1}(k^{r+1}) \otimes_k \wedge^2 (k^{r+1}) \xrightarrow{\lrcorner X} S_k^m(k^{r+1}) \otimes_k k^{r+1} \xrightarrow{\lrcorner X} S_k^{m+1}(k^{r+1}) \to 0 ,$$

d'où

$$\dim(Z_2)_{m-1} = \binom{r+1}{2}\binom{m+r-1}{r} - (r+1)\binom{m+r}{r} + \binom{m+r+1}{r} \text{ , soit}$$

$$\dim(Z_2)_{m-1} = \frac{(m+r-1)\dots(m+2)}{r\,!}\left[\frac{r(r+1)}{2} m(m+1) - (m+r)(m+1)(r+1) + (m+r)(m+r+1)\right]$$

$$= \frac{(m+r-1)\dots(m+2)}{r\,!}\left[\frac{r(r+1)}{2} m(m+1) - (m+r)mr\right]$$

$$= m \times \frac{(m+r-1)\dots(m+2)}{(r-1)!} \times \frac{1}{2} (mr-m-r-1)$$

$$= \frac{1}{2} m(m-1) \binom{m+r-1}{r-2} .$$

COROLLAIRE 3.3.12. - <u>Soit</u> $\omega \neq 0$ <u>une forme de Pfaff algébrique de degré</u> m <u>sur</u> P_k^r . <u>Si on connaît</u> $q = \frac{1}{2} m(m-1) \binom{m+r-1}{r-2} + 2$ <u>solutions algébriques</u> $f_1,\dots f_q$ <u>de</u> $\omega = 0$, <u>alors il existe des scalaires</u> $\alpha_1,\dots,\alpha_q$ <u>non tous nuls tels que</u>

a) $\sum_{i=1}^{q} \alpha_i\, d^\circ(f_i) = 0$

b) $\left(\sum_{i=1}^{q} \alpha_i \frac{df_i}{f_i}\right) \wedge \omega = 0$.

<u>En particulier, la forme</u> ω <u>est complètement intégrable</u>.

<u>Preuve</u> : L'hypothèse implique, avec les notations précédentes, que

$$\dim(W) > \dim(Z_2)_{m-1} ,$$

d'où $\mathrm{Ker}(\varphi) \neq 0$, d'où a) et b) . Si maintenant on a b) , il existe une fraction rationnelle $k \neq 0$ telle que

$$\sum_{i=1}^{q} \alpha_i \frac{df_i}{f_i} = k\,\omega ,$$

d'où, en différentiant, $0 = dk \wedge \omega + k d\omega$, puis $k\omega \wedge d\omega = 0$ et enfin

$$\omega \wedge d\omega = 0 .$$

<u>Remarque</u> 3.3.13. - Lorsque $r = 2$, le <u>corollaire</u> figure dans ([2], p. 79) , où Darboux l'énonce sous la forme $(k = \mathbb{C})$:

" Si l'on connaît $\frac{m(m-1)}{2} + 2 = q$ solutions particulières algébriques $f_1,\ldots,f_q$ de l'équation différentielle proposée, l'intégrale générale de cette équation pourra toujours s'obtenir et sera de la forme

$$f_1^{\alpha_1} f_2^{\alpha_2} \ldots f_q^{\alpha_q} = C \text{ "}$$

3.4. - Nous allons maintenant préciser la structure des équations de Pfaff algébriques <u>algébriquement intégrables</u> , i.e. admettant une intégrale première rationnelle. Pour cela, nous allons tout d'abord faire quelques rappels sur la structure des <u>pinceaux</u> d'hypersurfaces de P_k^r .

On appelle pinceau d'hypersurfaces de degré n sur P_k^r un sous-espace vectoriel V de dimension 2 de $\Gamma(P_K^r, \mathcal{O}_{P_k^r}(n))$. Si F et G sont deux polynômes homogènes de degré n engendrant V , le pinceau est aussi noté

$$(F , G) .$$

Au pinceau V correspond une application rationnelle

(3.4.1) $$\varphi : P_k^r \longrightarrow P(V)$$

définie comme suit. Si F,G est une base de V , i.e. un isomorphisme $k^2 \xrightarrow{\sim} V$, soit $\beta : P_k^1 \longrightarrow P(V)$ l'isomorphisme que l'on en déduit. L'application rationnelle φ est le composé $\beta^{-1} \circ \alpha$, où α est l'application rationnelle

(3.4.2) $$\alpha : P_k^r \longrightarrow P_k^1$$

$$x \longmapsto (\overline{F(x),G(x)})$$

définie en dehors de la variété Σ d'équations $F = G = 0$.

Si $v : \mathcal{O}_P \longrightarrow \mathcal{O}_P(n)$ appartient à $V \dot{-} 0$, soit $H_v = v^{-1}(0)$ l'hypersurface (schéma) de faisceau structural

$$\mathcal{O}_{H_v} = \mathrm{Coker}(\mathcal{O}_P(-n) \xrightarrow{\check{v}} \mathcal{O}_P) .$$

Si les polynômes $v \in V$ ont un pgcd non trivial w , les hypersurfaces H_v contiennent toutes l'hypersurface $[w^{-1}(0)]_{\text{réd}}$, dont les composantes irréductibles sont appelées les <u>composantes fixes</u> du pinceau. Sinon, on dit que le pinceau est sans composante fixe. Alors l'ouvert

(3.4.3) $$U = P_k^r \dot{-} \bigcap_{v \in V \dot{-} 0} v^{-1}(0)_{\text{réd}}$$

de P_k^r a un complémentaire de codimension ≥ 2 , et chaque hypersurface H_v est déterminée par sa trace sur U . Par suite l'application $V \longmapsto \alpha$ (3.4.2) définit une correspondance biunivoque (à automorphismes de P_k^1 près) entre les pinceaux sans composante fixe sur P_k^r et les applications rationnelles $P_k^r \longrightarrow P_k^1$ [on utilise pour cela le fait que tout $\mathcal{O}_P$ - Module inversible est isomorphe à l'un des $\mathcal{O}_P(i)$ $(i \in \mathbb{Z})$] .

DEFINITION 3.4.4. - <u>Un pinceau</u> V <u>est dit irréductible si l'hypersurface générique de</u> V <u>est irréductible</u>.

Les deux théorèmes suivants, dus à BERTINI, sont fondamentaux en théorie des pinceaux.

THEOREME 3.4.5. (Ier théorème de BERTINI). - <u>L'hypersurface générique d'un pinceau sans composantes fixes</u> V <u>est lisse dehors de</u> $\bigcap_{v \in V} v^{-1}(0)$.

<u>Preuve</u> : L'application rationnelle φ (3.4.1) définie par V a pour domaine de définition U (3.4.3) . C'est un morphisme dominant, correspondant à une extension séparable (car k = 0) des corps de fonctions. Comme U est lisse sur k , la fibre générique de φ est lisse, d'où l'assertion, en utilisant E G A IV 9.9.5.

THEOREME 3.4.6. (2e théorème de BERTINI) . <u>Un pinceau réductible (= non irréductible) et sans composantes fixes</u> V <u>est composé d'un pinceau irréductible</u> W , i.e. <u>les hypersurfaces de</u> V <u>sont réunions d'hypersurfaces de</u> W . <u>De plus, le pinceau</u> W <u>est caractérisé par cette propriété</u>.

<u>Preuve</u> : Soit V = (F,G) et $\alpha : P_k^r \longrightarrow P_k^1$ l'application rationnelle (3.4.2) , qui est dominante et correspond à une extension de corps

$$k(t) \subset k(\frac{x_o}{x_{r+1}},\ldots,\frac{x_r}{x_{r+1}}) = E \ .$$

La clôture algébrique K de k(t) dans E est finie sur k(t) donc transcendante pure de degré de transcendance 1 sur k , d'après le théorème de LUROTH, qui affirme qu'une courbe unirationnelle est rationnelle. Par suite, l'extension $k(t) \hookrightarrow K$ provient d'un k-morphisme $\gamma : P_k^1 \longrightarrow P_k^1$, et il existe une application rationnelle α' rendant le diagramme

$$\begin{array}{ccc} P_k^r & \overset{\alpha'}{\dashrightarrow} & P_k^1 \\ & \searrow^{\alpha} & \downarrow \gamma \\ & & P_k^1 \end{array}$$

commutatif. L'extension de corps $K \subset E$ correspondant à α' est "régulière", i.e. E est séparable sur K et K est algébriquement fermé dans E, et par suite la fibre géométrique générique de α' est irréductible. On conclut en utilisant E G A IV 9.7.7, (i) ou (iv), que le pinceau W défini par α' est irréductible. L'égalité $\alpha = \gamma \circ \alpha'$ montre de plus que toute hypersurface de V est réunion d'hypersurfaces de W, comptées éventuellement avec multiplicités. L'unicité de W est claire : si W_1 et W_2 sont deux pinceaux irréductibles dont V est composé, alors presque toutes les hypersurfaces de W_1 sont composantes irréductibles d'hypersurfaces de W_2, et inversement, d'où d'abord le fait que $d^\circ(W_1) = d^\circ(W_2)$, puis que $W_1 = W_2$.

Remarque 3.4.7. - Il résulte aussitôt de (3.4.6) qu'un pinceau (F,G), avec F irréductible, est irréductible.

3.4.8. - Concrètement, le théorème (3.4.6) se traduit comme suit. Si $V = (F,G)$, il existe deux polynômes homogènes F_1, G_1 de même degré et une fraction rationnelle $\psi \in k(T)$ tels que

(i) $\frac{F}{G} = \psi\left(\frac{F_1}{G_1}\right)$

(ii) Pour presque tout $\lambda \in k$, le polynôme $F_1 + \lambda G_1$ est irréductible. De plus, deux couples (F_1,G_1) et (F_2,G_2) satisfaisant aux conditions précédentes se déduisent l'un de l'autre par un élément de $GL(2,k)$. En particulier, il existe une homographie $\sigma = \frac{aT+b}{cT+d}$ $(ad - bc \neq 0)$ telle que

$$\frac{F_2}{G_2} = \sigma\left(\frac{F_1}{G_1}\right).$$

3.4.9. - Appliquons ceci aux équations de Pfaff algébriques. Si ω est algébriquement intégrable, d'intégrale première $\frac{F}{G}$, la fraction $\frac{F_1}{G_1}$ de (3.4.8) vérifie

$$0 = d(\frac{F}{G}) \wedge \omega = \psi'(\frac{F_1}{G_1})\, d(\frac{F_1}{G_1}) \wedge \omega \quad , \quad \text{d'où}$$

$$d(\frac{F_1}{G_1}) \wedge \omega = 0 \ ,$$

et par suite est encore une intégrale première. D'après (ii), quitte à remplacer F_1 et G_1 par des combinaisons linéaires convenables, on peut les supposer tous deux irréductibles. Alors, utilisant (3.2.3) et (3.4.8 (i)), on voit que le pinceau (F_1,G_1) est caractérisé par le fait que presque toutes ses hypersurfaces sont solutions algébriques de $\omega = 0$.

Ceci nous permet d'établir une correspondance biunivoque entre l'ensemble des pinceaux irréductibles sur P_k^r et celui des équations de Pfaff algébriques irréductibles sur P_k^r. L'application dans l'autre sens admet la description suivante : si $V = (F,G)$ est un pinceau irréductible, on lui associe la forme ω définie à multiplication par un scalaire $\neq 0$ près par

$$\begin{cases} G\,dF - F\,dG = u\,\omega \ , & u \in k[x_1,\dots,x_{r+1}] \\ \operatorname{pgcd}(\omega_i) = 1 & \end{cases}$$

et on voit facilement que ω ne dépend pas du choix de la base de V.

La proposition suivante ([2] p. 194) donne un procédé pratique de détermination des composantes multiples des hypersurfaces d'un pinceau sans composantes fixes.

3.5. - Soit ω une forme de Pfaff algébrique irréductible sur P_k^r, et $R = F/G$ une intégrale première rationnelle de $\omega = 0$, avec F et G deux polynômes homogènes non nuls premiers entre eux. Comme F et G sont premiers entre eux, deux hypersurfaces distinctes du pinceau (F,G) ne sauraient avoir de composante commune.

Si une hypersurface irréductible H de P_k^r, d'équation $h = 0$, est composante multiple d'une (unique) hypersurface du pinceau, d'équation $\lambda F + \mu G = 0$ avec $(\lambda,\mu) \neq (0,0)$, appelons <u>multiplicité</u> de H, où de h, <u>relativement au pinceau</u>, et notons

$$e(H) \quad \text{ou} \quad e(h)$$

le plus grand entier $a \geq 2$ tel que h^a divise $\lambda F + \mu G$. D'après (3.4.5), il existe seulement un nombre fini de telles hypersurfaces

$$(H_i)_{1 \leq i \leq s} \quad \text{d'équation} \quad h_i = 0 \quad (1 \leq i \leq s) .$$

PROPOSITION 3.5.1. - <u>Il existe un scalaire</u> $c \neq 0$ <u>tel que</u>

$$G\,dF - F\,dG = c \prod_{1 \leq i \leq s} h_i^{e(h_i)-1}\, \omega .$$

<u>Preuve</u> : Remarquons tout d'abord que, quitte à changer de base pour le pinceau (F,G), ce qui conduit à multiplier la forme $G\,dF - F\,dG$ par un scalaire $\neq 0$, on peut supposer F et G sans facteurs multiples, ce que nous ferons désormais. Soit v le polynôme défini par (3.2.2). La preuve de (3.2.3) montre (cf. l'argument suivant (3.2.9))que, pour tout $i \in [1,s]$,

$$h_i^{e(h_i)-1} \mid v \quad \text{mais} \quad h_i^{e(h_i)} \nmid v .$$

Il suffit donc de voir que tout diviseur premier f de v est, à une constante multiplicative près, l'un des h_i. Posant $\psi = FG$, l'égalité

$$\frac{dF}{F} - \frac{dG}{G} = \frac{v}{\psi}\,\omega$$

montre que

$$d\left(\frac{v}{\psi}\,\omega\right) = 0 , \quad \text{d'où}$$

$$(\psi dv - v d\psi) \wedge \omega + \psi v d\omega = 0 ,$$

et enfin $v \mid \psi dv \wedge \omega$.

Nous allons prouver que $\mathrm{pgcd}(v,\psi) = 1$, et donc

$$v \mid d v \wedge \omega . \tag{3.5.2}$$

Supposons en effet qu'il existe un polynôme premier g divisant à la fois

$$F G \quad \text{et} \quad G dF - F dG .$$

Alors, par exemple, g diviserait F , donc aussi $G dF$, et, puisque $\mathrm{pgcd}(F,G) = 1$, g diviserait dF . Mais dans ce cas g serait composante multiple de F (car $k = 0$!) , d'où une contradiction. En effet, si on avait

$$F = gg_1 \text{ , avec } g \nmid g_1 \text{, on aurait}$$

$$dF = g\, d g_1 + g_1 d g \quad ,$$

d'où $g | g_1 d g$ et $g | g_1$ car $g \nmid dg$ pour des raisons de degré, et parce que $dg \neq 0$ comme il résulte de la formule d'Euler.

Que les diviseurs premiers de v soient solutions de $\omega = 0$ résulte de (3.5.2) et du lemme plus général suivant, que nous utiliserons par la suite.

LEMME 3.5.3. - <u>Soit</u> ω <u>une forme de Pfaff algébrique sur</u> P_k^r . <u>Etant donné un polynôme homogène</u> u , <u>les assertions suivantes sont équivalentes</u> :

(i) u <u>divise</u> $\omega \wedge du$.

(ii) <u>Tout diviseur premier de</u> u <u>est solution algébrique de</u> $\omega = 0$.

Prouvons le lemme, et d'abord (ii) ⇒ (i) . Soit $u = f_1 \dots f_t$ la décomposition de u en facteurs irréductibles. S'il existe des 2 - formes polynomiales α_i telles que

$$\omega \wedge df_i = f_i \alpha_i \quad (1 \leq i \leq t) ,$$

alors

$$\omega \wedge du = \omega \wedge \Big(\sum_{i=1}^{t} f_1 \dots \hat{f}_i \dots f_t df_i \Big) = u\Big(\sum_{i=1}^{t} \alpha_i \Big) .$$

Montrons (i) $\Rightarrow$ (ii) . Soit f un polynôme premier homogène. Si

$$u = f^r g \text{ , avec } f \nmid g \text{ et } r \geq 1 \text{ , alors}$$

$$f^r g \mid r f^{r-1} g(\omega \wedge df) + f^r \omega \wedge dg \quad \text{, d'où}$$

$$f \mid rg(\omega \wedge df) \ ,$$

et enfin $f \mid \omega \wedge df$, puisque $\text{pgcd}(f,g) = 1$.

Terminons la preuve de (3.5.1). Si f est un diviseur premier de v , nous savons déjà que f est solution de $\omega = 0$, donc (3.2.3) que $f = 0$ est une composante irréductible de l'une des hypersurfaces du pinceau (F,G) . Quitte à échanger les rôles de F et G , on peut donc supposer qu'il existe $\lambda \in k$ et a entier ≥ 1 telle que

$$(3.5.4) \qquad F + \lambda G = f^a g \ , \quad f \nmid g \ ,$$

et il s'agit de voir que $a > 1$. Pour cela, remarquons que (3.2.2) s'écrit aussi

$$(3.5.5) \qquad G\, d(F + \lambda G) - (F + \lambda G)\, dF = v\, \omega \ .$$

Si on avait $a = 1$, il résulterait de (3.5.5) que

$$f \mid G(fdg + gdf) - fgdF \ ,$$

d'où $f \mid Ggdf$, et $f \mid G$, ce qui contredirait (3.5.4) et le fait que F et G sont premiers entre eux.

COROLLAIRE 3.5.6. - <u>Sous les hypothèses de</u> (3.5.1) , <u>on a</u> :

$$\text{co}\,(dF \wedge dG) = \prod_{1 \leq i \leq s} h_i^{e(h_i)-1} \ ,$$

<u>où le premier membre est le contenu de la 2-forme</u> $dF \wedge dG$.

<u>Preuve</u> : Soit $w = co(dF \wedge dG)$. Posant $\nu = d^\circ(F) = d^\circ(G)$, w divise

$$(dF \wedge dG) \lrcorner X = \nu(F\,dG - G\,dF) ,$$

où X est le champ de vecteurs (1.6) . D'après (3.5.1) , w divise donc $\prod_1^s h_i^{e(h_i)-1}$. Par ailleurs, il existe $(\lambda,\mu) \neq (0,0)$ tel que

$$h_i^{e(h_i)} | \lambda F + \mu G \text{ , d'où } h_i^{e(h_i)-1} | \lambda dF + \mu\, dG .$$

Supposant par exemple $\lambda \neq 0$, on en déduit aussitôt que

$$h_i^{e(h_i)} \text{ divise } (\lambda dF + \mu\, dG) \wedge dG = \lambda dF \wedge dG ,$$

donc w . L'assertion en résulte.

3.6. - A part le cas où ω admet une intégrale première rationnelle, il est possible parfois d'intégrer a priori l'équation $\omega = 0$ au moyen de quadratures. C'est ce qui se produit notamment lorsque $\omega \neq 0$ admet un <u>multiplicateur pseudo-algébrique</u> . On appelle ainsi une 1-forme rationnelle

$$\sum_{i=1}^{t} \alpha_i \frac{df_i}{f_i} ,$$

où les $\alpha_i \in k$ et les f_i sont des polynômes irréductibles deux à deux non associés, telle que :

$$\left(\sum_1^t \alpha_i \frac{df_i}{f_i} \right) \wedge \omega + d\omega = 0 . \tag{3.6.1}$$

[Cette définition est raisonnable à cause de (3.3.1)].

La relation (3.6.1) , qui s'écrit aussi, posant $\varphi_i = f_1 \dots \hat{f}_i \dots f_t$,

$$\sum_i \alpha_i \varphi_i (df_i \wedge \omega) + f_1 \dots f_t\, d\omega = 0 , \tag{3.6.1 bis}$$

implique que, <u>lorsque</u> $\alpha_i \neq 0$, f_i est une <u>solution algébrique</u> de $\omega = 0$, i.e. $f_i | \omega \wedge df_i$.

Par ailleurs, si on pose $n_i = d^\circ(f_i)$, on obtient en faisant le produit intérieur de (3.6.1) par X (1.6) , et en utilisant ([5], 1.3.2) par exemple :

$$0 = (\Sigma n_i \alpha_i)\,\omega + (d\omega) \rfloor X = [\,\Sigma n_i \alpha_i + (m+1)]\,\omega \ , \text{ soit}$$

(3.6.2) $$\sum_{i=1}^{t} n_i \alpha_i = -(m+1) \ ,$$

où m désigne comme toujours le degré d'homogéneité de $\omega \neq 0$.

3.6.3. - Lorsque $k = \mathbb{C}$, la relation (3.6.1) signifie qu'en dehors des zéros des f_i , on a, localement ,

$$d(f_1^{\alpha_1} \ldots f_t^{\alpha_t}\,\omega) = 0 \ ,$$

i.e. il existe une fonction analytique homogène de degré 0 , Φ , telle que

$$f_1^{\alpha_1} \ldots f_t^{\alpha_t}\,\omega = d\Phi \ .$$

La proposition suivante est tirée de ([2], p. 80-81) , lorsque $r = 2$.

PROPOSITION 3.6.4. - <u>Soit</u> ω <u>une forme de Pfaff algébrique</u> $\neq 0$, <u>de degré</u> $m \geq 1$, <u>sur</u> P_k^r . <u>Posant</u>

$$q = \tfrac{1}{2}m(m-1)\binom{m+r-1}{r-2} + 2 \ ,$$

<u>supposons que l'on connaisse</u> $q-1$ <u>solutions distinctes</u> $f_1, f_2, \ldots, f_{q-1}$ <u>de l'équation</u> $\omega = 0$. <u>Alors</u> :

- <u>ou bien il existe des scalaires</u> $(\beta_i)_{1 \leq i \leq q-1}$ <u>tels que</u>

$$\omega \wedge \left(\sum_{1}^{q-1} \beta_i \frac{df_i}{f_i}\right) = 0 \ .$$

- <u>ou bien</u> ω <u>admet un multiplicateur pseudo-algébrique de la forme</u>

$$\sum_{i=1}^{q-1} \alpha_i \frac{df_i}{f_i} \qquad (\alpha_i \in k) \ .$$

Preuve : Nous utilisons librement les notations de la preuve de (3.3), en supposant que $f_1,\dots,f_{q-1} \in T$. Soit V_o le sous-espace de $k^{(T)}$ de base $f_1,\dots,f_{q-1}$, et $W_o = V_o \cap W$. S'il n'existe pas de famille (β_i) comme dans l'énoncé, alors l'application linéaire

(3.6.5) $$\varphi|W_o : W_o \longrightarrow (Z_2)_{m-1}$$

est injective, donc bijective, puisque $\dim W_o = \dim(Z_2)_{m-1} = q-2$. Posant $n_1 = d^\circ(f_1)$, on a

$$\left[d\omega - \frac{m+1}{n_1} \frac{df_1}{f_1} \wedge \omega \right] \rfloor X = (m+1)\omega - (m+1)\omega = 0 ,$$

donc, d'après la bijectivité de (3.6.5) , il existe des $\gamma_i (1 \le i \le q-1)$ tels que

$$\left(\sum_{i=1}^{q-1} \gamma_i \frac{df_i}{f_i} - \frac{m+1}{n_1} \frac{df_1}{f_1} \right) \wedge \omega + d\omega = 0 .$$

d'où l'assertion.

Dans le même ordre d'idées, signalons également, lorsque $r = 2$, le résultat suivant de Darboux ([2], p. 89-90) , qui précise dans ce cas (3.3.12). Etant donnés b points $\sigma_1,\dots\sigma_b$ de P_k^r et un entier $\nu \ge 1$, convenons d'appeler degré de ν - indépendance de $\sigma_1,\dots\sigma_b$ et de noter

$$\delta^\nu(\sigma_1,\dots,\sigma_b)$$

la dimension de l'image de l'application linéaire canonique

(3.6.6) $$\Gamma(P_k^2, \mathcal{O}_P(\nu)) \longrightarrow \prod_{i=1}^{b} \Gamma(\{\sigma_i\}, \mathcal{O}_P(\nu)) .$$

Le choix d'un système de représentants $(\tilde\sigma_1,\dots,\tilde\sigma_b)$ de $(\sigma_1,\dots,\sigma_b)$ dans k^3 permet d'identifier (3.6.6) à l'application

(3.6.7) $$S_k^\nu(k^3) \longrightarrow k^b \quad .$$

$$P \longmapsto (P(\tilde\sigma_1),\dots,P(\tilde\sigma_b))$$

Génériquement, on rappelle qu'on a

$$\delta^{\nu}(\sigma_1,\ldots,\sigma_b) = b$$

et qu'on dit alors que $\sigma_1,\ldots,\sigma_b$ sont ν - indépendants .

PROPOSITION 3.6.8. Soit $\omega \neq 0$ une forme de Pfaff algébrique de degré m sur P_k^2 . Supposons donnés a solutions algébriques $f_1,\ldots,f_a$ de l'équation $\omega = 0$ et b points singuliers $\sigma_1,\ldots,\sigma_b$ de ω , dont aucun n'est situé sur l'une des courbes $f_i = 0$ $(1 \leq i \leq a)$. Alors, si de plus

(3.6.9) $$a \geq \tfrac{1}{2}m(m-1) + 2 - \delta^{m-2}(\sigma_1,\ldots,\sigma_b) ,$$

il existe des scalaires $\alpha_1,\ldots,\alpha_a$ non tous nuls tels que

$$\left(\sum_{i=1}^{a} \alpha_i \frac{df_i}{f_i}\right) \wedge \omega = 0 .$$

En particulier, lorsque $\sigma_1,\ldots,\sigma_b$ sont $(m-2)$ - indépendants, la conclusion est vraie dès que

$$a \geq \tfrac{1}{2}\, m(m-1) + 2 - b .$$

Preuve : Utilisons encore librement les notations de la preuve de (3.3), et supposons que $f_1,\ldots,f_a \in T$. Notons V_o le sous-espace vectoriel de $k^{(T)}$ de base $f_1,\ldots,f_a$ et posons

$$W_o = W \cap V_o .$$

Soient x,y,z les coordonnées homogènes canoniques de P_k^2 , et $n_i = d^{\circ}(f_i)$. Si $\sum_i^a n_i\alpha_i = 0$, on a

$$\left(\omega \wedge \sum_i \alpha_i \frac{df_i}{f_i}\right) \lrcorner X = 0 ,$$

donc, d'après l'acyclicité du complexe de Koszul associé à la 3 - suite (x,y,z) , il existe un unique polynôme homogène P_α de degré $m-2$ tel que

$$\omega \wedge \sum_i \alpha_i \frac{df_i}{f_i} = \left[P_\alpha dx \wedge dy \wedge dz\right] \lrcorner X ,$$

où $\alpha = (\alpha_1,\ldots,\alpha_a)$. Nous allons voir que P_α appartient au noyau de (3.6.6) , de sorte que l'application $\alpha \longmapsto P_\alpha$ définit une application linéaire

$$(3.6.10) \qquad \rho : W_o \longrightarrow \mathrm{Ker}\left[\Gamma(P_k^2,\mathcal{O}_P(m-2)) \longrightarrow \prod_{j=1} \Gamma(\sigma_j,\mathcal{O}_P(m-2))\right] .$$

L'assertion en résultera aussitôt par des considérations de dimension. Pour cela, commençons par remarquer que, comme $(d\omega) \lrcorner X = (m+1)\omega$, on a

$$(3.6.11) \qquad P_\alpha dx \wedge dy \wedge dz = \frac{1}{m+1}\left(d\omega \wedge \sum_i \alpha_i \frac{df_i}{f_i}\right) .$$

Posons $d\omega = N\,dx \wedge dy + L\,dy \wedge dz + M\,dz \wedge dx$. Si $\sigma = \overline{(x_1,y_1,z_1)} = \overline{\xi}$ est l'un des σ_j , il existe un scalaire λ tel que

$$L(\xi) = \lambda x_1 \ ; \ M(\xi) = \lambda y_1 \ ; \ N(\xi) = \lambda z_1 .$$

Par suite, quel que soit le polynôme homogène g ,

$$(d\omega \wedge dg)(\xi) = \lambda\left(x_1 \frac{\partial g}{\partial x_1} + y_1 \frac{\partial g}{\partial g_1} + z_1 \frac{\partial g}{\partial z_1}\right)(\xi)\, dx \wedge dy \wedge dz$$

i.e. $$(d\omega \wedge dg)(\xi) = \lambda\, d^\circ(g)\, g(\xi)\, dx \wedge dy \wedge dz .$$

On en déduit, vu (3.6.11) , et comme $f_i(\xi) \neq 0 \quad (1 \leq i \leq a)$,

$$P_\alpha(\xi) = \frac{\lambda}{m+1}\left(\sum_i n_i \alpha_i\right) = 0 ,$$

ce qu'il fallait démontrer.

3.7. - Nous allons maintenant étudier de façon systématique les formes de Pfaff du type (3.3.12) et (3.6.8) .

Soient $f_1,\dots,f_t \in k[x_1,\dots,x_{r+1}]$ des polynômes irréductibles, deux à deux non associés, de degrés respectifs $n_1,\dots,n_t$. Pour tout $i \in [1,t]$, on pose

(3.7.1) $$\begin{cases} \varphi_i = f_1 \dots \hat{f}_i \dots f_t , \quad \text{et} \\ \psi = f_1 \dots f_t . \end{cases}$$

Soient $\alpha_1,\dots,\alpha_t$ des scalaires non tous nuls, et vérifiant

(3.7.2) $$\sum_{i=1}^{t} n_i \alpha_i = 0 .$$

D'après (3.3.1) , la forme

$$\sum_1^t \alpha_i \varphi_i df_i = \psi \sum_1^t \alpha_i \frac{df_i}{f_i}$$

n'est pas nulle, et on note u son contenu. D'après (3.7.2) , il existe donc une forme de Pfaff algébrique irréductible sur P_k^r telle que

(3.7.3) $$\sum_1^t \alpha_i \varphi_i df_i = u\,\omega \quad , \quad \text{i.e.}$$

(3.7.4) $$I \overset{\text{dfn}}{=} \sum_1^t \alpha_i \frac{df_i}{f_i} = \frac{u}{\psi}\,\omega \quad .$$

LEMME 3.7.5.- <u>Supposons qu'aucun des</u> α_i <u>ne soit nul. Alors les diviseurs premiers du polynôme homogène</u> u <u>sont des solutions algébriques de l'équation</u> $\omega = 0$.

<u>Preuve</u> : On a $dI = 0$, d'où , en différentiant l'égalité

(3.7.6) $$\psi\, I = u\,\omega ,$$

(3.7.7) $$d\psi \wedge I = du \wedge \omega + u\, d\omega .$$

Multipliant les deux membres de (3.7.7) par ψ , et compte tenu de (3.7.6), on obtient

$$u\, d\psi \wedge \omega = \psi(du \wedge \omega) + \psi\, u\, d\omega ,$$

d'où $u \mid \psi(du \wedge \omega)$. Nous allons voir que $\text{pgcd}(u,\psi) = 1$, d'où $u \mid du \wedge \omega$, ce qui permettra de conclure grâce à (3.5.3) . Si par exemple f_1 divisait u , il diviserait aussi $\alpha_1 \varphi_1 df_1$ d'après (3.7.3) , ce qui est impossible car $\alpha_1 \neq 0$, $\text{car}(k) = 0$ et les f_i sont deux à deux non associés .

PROPOSITION 3.7.8. - Supposons qu'aucun des α_i ne soit nul et que

$$d^\circ(u) < \max(n_1,\dots,n_t) .$$

Alors les assertions suivantes sont équivalentes :

(i) L'équation de Pfaff $\omega = 0$ n'a qu'un nombre fini de solutions algébriques.

(ii) L'un au moins des quotients α_i/α_j est irrationnel.

Preuve : L'assertion (i) ⇒ (ii) est facile. Si, en effet, tous les rapports α_i/α_j sont rationnels, il existe $\lambda \in k$ et des entiers $a_i \in \mathbb{Z}$ $(1 \leq i \leq t)$ tels que

$$\alpha_i = \lambda\, a_i \quad (1 \leq i \leq t) \quad , \text{ d'où}$$

$$I = \lambda \frac{dR}{R} , \text{ avec } R = \prod_{i=1}^{t} f_i^{a_i} ,$$

de sorte que R est une intégrale première rationnelle de $\omega = 0$. Montrons (ii) ⇒ (i) . Nous allons pour cela raisonner par l'absurde, et supposer qu'il existe une infinité de solutions algébriques. Alors [(3.3)i], ω admet une intégrale première rationnelle F/G , avec F et G deux polynômes homogènes de même degré. De plus (3.4.9) , on peut supposer que F et G sont premiers, donc en particulier que le pinceau (F,G) est irréductible. Pour simplifier l'écriture, on écrit les hypersurfaces du pinceau (F,G) sous la forme

$$C_\lambda : F + \lambda G = 0 \quad (\lambda \in P_k^1) ,$$

avec la convention

$$F + \infty G = G .$$

Comme F et G sont premiers entre eux, si $\lambda \neq \mu$, les hypersurfaces C_λ et C_μ n'ont aucune composante commune, i.e.

$$\text{pgcd}(F+\lambda G , F+\mu G) = 1 \text{ si } \lambda \neq \mu . \tag{3.7.9}$$

En particulier, quitte à changer la base du pinceau irréductible, on peut supposer

$$\begin{cases} F \text{ et } G \text{ premiers} \\ \{F,G\} \cap \{f_1,\dots,f_t\} = \emptyset . \end{cases} \tag{3.7.10}$$

Comme F/G est intégrale première de ω , qui est irréductible, il existe un polynôme homogène a tel que

$$G\,dF - F\,dG = a\,\omega \text{ , soit} \tag{3.7.10}$$

$$\frac{dF}{F} - \frac{dG}{G} = \frac{a}{FG}\,\omega , \tag{3.7.11}$$

puis, en différentiant les deux membres,

$$d\left(\frac{a}{FG}\right) \wedge \omega + \frac{a}{FG}\, d\omega = 0 . \tag{3.7.12}$$

Par ailleurs, on a par différentiation de (3.7.4)

$$d\left(\frac{u}{\psi}\right) \wedge \omega + \frac{u}{\psi}\, d\omega = 0 . \tag{3.7.13}$$

En éliminant de manière évidente $d\omega$ entre (3.7.13) et (3.7.14) , on obtient

$$d\left(\frac{uFG}{a\psi}\right) \wedge \omega = 0$$

i.e. que $\frac{uFG}{a\psi}$ est une intégrale première rationnelle de $\omega = 0$ (ce n'est pas une constante, car $(uFG,\psi) = 1$).

Par suite, il existe (3.4.8) des éléments $\xi_1,\ldots,\xi_s$ et $\eta_1,\ldots\eta_s$ de P_k^1 et $c \in k$ tels que

$$\frac{u\,F\,G}{a\,\psi} = c\,\frac{(F+\xi_1 G)\ldots(F+\xi_s G)}{(F+\eta_1 G)\ldots(F+\eta_s G)}\;. \tag{3.7.15}$$

Quitte à faire des simplifications évidentes, on peut supposer qu'aucun des ξ_i n'est égal à l'un des η_j, de sorte que (3.7.11) le numérateur et le dénominateur du second membre de (3.7.15) sont alors premiers entre eux. Soit

$$\rho = \mathrm{pgcd}(u,a)$$

et définissons v et b par

$$\begin{cases} u = \rho\, v \\ a = \rho\, b \end{cases} \quad \text{et} \quad \mathrm{pgcd}(v,\, b) = 1\;.$$

Il est clair que F ne divise pas a, car sinon il diviserait $G\,dF$, donc dF... De même pour G. Donc, comme $\mathrm{pgcd}(u,\psi) = 1$ (voir la preuve de (3.7.5)), on a

$$\mathrm{pgcd}(v\,F\,G,\; b\,\psi) = 1\;.$$

Il résulte alors des considérations suivant (3.7.15) que

$$\begin{cases} v\,F\,G = (F+\xi_1 G)\ldots(F+\xi_s G) \pmod{k^*} \\ b\,\psi \;= (F+\eta_1 G)\ldots(F+\eta_s G) \pmod{k^*}\;. \end{cases}$$

Par suite, $s \geq 2$, et, quitte à supposer que $\xi_1 = 0$ et $\xi_2 = \infty$,

$$v = (F+\xi_3 G)\ldots(F+\xi_s G) \qquad \pmod{k^*}\;.$$

En fait, nécessairement $s = 2$, car sinon on aurait

$$d^\circ(u) \geq d^\circ(v) \geq d^\circ\,(\text{pinceau}) \geq \max\{n_1,\ldots,n_t\}\;,$$

contrairement à l'hypothèse, la dernière inégalité provenant de ce que les f_i, solutions de $\omega = 0$, sont diviseurs de l'un des polynômes $F+\lambda G(\lambda \in P_k^1)$.

Par suite, v est une constante, qu'on peut prendre égale à 1 . Alors

$$(3.7.16)\quad \begin{cases} \text{(i)} & a = u\, b\,, \\ \text{(ii)} & b\psi = c^{-1}(F+\eta_1 G)(F+\eta_2 G)\,, \text{ où } \eta_1,\eta_2 \neq 0,\infty\,, \\ \text{(iii)} & b(\sum_1^t \alpha_i\varphi_i df_i) = G\,dF - F\,dG\,. \end{cases}$$

Avant de continuer, fixons une notation. Etant donnés un polynôme $P \neq 0$ et un polynôme premier q , notons

$$q^{v_q(P)}\,,\quad v_q(P) \text{ entier} \geq 0$$

la plus grande puissance de q divisant P . Nous allons maintenant distinguer les cas où $\eta_1 \neq \eta_2$ et $\eta_1 = \eta_2$.

<u>Cas où</u> $\eta_1 \neq \eta_2$. Alors $F+\eta_1 G$ et $F+\eta_2 G$ sont premiers entre eux. Pour tout diviseur premier q de b , on a , par exemple, d'après (3.7.16) ,

$$q^{v_q(b)} \mid F+\eta_1 G$$

$$\text{et}\qquad q^{v_q(b)} \mid G\,dF - F\,dG\,.$$

Par suite (3.5.1) $q^{v_q(b)+1} \mid F+\eta_1 G$. Utilisant (3.7.16)(ii) , on en déduit que q est l'un des f_i . D'où

$$(3.7.17)\qquad b = f_1^{\mu_1}\cdots f_t^{\mu_t} \quad (\mu_i \text{ entiers} \geq 0) \text{ modulo } k^*\,.$$

Mais par ailleurs, comparant (3.7.6)(ii) et (iii) , on voit que

$$\sum_i \alpha_i \frac{df_i}{f_i} = c.\,\frac{G\,dF - F\,dG}{(F+\eta_1 G)(F+\eta_2 G)} = \frac{c}{\eta_2-\eta_1}\,\frac{(F+\eta_2 G)d(F+\eta_1 G)-(F+\eta_1 G)d(F+\eta_2 G)}{(F+\eta_1 G)(F+\eta_2 G)}\,,$$

soit

$$(3.7.18)\qquad \frac{\eta_2-\eta_1}{c}\sum_i \alpha_i \frac{df_i}{f_i} = \frac{d(F+\eta_1 G)}{F+\eta_1 G} - \frac{d(F+\eta_2 G)}{F+\eta_2 G}\,.$$

D'autre part, la comparaison de (3.7.16)(ii) et de (3.7.17) montre qu'il existe des entiers ≥ 0 a_i, b_i $(1 \leq i \leq t)$, vérifiant $a_i + b_i = \mu_i + 1$

et tels que

$$\begin{cases} F + \eta_1 G = f_1^{a_1} \dots f_t^{a_t} \mod k^* \\ F + \eta_2 G = f_1^{b_1} \dots f_t^{b_t} \mod k^* . \end{cases}$$

De (3.7.18) , on déduit alors que

$$\frac{\eta_2 - \eta_1}{c} \sum_i \alpha_i \frac{df_i}{f_i} = \sum_i (a_i - b_i) \frac{df_i}{f_i} ,$$

soit, par (3.3.1),

$$\frac{\eta_2 - \eta_1}{c} \alpha_i = a_i - b_i \quad (1 \leq i \leq t) ,$$

de sorte que tous les quotients $\alpha_i | \alpha_j$ sont rationnels, contrairement à l'hypothèse .

<u>Cas où</u> $\eta_1 = \eta_2 = \eta$. De même que précédemment, tout diviseur premier q de b est l'un des f_i . En effet, d'après (3.7.16) ,

$$\begin{cases} q | F + \eta G \\ q^{v_q(b)} | G\, dF - F\, dG , \end{cases}$$ d'où, par (3.5.1) ,

(3.7.19) $$q^{v_q(b)+1} | F + \eta G .$$ Mais alors l'assertion résulte de

(3.7.16)(ii) $$b \psi = c^{-1} (F + \eta G)^2 .$$

D'autre part, la formule précédente montre que b n'est pas une constante, car ψ est sans facteurs carrés. Supposons que $f_1 | b$. Alors, d'après (3.7.16)(ii) ,

$$2 v_{f_1}(F + \eta G) = v_{f_1}(b) + 1 ,$$

ce qui contredit (3.7.19) , qui implique

$$v_{f_1}(F + \eta G) \geq v_{f_1}(b) + 1 .$$

Exemple 3.7.20. - Supposons, par exemple, $k = \mathbb{C}$. Etant donné un nombre irrationnel α , considérons le polynôme homogène de degré 3

$$f = x(x+y)^2 + yz\,[\alpha x + (\alpha - 1)y] \in \mathbb{C}[x, y, z] \,,$$

qui est irréductible, car du premier degré et primitif par rapport à la variable z . Posons

$$I = \alpha \frac{dx}{x} + (2-\alpha) \frac{dy}{y} + \frac{dz}{z} - \frac{df}{f} \,,$$

$$\text{et} \qquad \theta = x\,y\,z\,f\,I \,.$$

On vérifie facilement que

$$\theta = (x+y)\omega = (x+y)(\omega_x dx + \omega_y dy + \omega_z dz) \,, \text{ avec}$$

$$\begin{cases} \omega_x = yz\,[\,(\alpha-3)x^2 + (\alpha-1)xy + \alpha(\alpha-1)yz\,] \\ \omega_y = -zx[\,(\alpha-2)x^2 + \alpha xy + \alpha(\alpha-1)yz\,] \\ \omega_z = x^2y(x+y) \end{cases} ,$$

de sorte que ω est une forme de Pfaff algébrique irréductible sur $P^2_{\mathbb{C}}$. De (3.7.5) et (3.7.8) , on déduit que l'équation $\omega = 0$ n'a qu'un nombre fini de solutions algébriques, dont $x + y$, qui n'est pas apparente sur l'"intégrale première"

$$\frac{x^{\alpha} y^{2-\alpha} z}{f} \,.$$

4.- SOLUTIONS ALGEBRIQUES NORMALES ET FEUILLETAGES.

Le corps de base k est toujours supposé de caractéristique 0 .

Une solution algébrique d'une équation de Pfaff algébrique sur P^r_k est dite normale si l'hypersurface correspondante de P^r_k est normale, i.e. a un lieu singulier de dimension $\leq r-3$.

PROPOSITION 4.1. - Soit $\omega \neq 0$ une forme de Pfaff algébrique irréductible, de degré m , sur P_k^r . Si $f \in k[x_1,\ldots,x_{r+1}]$ est une solution algébrique normale de $\omega = 0$, alors :

(i) Il existe un polynôme homogène a et une 1-forme h à coefficients polynomiaux homogènes de même degré tels que

$$\omega = a\,df + f\,h . \tag{4.1.1}$$

(ii) L'hypersurface $f = 0$ contient une composante irréductible de dimension $r-2$ du lieu singulier S de ω

(iii) On a $$d^\circ(f) \leq m .$$

(iv) On a $$f \mid \omega \wedge d\omega \quad \text{dans} \quad \wedge^2 \Omega^1_{\mathbb{E}_k^{r+1}/k} .$$

Preuve : Soit γ le cône projetant, d'équation $f = 0$ dans $\mathbb{E}_k^{r+1}$, de l'hypersurface solution algébrique de $\omega = 0$ dans P_k^r . Le cône γ est intersection complète et, par hypothèse, son lieu singulier Z est de codimension ≥ 2 dans γ : comme $r \geq 2$, puisque ω est irréductible, le sommet est de codimension ≥ 2 . Donc γ est normal. Posons pour simplifier $\mathbb{E} = \mathbb{E}_k^{r+1}$. Par hypothèse, on a

$$\bar{\omega} \wedge \overline{df} = 0 \quad \text{dans} \quad \Omega^1_{\mathbb{E}/k} \otimes_{\mathcal{O}_{\mathbb{E}}} \mathcal{O}_\gamma , \tag{4.12}$$

où les barres représentent les classes modulo f . La section

$$\overline{df} : \mathcal{O}_\gamma \longrightarrow \Omega^1_{\mathbb{E}/k} \otimes_{\mathcal{O}_{\mathbb{E}}} \mathcal{O}_\gamma ,$$

est localement facteur direct sur l'ouvert $V = \gamma \div Z$, donc, d'après (4.1.2), il existe $b \in \Gamma(V,\mathcal{O}_V)$ telle que $\bar{\omega} = b\,\overline{df}$ sur V . Comme γ est normal et $\operatorname{codim}(Z,\gamma) \geq 2$, b se prolonge en une section, notée de même, de $\mathcal{O}_\gamma$, d'où

(4.1.3) $$\overline{\omega} = b\,\overline{df} \quad \text{dans } \Omega^1_{\mathbb{E}/k} \otimes_{\mathcal{O}_{\mathbb{E}}} \mathcal{O}_Y \,.$$

L'assertion (i) en résulte aussitôt : on choisit un relèvement a de b dans $\Gamma(\mathbb{E}, \mathcal{O}_{\mathbb{E}}) = k[x_1,\dots x_{r+1}]$, d'où une égalité du type $\omega = adf + fh$, dont on ne retient que la composante homogène de degré m. Pour montrer (ii), nous allons raisonner par l'absurde, en supposant $\operatorname{codim}(S \cap Y, Y) \geq 2$. De même que précédemment, la section

$$\overline{\omega} : \mathcal{O}_Y \longrightarrow \Omega^1_{\mathbb{E}/k} \otimes_{\mathcal{O}_{\mathbb{E}}} \mathcal{O}_Y$$

est localement facteur direct en dehors d'une partie fermée de codimension ≥ 2, d'où l'existence de $c \in \Gamma(Y, \mathcal{O}_Y)$ tel que

(4.1.4) $$\overline{df} = c\,\overline{\omega}\,.$$

La comparaison de (4.1.3) et (4.1.4) montre que $b = c^{-1}$ est inversible dans $\Gamma(Y, \mathcal{O}_Y)$, donc appartient à k^*, puisque $\Gamma(Y, \mathcal{O}_Y)$ est gradué et $k = \Gamma(Y, \mathcal{O}_Y)_o$. Par suite, il existe $\lambda \in k^*$ et h tels que $\omega = \lambda\,df + fh$. Des raisons de degrés font que $h = 0$, d'où $\omega = \lambda\,df$, ce qui est impossible car (1.7) cela entraîne

(4.1.5) $$0 = \omega \lrcorner X = \lambda\, df \lrcorner X = \lambda\, d^\circ(f).f\,.$$

L'assertion (iii) résulte facilement de (i). Si on avait $d^\circ(f) > m+1$, l'égalité (4.1.1) impliquerait $\omega = 0$ pour des raison d'homogéneité. Dans le cas où $d^\circ(f) = m+1$, nécessairement $a \in k$ et $h = 0$, d'où, par (4.1.5), $a = 0$, ce qui est absurde.

L'assertion (iv) est aussi conséquence de (i), car alors

$$\begin{aligned} d\omega \wedge \omega &= (da \wedge df + df \wedge h + fdh) \wedge (adf + fh) \\ &= f(adh \wedge df + da \wedge df \wedge h + dh \wedge h)\,. \end{aligned}$$

<u>Remarque</u> 4.1.6. - Si on a deux expressions du type (4.1.1) pour ω et f :

$$\omega = a\,df + fh = a_1 df + fh_1 ,$$

alors, comme f ne divise pas df, il existe un polynôme homogène v tel que

$$\begin{cases} a - a_1 = fv \\ h - h_1 = -v\,df , \text{ et inversement} \ldots \end{cases}$$

En particulier, posant $n = d^\circ(f)$, on voit que lorsque $d^\circ a = m - n + 1 < d^\circ f = n$ i.e.

$$m \geq n > \frac{m+1}{2} ,$$

l'écriture (4.1.1) est unique.

COROLLAIRE 4.1.7.- <u>Si l'équation</u> $\omega = 0$ <u>admet une solution algébrique normale de degré</u> m, <u>alors</u> ω <u>a une intégrale première de la forme</u>

$$\frac{f}{(a_1x_1 + \ldots + a_{r+1}x_{r+1})^m} , \text{ avec } (a_1, \ldots, a_{r+1}) \neq (0, \ldots, 0) .$$

<u>Preuve</u> : Dans l'expression (4.1.1), a est homogène de degré 1

$$a = \sum_{i=1}^{r+1} a_i x_i ,$$

et non nul, car $f \nmid \omega$. Par ailleurs (1.7),

$$0 = \omega \lrcorner X = maf + f(h \lrcorner X) ,$$

d'où $h \lrcorner X = -ma$. Autrement dit, si $h = \sum_i h_i dx_i$ $(h_i \in k)$, on a

$$\sum_i h_i x_i = -m(\sum_i a_i x_i) , \text{ i.e.}$$

$$h = -m(\sum_i a_i dx_i) = -md(\sum_i a_i x_i) .$$

D'où aussitôt

$$\omega = adf - mfda = a^{m+1}d(\frac{f}{a^m}) .$$

COROLLAIRE 4.1.8.- <u>Si l'équation</u> $\omega = 0$ <u>admet</u> t <u>solutions normales</u> $f_1,\dots,f_t$ <u>vérifiant</u>

$$\sum_1^t d^\circ(f_i) \geq 2m ,$$

<u>alors</u> ω <u>est complètement intégrable</u>.

<u>Preuve</u> : D'après 4.1(iv) , $f_1,\dots f_t$ divise $\omega\wedge d\omega$, qui est à coefficients homogènes de degré $2m-1$.

COROLLAIRE 4.1.9.- <u>Sous les hypothèses de</u> (3.7) , <u>supposons de plus qu'aucun des</u> α_i <u>ne soit nul. Alors, si</u>

(i) f_1 <u>est normale</u>,

(ii) $n_1 > n_2+\dots+n_t$,

<u>la forme</u> $\sum_{i=1}^t \alpha_i\varphi_i df_i$ <u>est irréductible</u>.

<u>Preuve</u> : Les notations étant celles de (3.7) , il s'agit de voir que u est une constante. Portant l'égalité (4.1.1)

$$\omega = adf_1 + f_1h$$

dans (3.7.3) , on obtient

$$\sum_{i=1}^t \alpha_i\varphi_i df_i = u(adf_1 + f_1h) \text{ , d'où}$$

$$f_1 | (\alpha_1\varphi_1 - ua)df_1 .$$

Comme $f_1 \not| df_1$ et $d°(\alpha_1\varphi_1 - ua) < d°(f_1)$ par hypothèse, on a nécessairement $\alpha_1\varphi_1 = ua$, d'où , comme u est premier à φ_1 (preuve de (3.7.5)) , u = cte .

COROLLAIRE 4.1.10.- Lorsque $k = \mathbb{C}$ et ω est complètement intégrable, le feuilletage sur $U = P^r_{\mathbb{C}} \dot{-} S$ défini par ω n'a pas de feuille compacte.

Preuve : Une telle feuille, si elle existait, serait une sous-variété analytique compacte de $P^r_{\mathbb{C}}$, donc algébrique d'après le théorème de Chow [Gunning et Rossi: Analytic functions of several complex variables, th 7, p. 170] . Ce serait donc une solution algébrique de $\omega = 0$, d'où une contradiction en utilisant (4.1)(ii) .

A partir de maintenant, nous nous plaçons sur le corps des complexes. La proposition suivante généralise (4.1.10) .

PROPOSITION 4.2. - Un feuilletage analytique $\mathfrak{F}$ de dimension > 0 sur un ouvert U de $P^r_{\mathbb{C}}$ n'a pas de feuille compacte.

Preuve : Soit X une feuille de $\mathfrak{F}$, supposée compacte. Alors, d'après Chow, X est algébrique et lisse dans $P^r_{\mathbb{C}}$, donc, d'après Hartshorne [Springer Lecture Notes 156, p. 105, ex. 2] , son fibré normal N est ample. Mais par ailleurs, un théorème de Ehresmann [voir par ex: A. Haefliger, Ann. Sc. Sup. Pisa, 16, 1964, th 28 p. 384] assure que N est plat, i.e. que son groupe structural peut être réduit à un groupe discret. L'assertion résultera alors du lemme suivant.

LEMME 4.2.1.- Soit X une variété algébrique irréductible, projective et lisse, de dimension $s > 0$. Il n'existe pas sur X de fibré vectoriel algébrique, i.e. analytique complexe, à la fois ample et plat.

Preuve : Soit M un tel fibré vectoriel sur X. Quitte à le remplacer par $\text{dét}(M) = \Lambda^{\max}(M)$, on peut supposer M de rang 1 [Hartshorne, loc. cit, p. 68, cor. 2.6 pour l'amplitude]. Comme M est plat, sa première classe de Chern rationnelle c_1 est nulle [Kamber et Tondeur, Springer Lecture Notes 67, ex 4.10, p. 19]. Mais, d'après le théorème fort de Lefschetz, l'amplitude de M implique que c_1^s est une base de $H^{2s}(X, \mathbb{Q})$, d'où l'absurdité.

Remarque 4.2.2.- Plus généralement, l'argument montre qu'aucune feuille compacte d'un feuilletage différentiable sur un ouvert de $P_{\mathbb{C}}^r$ n'est une sous-variété algébrique de $P_{\mathbb{C}}^r$.

Afin de généraliser (4.1)(ii), utilisons la définition suivante.

DEFINITION 4.2.3.- Etant donné un feuilletage analytique complexe $\mathfrak{F}$ sur un ouvert U de $P_{\mathbb{C}}^r$, on appelle solution algébrique de $\mathfrak{F}$ toute sous-variété algébrique compacte irréductible X de $P_{\mathbb{C}}^r$ telle que $X \cap U$ soit une feuille de $\mathfrak{F}$.

Remarque 4.2.4.- Notons $\dim(\mathfrak{F})$ la dimension dès feuilles de $\mathfrak{F}$ et $S = P_{\mathbb{C}}^r \dot{-} U$. Si $\dim(\mathfrak{F}) > \dim(S)$, il résulte du théorème de Remmert-Stein [Gunning et Rossi, loc.cit, p.170] que l'application $F \longmapsto \overline{F}$ (adhérence dans $P_{\mathbb{C}}^r$ pour la topologie ordinaire) définit une bijection de l'ensemble des feuilles fermées (dans U) de $\mathfrak{F}$ sur celui des solutions algébriques de $\mathfrak{F}$.

L'énoncé-clef est le suivant.

PROPOSITION 4.2.5.- Soient S un sous-ensemble analytique fermé de $P_{\mathbb{C}}^r$, et $U = P_{\mathbb{C}}^r \dot{-} S$. Il n'existe pas de sous-variété algébrique (non nécessairement lisse) fermée X, de dimension $s > 0$, de $P_{\mathbb{C}}^r$ telle que $V = U \cap X$ soit lisse, et vérifiant en outre les propriétés suivantes :

1°) Le fibré normal $N = N_{V/P^r_{\mathbb{C}}}$ est plat et restriction à V d'un fibré vectoriel M ample sur $P^r_{\mathbb{C}}$.

2°) $\operatorname{codim}(S \cap X, X) \geq 2$.

Preuve : Supposons qu'une telle variété X existe, et posons

$$T = S \cap X \ , \ W = P^r_{\mathbb{C}} \doteq T \ .$$

Comme $\operatorname{codim}(T, P^r_{\mathbb{C}}) \geq s+2$, on a

$$H^{\alpha}_T(P^r_{\mathbb{C}}, \mathbb{Z}) = 0 \quad \text{pour} \quad \alpha < 2s+4 \ ,$$

d'où résulte par application de la suite exacte de cohomologie à support dans un fermé, que l'image réciproque

$$H^i(P^r_{\mathbb{C}}, \mathbb{Z}) \longrightarrow H^i(W, \mathbb{Z})$$

est un isomorphisme pour $i \leq 2s+2$. Notant $j : V \hookrightarrow W$ l'immersion fermée canonique, montrons que l'image réciproque

$$(j^*)_2 : H^2(W, \mathbb{Z}) \longrightarrow H^2(V, \mathbb{Z})$$

est injective. Modulo les isomorphismes précédents, la formule de projection $j_* j^*(x) = x\, j_*(1)$ montre que $j_* j^* : H^2(W, \mathbb{Z}) \longrightarrow H^{2s+2}(W, \mathbb{Z})$ s'identifie à la multiplication par le degré de X

$$\mathbb{Z} \simeq H^2(P^r_{\mathbb{C}}, \mathbb{Z}) \longrightarrow H^{2s+2}(P^r, \mathbb{Z}) \simeq \mathbb{Z} \ .$$

donc est injective. L'injectivité de $(j^*)_2$ en résulte. Finalement, on voit que l'image réciproque

$$\theta : H^2(P^r_{\mathbb{C}}, \mathbb{Z}) \longrightarrow H^2(V, \mathbb{Z})$$

est injective. On a l'égalité $\theta(c_1(M)) = c_1(N)$, d'où résulte, puisque N est plat et θ injective, que $c_1(M)$ est de torsion, donc nul

($H^2(P^r_{\mathbb{C}}, \mathbb{Z})$ est sans torsion) . Mais cela contredit, puisque M est ample, le théorème fort de Lefschetz .

COROLLAIRE 4.2.6. - Soient S un sous-ensemble analytique fermé de $P^r_{\mathbb{C}}$, et $U = P^r_{\mathbb{C}} \div S$. Supposons que $\mathrm{codim}(S, P^r_{\mathbb{C}}) \geq 2$. Alors, étant donné un feuilletage analytique complexe $\mathfrak{F}$ de codimension 1 sur U , on a, pour toute solution algébrique X de $\mathfrak{F}$,

$$\mathrm{codim}(S \cap X , X) \leq 1 .$$

En particulier, si $\mathrm{codim}(S, P^r_{\mathbb{C}}) \geq 3$, $\mathfrak{F}$ n'a pas de solution algébrique.

Preuve : Notant s le degré de X dans $P^r_{\mathbb{C}}$, le fibré normal N de $X \cap U$ est isomorphe à $(L|X \cap U)^{\otimes -s}$, (L fibré en droite canonique sur $P^r_{\mathbb{C}}$) , donc restriction à $X \cap U$ d'un fibré ample sur $P^r_{\mathbb{C}}$. D'autre part, N est plat d'après le théorème d'Ehresmann déjà cité, donc (4.2.5) permet de conclure.

COROLLAIRE 4.2.7. - Soient $\omega^1,\ldots,\omega^p$ $(p < r)$ p formes de Pfaff algébriques sur $P^r_{\mathbb{C}}$, de degrés respectifs $n_1,\ldots,n_p$ et

$$\varphi = (\omega^1,\ldots,\omega^p) : T(P^r_{\mathbb{C}}) \longrightarrow L^{\otimes -(n_1+1)} \oplus \ldots \oplus L^{\otimes -(n_p+1)}$$

le morphisme de fibrés vectoriels correspondant. Soit

$$S = \{x \in P^r_{\mathbb{C}} | \varphi_x \text{ non surjective}\} .$$

On suppose que, si $U = P^r_{\mathbb{C}} \div S$, $\mathrm{Ker}(\varphi|U)$ soit un sous-fibré intégrable de $P^r_{\mathbb{C}}$, définissant donc un feuilletage analytique $\mathfrak{F}$ de codimension p sur U . Alors, pour toute solution algébrique X de $\mathfrak{F}$, on a $\mathrm{codim}(S \cap X,X) \leq 1$.

Preuve : Analogue à la précédente. Cette fois, on remarque que le fibré normal N à $X \cap U$ est isomorphe à

$$\left[L^{\otimes -(n_1+1)} \oplus \ldots \oplus L^{\otimes -(n_p+1)} \right] \big| X \cap U .$$

Remarque 4.2.8. - Aucune hypothèse de complète intégrabilité n'étant nécessaire dans (4.1), il serait intéressant de s'en débarrasser également en codimension supérieure.

(Note ajoutée en Décembre 78).

La proposition 4.2. admet la généralisation suivante (Feuilles compactes des feuilletages algébriques, article de l'auteur à paraître in Math. Annalen (1979)).

PROPOSITION. Soient X une sous-variété projective irréductible et lisse de dimension n de P^N_C, et $\mathfrak{F}$ un feuilletage analytique complexe de dimension < dim X sur un ouvert U de X. Le feuilletage $\mathfrak{F}$ n'admet pas de feuille compacte dans chacun des cas suivants :

i) $\dim \mathfrak{F} > N/2$.

ii) Le fibré TX est engendré par ses sections algébriques globales et $\dim \mathfrak{F} > N-n$.

REFERENCES

[1] BOTT R. : Lectures on characteristic classes and foliations, in Lecture Notes 279 (1972) .

[2] DARBOUX G. : Mémoire sur les équations différentielles algébriques du premier ordre et du premier degré, Bull. des Sc. Math (Mélanges) 1878 pp. 60-96 ; 123-144 , 151-200 .

[3] GERARD R. et JOUANOLOU J.P. : Etude de l'existence de feuilles compactes pour certains feuilletages analytiques complexes . C.R.A.S. Paris t. 277 (20 Août 1973) .

[4] HABICHT W : Über die Lösbarkeit gewisser algebraischer Gleichungssysteme , Comm. Math. Helv. 18 (1945-46) pp. 154-175 .

[5] JOUANOLOU J.P. : Equations de Jacobi (exp. 1) .

[6] JOUANOLOU J.P. : Cohomologie de quelques schémas classiques et théorie cohomologique des classes de Chern, in S G A 5 .

[7] VAN DE VEN A : On homolorphic fields of complex line elements with isolated singularities, Ann. Ins. Fourier 14, 1 (1964) pp. 99- 130 .

SYSTEMES DE PFAFF ALGEBRIQUES

Cet exposé complète sur plusieurs points [1] , où nous nous étions volontairement limités à l'étude des équations de Pfaff algébriques sur un espace projectif. Le plan est le suivant :

1. - Systèmes de Pfaff algébriques et solutions localement intersections complètes.
2. - Solutions intersections complètes globales (cas d'un espace projectif).
3. - Sur le nombre de solutions algébriques (codimension un) .

1. - Systèmes de Pfaff algébriques et solutions localement intersections complètes.

Soit X une variété algébrique complexe lisse, supposée pour simplifier purement de dimension n . Un système de Pfaff algébrique de rang a sur X est la donnée d'un fibré vectoriel algébrique E de rang a sur X et d'un morphisme de fibrés vectoriels algébriques

$$(1.1) \qquad \omega : T(X) \to E .$$

Autrement dit, notant $\mathcal{E}$ le $\mathcal{O}_X$- module des sections du dual $\check{E}$, de sorte que

$$E = V(\mathcal{E})$$

avec la notation de (E GA II , 1.7) , la donnée de ω équivaut à celle d'un morphisme de $\mathcal{O}_X$- modules

$$(1.2) \qquad u : \mathcal{E} \to \Omega^1_X .$$

<u>Le lieu singulier</u> S de ω est

(1.3) $$S = \{x \in X \mid \omega_x : T_x(X) \to E_x \text{ non surjective } \} .$$

En termes de (1.3) , S est aussi l'ensemble des points de X en lesquels

$$u_x ; \mathcal{E}_x \to \Omega^1_{X,x}$$

n'est pas un morphisme direct de $\mathcal{O}_{X,x}$- modules. Sous cette forme, il est clair que, topologiquement, S est un fermé algébrique de X . Supposons maintenant que $S \neq X$. Alors, comme $\mathcal{E}$ est localement libre et X intègre, le morphisme u est un monomorphisme, d'où une suite exacte

$$0 \to \mathcal{E} \xrightarrow{u} \Omega^1_X \to \mathcal{F} \to 0 ,$$

de sorte que S est le support de $\mathcal{E}xt^1_{\mathcal{O}_X}(\mathcal{F},\mathcal{E})$. Notant par ailleurs

$$F^{n-a}(\mathcal{F}) = I_S$$

l'idéal de Fitting image de l'homomorphisme

$$\Lambda^a\mathcal{E} \underset{\mathcal{O}_X}{\otimes} (\Lambda^a\Omega^1_X)^{\vee} \to \mathcal{O}_X$$

$$(z, \ell) \mapsto \ell(\Lambda^a u(z)) ,$$

il est aussi immédiat que

$$S = \mathrm{supp}(\mathcal{O}_X/I_S) .$$

Nous munirons désormais S d'une structure de <u>schéma</u> en posant

(1.4) $$S = \mathrm{spec}(\mathcal{O}_X/I_S) .$$

Le système de Pfaff (1.2) est dit <u>complètement intégrable</u> si pour tout ouvert de Zariski V de X et toute famille $e_1,\dots,e_a$ d'éléments de $\Gamma(V,\mathcal{E})$, on a

(1.5) $$u(e_1)\wedge\dots\wedge u(e_a)\wedge d(u(e_i)) = 0 \quad (1 \le i \le a) \quad \text{dans } \Lambda^{a+1}\Omega^1_V .$$

Utilisant le principe de prolongement des identités algébriques, on voit qu'il suffit de vérifier (1.5) au-dessus d'un seul ouvert $V \neq \emptyset$ de X, si X est connexe.

DEFINITION 1.6. - Un sous-schéma $Y = \mathrm{spec}(\mathcal{O}_X/J)$, purement de codimension a dans X , est appelé solution algébrique de l'équation $\omega = 0$ si l'application

$$\Lambda^a(J/J^2) \underset{\mathcal{O}_Y}{\otimes} \Lambda^a(\mathcal{E}/J\mathcal{E}) \to \Lambda^2(\Omega_X^a)/J\Lambda^2(\Omega_X^a)$$

$$(f_1\wedge\ldots\wedge f_a) \otimes (e_1\wedge\ldots\wedge e_a) \mapsto (df_1\wedge\ldots\wedge df_a)\,\bar{\wedge}\,(u(e_1)\wedge\ldots\wedge u(e_a))$$

est nulle.

Dans cet énoncé, le symbole $\bar{\wedge}$ a été mis à la place de $\wedge$ pour bien préciser qu'on écrit un élément de $\Lambda^2(\Lambda^a\Omega_X^1)$, et non de $\Lambda^{2a}(\Omega_X^1)$.

Nous utiliserons surtout cette définition lorsque

$$s = \mathrm{codim}(S,X) \geq a+1 ,$$

et Y est réduit. Alors, aucune composante irréductible du lieu régulier R de Y n'est contenue dans S et, comme Y est réduit et $\Lambda^2(\Omega_X^a)$ localement libre, la définition (1.6) signifie que, au-dessus de $R \dot{-} (S\cap R)$,

$$\Lambda^a d : \Lambda^a(J/J^2) \to \Omega_X^a/J\Omega_X^a \quad \text{et} \quad \Lambda^a u : \Lambda^a(\mathcal{E}/J\mathcal{E}) \to \Omega_X^a/J\Omega_X^a$$

ont même image, autrement dit que, pour tout $y \in R \dot{-} (S\cap R)$,

$$T_y(Y) = \mathrm{Ker}(\omega_y : T_y(X) \to E_y) .$$

Bien entendu, nous dirons qu'une solution de $\omega = 0$ est normale (resp. lisse, localement intersection complète, globalement intersection complète, ...) si et seulement si le schéma Y l'est.

1.7. - Soit Y une solution de $\omega = 0$. Le monomorphisme u , étant localement direct sur $X \dot{-} S$, définit sur $Y \dot{-} (Y\cap S)$ un monomorphisme localement direct

$$\bar{u} : 0 \to \mathcal{E}/J\mathcal{E} \to \Omega_X^1/J\Omega_X^1 .$$

Lorsque Y est <u>réduit et localement intersection complète</u>, J/J^2 est localement libre de rang a , et on a une suite exacte

$$0 \to J/J^2 \xrightarrow{d} \Omega^1_X/J\Omega^1_X \to \Omega^1_Y \to 0 .$$

Il résulte alors de (1.6) que l'on a une factorisation (unique)

$$\begin{array}{ccc} \mathcal{E}/J\mathcal{E} & \xrightarrow{\bar{u}} & \Omega^1_X/J\Omega^1_X \\ \nwarrow & & \nearrow d \\ & J/J^2 & \end{array}$$

au-dessus de $Y \dot{-} (Y \cap S)$. Cela résulte en effet immédiatement par localisation pour la topologie de Zariski du lemme suivant :

LEMME 1.7.2. - <u>Soient</u> A <u>un anneau commutatif réduit</u>, L <u>un A-module libre</u>, E <u>et</u> F <u>deux sous-A-modules libres de même rang</u> a <u>de</u> L . <u>On suppose</u> E <u>facteur direct</u> de L . <u>Les assertions suivantes sont équivalentes</u>.

(i) $F \subset E$.

(ii) <u>L'application canonique</u>

$$\Lambda^a E \underset{A}{\otimes} \Lambda^a F \to \Lambda^2(\Lambda^a L)$$

$$(x_1 \wedge \ldots \wedge x_a) \otimes (y_1 \wedge \ldots \wedge y_a) \mapsto (x_1 \wedge \ldots \wedge x_a) \,\overline{\wedge}\, (y_1 \wedge \ldots \wedge y_a)$$

<u>est nulle</u>.

<u>Preuve du lemme</u> : (i) ⇒ (ii) est immédiat. Montrons (ii) ⇒ (i) . Notant E' un supplémentaire de E dans L , et π la projection sur E' parallèlement à E , il suffit de voir que $\pi(F) = 0$. Comme L est libre et A réduit, il suffit de vérifier cette assertion après localisation par tout idéal premier minimal de A . Autrement dit, on peut supposer que pour prouver le lemme que A est un corps, auquel cas l'énoncé est bien connu (théorie des coordonnées plückeriennes) .

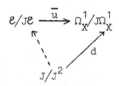

Le même argument, utilisant cette fois que J/J^2 est localement facteur direct dans $\Omega^1_X/J\Omega^1_X$ au-dessus du lieu régulier $Y_{\text{rég}}$ de Y, montre que l'on a une factorisation unique

(1.7.2)
$$\begin{array}{ccc} \mathcal{E}/J\mathcal{E} & \xrightarrow{\ \bar{u}\ } & \Omega^1_X/J\Omega^1_X \\ & \searrow & \nearrow d \\ & J/J^2 & \end{array}$$

au-dessus de $Y_{\text{rég}}$, <u>qui se prolonge au-dessus de</u> Y <u>tout entier</u>, car Y est normal, $\operatorname{codim}(Y \dot{-} Y_{\text{rég}}, Y) \geq 2$ et J/J^2 est un $\mathcal{O}_Y$-module localement libre. En particulier, il résulte aussitôt de (1.7.2) que

(1.7.3)
$$\Gamma(Y, \det(J/J^2) \underset{\mathcal{O}_Y}{\otimes} \det(\mathcal{E}/J\mathcal{E})^\vee) \neq 0 .$$

Enfin, conjugant (1.7.1) et (1.7.2), on voit que, lorsque

$$\operatorname{codim}(Y \cap S) \geq 2 ,$$

le morphisme (1.7.1) se prolonge à Y tout entier, d'où un <u>isomorphisme</u>

(1.7.4)
$$\mathcal{E}/J\mathcal{E} \xrightarrow{\ \sim\ } J/J^2$$

rendant le diagramme (1.7.2) commutatif.

2. - <u>Solutions intersections complètes globales (cas d'un espace projectif)</u>.

Nous gardons les notations précédentes, mais maintenant X est l'espace projectif $P^r_{\mathbb{C}}$. Supposons de plus

$$\mathcal{E} = \mathcal{O}_P(-n_1-1) \oplus \ldots \oplus \mathcal{O}_P(-n_a-1) ,$$

de sorte que ω est défini par a formes de Pfaff algébriques "projectives" $\omega^1, \ldots \omega^a$ de degrés respectifs $n_1, \ldots, n_a$ ([1]), paragraphe 1).
On suppose également que $\operatorname{codim}(S, P^r) \geq a + 1$.

PROPOSITION. 2.1. - ($r \geq a+1$) . Soit Y une solution intersection complète globale normale de $\omega = 0$:

$$Y : f_1 = \ldots = f_a = 0 ,$$

où les $f_i (1 \leq i \leq a)$ sont des polynômes homogènes de degrés $m_i (1 \leq i \leq a)$.

Alors :

(i) $m_1 + \ldots + m_a \leq n_1 + \ldots + n_a$.

(ii) $\operatorname{codim}(S \cap Y, Y) \leq 1$.

(iii) Notant $\mathfrak{a} = (f_1, \ldots, f_a)$ l'idéal de $\mathbb{C}[x_1, \ldots, x_{r+1}]$ engendré par $f_1, \ldots, f_a$, on a , pour tout $1 \leq i \leq a$,

$$d\omega^i \wedge \omega^1 \wedge \ldots \wedge \omega^a \in \mathfrak{a}\, \Omega_{\mathbb{C}}^{a+1}(\mathbb{C}[x_1, \ldots, x_{r+1}]) .$$

Preuve : Soit Γ le cône projetant de Y dans $\mathbb{C}^{r+1}$, dont l'idéal est $\mathfrak{a}$. Le cône Γ est intersection complète globale dans $\mathbb{C}^{r+1}$, normal en dehors de l'origine, et de dimension $r+1-a \geq 2$, de sorte que son lieu singulier est de codimension au moins 2 dans $\mathbb{C}^{r+1}$. Par suite, d'après le critère de Serre, Γ est normal. Par ailleurs, Γ est solution du système de Pfaff algébrique

$$\omega^1 = \omega^2 = \ldots = \omega^a = 0$$

dans $\mathbb{C}^{r+1}$. Pour le voir, notons π la projection canonique

$$(\mathbb{C}^{r+1})^* \to P_{\mathbb{C}}^r ,$$

et $\pi_*^{éq}$ l'image directe équivariante pour les $\mathbb{C}^*$- faisceaux associée à l'opération naturelle de $\mathbb{C}^*$ sur $(\mathbb{C}^{r+1})^*$. Si v désigne le morphisme

$$\mathcal{O}^a_{\mathbb{C}^{r+1}} \to \Omega^1_{\mathbb{C}^{r+1}} = \mathcal{O}_{\mathbb{C}^{r+1}} dx_1 \oplus \ldots + \mathcal{O}_{\mathbb{C}^{r+1}} dx_{r+1}$$

$$(h_1, \ldots, h_a) \mapsto h_1 \omega^1 + \ldots + h_a \omega^a ,$$

alors, par définition, le morphisme composé

$$\mathcal{E} \xrightarrow{\ u\ } \Omega^1_{P^r} \xrightarrow{\ can\ } \mathcal{O}_{P^r}(-1)^{r+1}$$

est égal à $\pi^{eq}_*(v)$, de sorte que

$$\pi^*(can \circ u) = v \ .$$

Pour montrer que la flèche

$$(2.1.1) \qquad \Lambda^a(\mathfrak{a}/\mathfrak{a}^2)\otimes_{\mathcal{O}_{C^{r+1}}} \Lambda^a(\mathcal{O}^a_{C^{r+1}}/\mathfrak{a}\,\mathcal{O}^a_{C^{r+1}}) \to \Lambda^2(\Omega^a_{C^{r+1}})/\mathfrak{a}\,\Lambda^2(\Omega^a_{C^{r+1}})$$

$$(\xi_1\wedge\ldots\wedge \xi_a)\otimes(\eta_1\wedge\ldots\wedge\eta_a) \mapsto (d\xi_1\wedge\ldots\wedge d\xi_a)\,\overline{\wedge}\,(v(\eta_1)\wedge\ldots\wedge v(\eta_a))$$

est nulle, il suffit, comme Γ est normal de dimension > 0 , de le voir sur $\Gamma \dot{-} 0 \subset (C^{r+1})^*$ .Mais alors cela résulte immédiatement de la commutativité du diagramme d'adjonction

$$\begin{array}{ccccc}
\Lambda^a(\mathfrak{a}/\mathfrak{a}^2)\otimes_{\mathcal{O}_{C^{r+1}}} \Lambda^a(\mathcal{O}^a_{C^{r+1}}/\mathfrak{a}\,\mathcal{O}^a_{C^{r+1}})|(C^{r+1})^* & & \xrightarrow{(2.1.1)} & & \Lambda^2(\Omega^a_{C^{r+1}})/\mathfrak{a}\,\Lambda^2(\Omega^a_{C^{r+1}})|(C^{r+1})^* \\
\uparrow{\scriptstyle epi} & & & & \uparrow \\
\pi^*\Lambda^a(J/J^2)\otimes_{\mathcal{O}_{P^r}}\pi^*\Lambda^a(\mathcal{E}/J\mathcal{E}) & \xrightarrow{(1.6)} & \pi^*\left[\Lambda^2(\Omega^a_{P^r})/J\Lambda^2(\Omega^a_{P^r})\right] & \xrightarrow{\pi^*(can)} & \pi^*\left[\Lambda^2(\Lambda^a(\mathcal{O}_{P^r}(-1)^a))/J\Lambda^2(\Lambda^a(\mathcal{O}_{P^r}(-1)^a))\right]
\end{array}$$

Utilisant (1.7.2) appliqué à Γ , on voit qu'il existe des polynômes homogènes b^i_j et des 1-formes homogènes u^i_j tels que

$$(2.1.2) \qquad \omega^i = b^i_1\, df_1 + \ldots + b^i_a\, df_a + f_1 u^i_1 + \ldots + f_a u^i_a \ ,$$

de sorte que

$$(2.1.3) \qquad \omega^1\wedge\ldots\wedge\omega^a \equiv \det(b^i_j)\, df_1\wedge\ldots\wedge df_a \mod \mathfrak{a}\,\Omega^a_{C^{r+1}} \ .$$

Nécessairement $\det(b^i_j) \notin \mathfrak{a}$, car sinon S contiendrait Y , contrairement à l'hypothèse $\mathrm{codim}(S,P^r) \geq a+1$. Par ailleurs, nous allons montrer que, pour tout (i,j) ,

$$d^\circ(b_j^i) \geq 1 \quad \text{ou} \quad b_j^i = 0$$

ce qui impliquera aussitôt l'assertion (i) . Supposons, par exemple, que b_1^i soit une constante $\neq 0$. Faisant le produit intérieur de (2.1.2) par

(2.1.4) $$\xi = \Sigma\, x_i \frac{\partial}{\partial x_i} ,$$

on obtient

$$\omega^i \rfloor \xi = \sum_{j=1}^{a} (m_j + (u_j^i \rfloor \xi)) f_j .$$

D'où, comme $(f_1,\ldots,f_a)$ est une suite régulière ,

(2.1.5) $$m_1 + (u_1^i \rfloor \xi) = 0 .$$

Mais, si $b_1^i \neq 0$, $d^\circ(\omega^i) = m_1 - 1$, d'où $u_1^i = 0$, ce qui contredit (2.1.4) . Montrons (ii) . Si l'on avait $\operatorname{codim}(S \cap Y, Y) \geq 2$, l'inégalité correspondante pour Γ serait vraie, donc, d'après (1.7.4) , il existerait un élément inversible de l'anneau gradué $\mathbb{C}[x_1,\ldots,x_{r+1}]/\mathfrak{a}$, i.e. une constante non nulle λ , tel que

(2.1.6) $$\omega^1 \wedge \ldots \wedge \omega^a = \lambda\, df_1 \wedge \ldots \wedge df_a \mod \mathfrak{a}\, \Omega^a_{\mathbb{C}^{r+1}} .$$

On en déduirait aussitôt, comme $\omega^1 \wedge \ldots \wedge \omega^a \notin \mathfrak{a}\Omega^a_{\mathbb{C}^{r+1}} (\operatorname{codim}(S, P_{\mathbb{C}}^{r+1}) \geq a+1)$, l'égalité $m_1 + \ldots + m_a = n_1 + \ldots + n_a + a$, en contradiction avec (i), d'où l'assertion.

Enfin, l'assertion (iii) est conséquence de (2.1.2) et (2.1.3) .

2.2. - Terminons ce paragraphe par quelques considérations numériques faciles, qui peuvent aider en pratique pour la recherche des solutions algébriques de $\omega = 0$. Les hypothèses et les notations sont les mêmes qu'en (2.1) . On rappelle (2.1.2) que ω^i peut s'écrire sous la forme

(2.2.1) $$\omega^i = b_1^i\, df_1 + \ldots + b_a^i\, df_a + f_1 u_1^i + \ldots + f_a u_a^i ,$$

où les b_j^i sont des polynômes homogènes de degrés ≥ 1 , et les u_j^i des 1- formes homogènes. De plus :

a) Pour tout $j \in [1,a]$, il existe un $i \in [1,a]$ tel que $b_j^i \notin \mathfrak{a}$.
En particulier

$$m_j \leq n_i \ .$$

En effet $\det(b_j^i) \notin \mathfrak{a}$.

b) Bien sûr , $u_j^i \neq 0$ ou $b_j^i \neq 0$ implique $m_j \leq n_i$.

c) Faisant le produit intérieur de (2.2.1) par ξ (2.1.4) , on obtient

$$\sum_j (m_j b_j^i + (u_j^i \lrcorner \xi))\, f_j = 0 \ ,$$

d'où, comme $(f_1,\ldots,f_a)$ est une suite régulière,

$$m_j b_j^i + (u_j^i \lrcorner \xi) \in (f_1,\ldots,\hat{f}_j,\ldots,f_a) \ . \tag{2.2.2}$$

En particulier, si $b_j^i \neq 0$, on a

(2.2.3)
$$\begin{cases} \text{- ou bien} \quad m_j b_j^i + (u_j^i \lrcorner \xi) = 0 \ , \\ \text{- ou bien} \quad d^\circ(b_j^i) \geq \min_{\alpha \neq j}(d^\circ f_\alpha) \ , \text{ soit} \\ \qquad\qquad n_i \geq m_j + \min_{\alpha \neq j}(m_\alpha) - 1 \ . \end{cases}$$

<u>Exemple</u> 2.2.4. (généralise [1] , cor. 4.1.7) . Supposons que

$$m_1 + \ldots + m_a = n_1 + \ldots + n_a \ ,$$

et posons
$$\mu = \min_i(n_i) \ .$$

Alors tous les b_j^i sont nuls ou de degré 1 , puisque $\det(b_j^i)$ est homogène de degré a . D'après a) , tout m_j est égal à l'un des n_i , donc en particulier

$$m_j \geq \mu \ ,$$

et l'un au moins des m_j est égal à μ . Quitte à changer l'ordre, on peut supposer que

$$m_1 = \ldots = m_s = \mu \ ; \ m_j > \mu \quad \text{pour} \quad j > s \ .$$

Alors, notant ω l'une des formes ω^i de degré μ , on a , avec des notations évidentes ,

$$\omega = b_1 df_1 + \ldots + b_s df_s + f_1 u_1 + \ldots + f_s u_s .$$

Utilisant (2.2.3) , on voit que, <u>du moins lorsque</u> $\mu \geq 2$ <u>pour tout</u> i <u>tel que</u> $d^{o}\omega_i = \mu$,

$$u_j = 0 \Rightarrow b_j = 0 .$$

Supposant toujours $\mu \geq 2$, il résulte en tout cas de (2.2.3) que

$$\omega = \sum_{j=1}^{s} (b_j df_j - \mu f_j db_j) ,$$

ce qui généralise la forme donnée pour ω dans [1], (4.1.7) .

3. - <u>Sur le nombre de solutions algébriques (codimension un)</u> .

Soit X une variété algébrique complexe lisse connexe, de faisceau structural $\mathcal{O}_X$, et K_X son faisceau de fonctions rationnelles. On suppose de plus donnée une équation de Pfaff algébrique

$$u : \mathcal{L} \to \Omega_X^1 ,$$

où $\mathcal{L}$ est un $\mathcal{O}_X$- module inversible. La donnée de u équivaut à celle de

$$\tilde{u} = u \otimes \mathrm{id}_{\mathcal{L}^\vee} \in \Gamma(X, \Omega_X^1 \otimes_{\mathcal{O}_X} \mathcal{L}^\vee) ,$$

que nous noterons aussi ω (il n'y a pas de danger de confusion avec (1.1)) . Notons $\tilde{F}$ le sous-faisceau de K_X^* défini, pour tout ouvert de Zariski V , par

$$\Gamma(V,\tilde{F}) = \{f \in K_X^* | \omega \wedge \frac{df}{f} \in \Gamma(V, \Omega_X^2 \otimes \check{\mathcal{L}})\} .$$

Il est clair que $\tilde{F}$ contient $\mathcal{O}_X^*$. Un diviseur de Cartier D de V sera , par définition, appelé <u>solution de</u> $\omega = 0$ sur V s'il appartient à

$$\Gamma(V, \tilde{F}/\mathcal{O}_X^*) \subset \Gamma(V, K_X^*/\mathcal{O}_X^*) = \mathrm{Div}(V) .$$

Utilisant la factorialité locale de X , une variante de [1] , (3.5.3) montre que D est solution de $\omega = 0$ si et seulement si ses composantes irréductibles le sont. Identifiant diviseurs de Weil et diviseurs de Cartier, un diviseur de Weil de codimension 1

$$\sum_\alpha n_\alpha W_\alpha \qquad (n_\alpha \neq 0 \text{ pour tout } \alpha)$$

sera donc solution de $\omega = 0$ si et seulement si ses composantes irréductibles W_α le sont. Nous noterons dans la suite

$$F = \widetilde{F}/\mathcal{O}_X^*$$

le faisceau des diviseurs solutions de $\omega = 0$. Il est clair que le nombre de diviseurs de Weil irréductibles solutions de $\omega = 0$ est égal à

(3.1) $$w = \dim_{\mathbb{C}} \Gamma(X, \mathbb{C} \underset{\mathbb{Z}}{\otimes} F) = \dim_{\mathbb{C}} \mathbb{C} \otimes \Gamma(X,F) ,$$

puisque $\Gamma(X,F)$ est un groupe abélien libre de base ces diviseurs. Enfin, une <u>intégrale première rationnelle</u> de $\omega = 0$ est un élément $\varphi \in K_X^*$ non constant tel que

$$\omega \wedge d\varphi = 0 ,$$

i.e. tel qu'il existe $h \in K_X^*$ vérifiant

$$d\varphi = h\omega .$$

Supposant désormais que $\omega = 0$ <u>n'admet pas d'intégrale première rationnelle</u>, nous allons essayer d'en déduire une majoration de w (3.1) .

LEMME 3.2. - <u>Si</u> X <u>est propre sur</u> $\mathbb{C}$(*), <u>le noyau de l'application</u>

$$\theta : \mathbb{C} \underset{\mathbb{Z}}{\otimes} K_X^* \to \Omega^1_{K_X/\mathbb{C}}$$

$$\lambda \otimes f \mapsto \lambda \frac{df}{f}$$

<u>est égal à</u> $\mathbb{C} \underset{\mathbb{Z}}{\otimes} \mathbb{C}^*$, <u>une fois identifié</u> $\mathbb{C}^*$ <u>aux fonctions rationnelles constantes non nulles sur</u> X .

<u>Preuve</u> : Notant $z = \sum_{i=1}^{r} \lambda_i \otimes f_i$ un élément de $\operatorname{Ker}\theta$, nous allons prouver le lemme par récurrence croissante sur r . L'assertion pour $r = 1$ résulte

---

(*) S'il ne l'était pas, on pourrait le ramener à ce cas en utilisant le théorème de complétion de Nagata.

du fait que $\mathbb{C}$ est algébriquement clos de caractéristique 0 . Supposons donc l'assertion vraie pour $r-1$ et montrons-la pour r . Si $f_1 \notin \mathbb{C}^*$, alors, comme $\Gamma(X,\mathcal{O}_X^*) = \mathbb{C}^*$, il existe un ouvert V affine de X tel que, dans K_X, f_1 ne soit pas un élément inversible de $A = \Gamma(V,\mathcal{O}_V)$. Comme A , intégralement clos, est intersection de ces localisés par des idéaux premiers de hauteur 1 , il existe un idéal premier $\mathfrak{f}$ de hauteur un de A tel que, dans K_X , f_1 ne soit pas un élément inversible de $B = A_{\mathfrak{f}}$.
Notant h une uniformisante locale de l'anneau de valuation discrète B , on a donc, pour tout i ,

$$f_i = w_i\, h^{m_i} \qquad (m_i \in \mathbb{Z}) ,$$

où les w_i sont des unités de B et $m_1 \neq 0$. Notant L un corps de Cohen, le complété $\hat{B}$ de B s'identifie à $L[[h]]$, et on a dans

$$\hat{\Omega}^1_{\hat{K}_B/\mathbb{C}} \simeq L((h))dh \oplus L((h)) \otimes_L \Omega_{L/\mathbb{C}} ,$$

où $K_B = K_X$ désigne le corps des fractions de B , l'égalité

$$\sum_i \lambda_i \frac{dw_i}{w_i} + (\sum_i m_i\lambda_i) \frac{dh}{h} = 0 ,$$

d'où résulte aussitôt, comme $\frac{dw_i}{w_i} \in L[[h]]dh \oplus L((h)) \otimes_L \Omega^1_{L/\mathbb{C}}$ pour tout i ,

$$(3.3) \qquad \sum_{i=1}^{r} m_i\lambda_i = 0$$

On en déduit aussitôt que

$$0 = m_1(\sum_{i\geq 1} \lambda_i \frac{df_i}{f_i}) = \sum_{i\geq 2} \lambda_i(m_1 \frac{df_i}{f_i} - m_i \frac{df_1}{f_i}) ,$$

soit

$$\sum_{i\geq 2} \lambda_i \frac{d(f_i^{m_i} f_1^{-m_i})}{f_i^{m_i} f_1^{-m_i}} = 0 .$$

L'hypothèse de récurrence assure alors que

$$\sum_{i\geq 2} \lambda_i \otimes (f_i^{m_1} f_1^{-m_i}) \in \mathbb{C} \otimes_{\mathbb{Z}} \mathbb{C}^* ,$$

soit $\sum_{i\geq 2} (m_1\lambda_i \otimes f_i - m_i\lambda_i \otimes f_i) \in \mathbb{C} \otimes_{\mathbb{Z}} \mathbb{C}^*$, et, compte tenu de (3.3) ,

$$m_1(\sum_{i\geq 1} \lambda_i \otimes f_i) \in \mathbb{C} \underset{\mathbb{Z}}{\otimes} \mathbb{C}^* ,$$

d'où l'assertion, car $\mathbb{C} \underset{\mathbb{Z}}{\otimes} \mathbb{C}^*$ est uniquement divisible ainsi que $\mathbb{C} \underset{\mathbb{Z}}{\otimes} K_X^*$.

LEMME 3.4. - (On suppose X propre sur $\mathbb{C}$) . Si ω n'admet pas d'intégrale première rationnelle, alors, notant G le faisceau défini par l'exactitude de la suite

$$0 \to G \to (\mathbb{C} \otimes_{\mathbb{Z}} \widetilde{F})/(\mathbb{C} \underset{\mathbb{Z}}{\otimes} \mathbb{C}^*) \to \Omega_X^2 \underset{\mathcal{O}_X}{\otimes} \check{\mathcal{L}}$$

$$(\lambda,f) \mapsto \lambda\, \omega \wedge \frac{df}{f} ,$$

on a l'égalité

$$\dim_{\mathbb{C}} H^o(X,G) \leq 1 .$$

Preuve : Comme $\mathbb{C} \underset{\mathbb{Z}}{\otimes} \mathbb{C}^*$ est flasque pour la topologie de Zariski, on a

$$\Gamma(X,(\mathbb{C} \underset{\mathbb{Z}}{\otimes} \widetilde{F})/(\mathbb{C} \underset{\mathbb{Z}}{\otimes} \mathbb{C}^*)) = \Gamma(X,\mathbb{C} \underset{\mathbb{Z}}{\otimes} \widetilde{F})/\mathbb{C} \underset{\mathbb{Z}}{\otimes} \mathbb{C}^*$$

$$= \mathbb{C} \otimes \Gamma(X,\widetilde{F})/\mathbb{C} \otimes \mathbb{C}^* ,$$

la dernière égalité provenant de ce que, comme X est noetherien, le foncteur $\Gamma(X,.)$ commute aux sommes directes. Supposons que l'on ait deux éléments α et β , linéairement indépendantes dans $\Gamma(X,G)$, et soient $\sum_{i=1}^{r} \alpha_i \otimes f_i$, $\sum_{i=1}^{r} \beta_i \otimes f_i$ des représentants de α et β dans $\Gamma(X,\mathbb{C}\otimes\widetilde{F})$, de sorte que

$$\omega \wedge \sum_i \alpha_i \frac{df_i}{f_i} = \omega \wedge \sum_i \beta_i \frac{df_i}{f_i} = 0 .$$

On en déduirait l'existence de k_α et $k_\beta \in K_X$ tels que

$$(3.5) \qquad \begin{cases} \sum_i \alpha_i \dfrac{df_i}{f_i} = k_\alpha \omega \\ \sum_i \beta_i \dfrac{df_i}{f_i} = k_\beta \omega \end{cases}$$

les éléments k_α et k_β ne sauraient être linéairement dépendants, car d'une relation

$$\lambda k_\alpha + \mu k_\beta = 0 \quad , \text{ avec } \quad (\lambda,\mu) \neq (0,0) \; ,$$

on déduirait

$$\sum_i (\lambda\alpha_i + \mu\beta_i) \frac{df_i}{f_i} = 0 \; ,$$

d'où, par (3.4) , $\sum_i (\lambda\alpha_i + \mu\beta_i) \otimes f_i \in \mathbb{C} \otimes \mathbb{C}^*$, soit $\lambda\alpha + \mu\beta = 0$.
Mais alors, en particulier, $k_\beta \neq 0$, et il résulte facilement de (3.5) (cf la preuve de ([1] , 3.3.7)) que

$$\omega \wedge d\left(\frac{k_\alpha}{k_\beta}\right) = 0 \; ,$$

i.e. que k_α/k_β est intégrale première rationnelle de $\omega = 0$, d'où la contradiction.

Nous sommes maintenant en mesure de prouver la proposition suivante.

PROPOSITION 3.5. Soit X une variété algébrique connexe, propre et lisse sur $\mathbb{C}$, telle que $H^1(X,\mathcal{O}_X) = 0$, i.e. dont le premier nombre de Betti $b_1(X) = 0$. Etant donnée une équation de Pfaff algébrique

$$\omega \in \Gamma(X, \Omega^1_X \otimes_{\mathcal{O}_X} \check{\mathcal{L}})$$

sur X , on a :

(i) Pour que l'équation de Pfaff $\omega = 0$ ait, parmi ses solutions, une infinité de diviseurs de Weil irréductibles, il faut et il suffit qu'elle admette une intégrale première rationnelle.

(ii) Lorsque le nombre de diviseurs de Weil irréductibles solutions de $\omega = 0$ est fini, ce nombre est borné par

$$\dim H^0(X, \Omega^2_X \otimes_{\mathcal{O}_X} \check{\mathcal{L}}) + \rho + 1 \; ,$$

où ρ est le nombre de Picard de X , i.e. le rang du groupe de Néron-Severi $NS(X)$.

Preuve : Il est clair que, lorsque $\omega = 0$ a une intégrale première rationnelle φ , toutes ses solutions sont algébriques. De façon précise, les diviseurs de Weil irréductibles solutions de $\omega = 0$ sont les adhérences dans X des composantes irréductibles des fibres de l'application rationnelle $\varphi : X \dashrightarrow P^1_C$ dans son domaine de définition, et sont par suite en nombre infini. Il y a donc seulement à prouver l'inégalité de (ii) sous l'hypothèse que ω n'a pas d'intégrale première rationnelle. La suite exacte $0 \to \mathcal{O}^*_X \to \widetilde{F} \to F \to 0$ donne naissance à une suite exacte de cohomologie

$$0 \to \Gamma(X,\mathcal{O}^*_X) \to \Gamma(X,\widetilde{F}) \to \Gamma(X,F) \to \mathrm{Pic}(X) ,$$

d'où, après tensorisation par C , et compte tenu des préliminaires de (3.4) , une suite exacte

$$(3.6) \qquad 0 \to \Gamma(X,C \otimes \widetilde{F}/C \otimes C^*) \to C \otimes \Gamma(X,F) \to C \otimes \mathrm{Pic}(X) .$$

Lorsque $H^1(X,\mathcal{O}_X) = 0$, la variété de Picard de X est de dimension 0 , donc $\mathrm{Pic}(X) = \mathrm{NS}(X)$, de sorte que l'on a, avec la notation (3.1) ,

$$w \leq \dim_C \Gamma(X,C \otimes \widetilde{F}/C \otimes C^*) + \rho .$$

L'assertion désirée en résulte, grâce au lemme (3.4) .

3.7. - L'hypothèse $H^1(X,\mathcal{O}_X) = 0$ est, comme il est bien connu d'après Lefschetz, réalisée en particulier lorsque X est une intersection complète ensembliste lisse de dimension ≥ 2 dans un espace projectif. J'ignore(*) si elle est nécessaire pour la validité de (i). Par ailleurs, sous l'hypothèse $H^1(X,\mathcal{O}_X) = 0$, il serait intéressant de savoir dans quelle mesure, $\mathcal{L}$ étant fixé, il existe $\omega \in \Gamma(X,\Omega^1_X \otimes_{\mathcal{O}_X} \check{\mathcal{L}})$ admettant exactement

---

(*) **Cette question est résolue dans:**
J.P. JOUANOLOU, Hypersurfaces solutions d'une équation de Pfaff analytique, Math. Annalen 232, p. 239-245 (1978).

$$\dim H^{o}(X,\Omega^2_X \otimes_{\mathcal{O}_X} \overset{\vee}{\mathcal{L}}) + \rho + 1$$

diviseurs de Weil irréductibles comme solutions algébriques.

3.8. Lorsque $X = P^r_{\mathbb{C}} (r \geq 2)$ et $\mathcal{L} = \mathcal{O}_P(-m-1)$, avec m un entier ≥ 1 , nous avons ([1]) appelé m le degré de ω . Alors $\mathrm{Pic}(P^r_{\mathbb{C}}) = \mathbb{Z}$, donc $\rho = 1$. Par ailleurs, la suite exacte canonique

$$(3.8.1) \qquad 0 \to \Omega^1_P \to \mathcal{O}_P(-1)^{r+1} \to \mathcal{O}_P \to 0$$

définit une filtration

$$0 \to \Omega^2_P \to \Lambda^2[\mathcal{O}_P(-1)^{r+1}] \to \Omega^1_P \to 0 ,$$

d'où en tensorisant par $\mathcal{O}_P(m+1)$, une suite exacte

$$(3.8.2) \qquad 0 \to \Omega^2_P(m+1) \to \mathcal{O}_P(m-1)^{\binom{r+1}{2}} \to \Omega^1_P(m+1) \to 0 .$$

Mais (cf. par exemple [2] exp. XI th. 1.1 , p. 40)

$$H^1(P,\Omega^1_P(m+1)) = H^1(P,\Omega^2_P(m+1)) = 0 .$$

De (3.8.1) , on déduit

$$\dim H^{o}(P,\Omega^1_P(m+1)) = (r+1)\binom{m+r}{r} - \binom{m+r+1}{r} ,$$

puis de (3.8.2)

$$\begin{aligned} \dim H^{o}(P,\Omega^2_P(m+1)) &= \binom{r+1}{2}\binom{m+r-1}{r} - \dim H^{o}(P,\Omega^1_P(m+1)) \\ &= \binom{r+1}{2}\binom{m+r-1}{r} - (r+1)\binom{m+r}{r} + \binom{m+r+1}{r} \\ &= \tfrac{1}{2}\, m(m-1)\binom{m+r-1}{r-2} . \end{aligned}$$

Dans ce cas, la majoration obtenue dans (3.5) pour le nombre de diviseurs de Weil irréductibles solutions est

$$\tfrac{1}{2}\, m(m-1)\binom{m+r-1}{r-2} + 2 ,$$

conformément à ([1] , 3.3) .

Appendice. A titre d'exercice, nous allons indiquer comment on calcule $\dim H^{o}(X,\Omega_X^2 \otimes \check{\mathcal{L}})$ lorsque X est une hypersurface lisse de degré d de $P_{\mathbb{C}}^r$ et $\mathcal{L} = \mathcal{O}_P(-m-1)|X = \mathcal{O}_X(-m-1)$. On supposera de plus $r \geq 3$, de sorte que, d'après Lefschetz,

$$H^1(X,\mathcal{O}_X) = 0$$

et $$NS(X) \subset H^2(X,\mathbb{Z}) \text{ est sans torsion.}$$

De plus, pour $r \geq 4$, on a

$$NS(X) = H^2(X, \mathbb{Z}) \simeq \mathbb{Z} \text{ , donc } \rho(X) = 1 .$$

Rappelons les résultats bien connus suivants sur la cohomologie des espaces projectifs (voir par exemple [2] th. 1.1, p. 40) . Posant

$$\dim H^2(P^r,\Omega_P^j(n)) = h^{ij}(n) \text{ , } (i \geq 0) \text{ ,}$$

on a :

a)

$$h^{ii}(0) = \begin{cases} 1 & \text{si } 0 \leq i \leq r \text{ ,} \\ 0 & \text{si } i > r \end{cases}$$

$$h^{ij}(0) = 0 \quad \text{si } i \neq j$$

b) si $n \neq 0$,

$$h^{ij}(n) = 0 \quad \text{si } i \neq 0 \text{ , } r$$

$$h^{oj}(n) = 0 \quad \text{si } j \geq n$$

$$h^{rj}(n) = 0 \quad \text{si } j \leq n + r$$

c)

$$h^{oo}(n) = \dim H^{o}(P_{\mathbb{C}}^r,\mathcal{O}_P(n)) = \begin{cases} \binom{n+r}{r} & (n \in \mathbb{N}) \text{ .} \\ 0 & \text{pour } n < 0 \end{cases}$$

A partir de là, il est facile, utilisant la suite exacte d'Atiyah

(A) $$0 \to \Omega_P^1 \to \mathcal{O}_P(-1)^{r+1} \to \mathcal{O}_P \to 0$$

de calculer les groupes $h^{p,q}(n)$ en général. Donnons le calcul dans les deux cas qui nous intéressent.

LEMME 1. - *Si* $r \geq 2$, et $\nu \in \mathbb{Z}$,

$$h^{o,1}(\nu) = \dim H^o(P,\Omega_P^1(\nu)) = \begin{cases} (r+1)\binom{\nu+r-1}{r} - \binom{\nu+r}{r} & \text{si } \nu > 0 \\ 0 & \text{pour } \nu \leq 0 \end{cases}$$

Preuve : Le cas $\nu = 0$ résulte aussitôt de la suite exacte de cohomologie associée à (A) et de ce que $h^{o,o}(s) = 0$ pour $s < 0$. Pour le cas général, on tensorise (A) par $\mathcal{O}_P(\nu)$, et on utilise b) .

LEMME 2. - *Si* $r \geq 2$, *on a, pour* $\nu \in \mathbb{Z}$,

$$h^{o,2}(\nu) = \dim H^o(P,\Omega_P^2(\nu)) = \begin{cases} \binom{r+1}{2}\binom{\nu+r-2}{r} - (r+1)\binom{\nu+r-1}{r} + \binom{\nu+r}{r} & \text{pour } \nu > 1 , \\ 0 & \text{lorsque } \nu \leq 1 . \end{cases}$$

Preuve : La suite (A) fournit une suite exacte

$$0 \to \Omega_P^2 \to \mathcal{O}_P^{\binom{r+1}{2}}(-2) \to \Omega_P^1 \to 0 ,$$

d'où aussitôt l'assertion, compte tenu de ce que, par b) ,

$$H^1(P,\Omega_P^2(\nu)) = 0 \quad (\nu \in \mathbb{Z}) .$$

Le calcul que nous nous proposons de faire utilise alors les deux suites exactes canoniques

(S_1) $$0 \to \mathcal{O}_P(-d) \to \mathcal{O}_P \to \mathcal{O}_X \to 0$$

(S_2) $$0 \to \mathcal{O}_X(-d) \to j^*\Omega_P^1 \to \Omega_X^1 \to 0 ,$$

où $j : X \hookrightarrow P$ est l'inclusion canonique, ainsi que la filtration

(S_3) $$0 \to \Omega_X^1(-d) \to j^*\Omega_P^2 \to \Omega_X^2 \to 0$$

déduite de (S_2) .

LEMME 3. -

a) Si $n \geq 3$, on a

$$H^1(X,\mathcal{O}_X(\nu)) = 0 \quad (\nu \in \mathbb{Z})$$

b) On a

$$H^2(X,\mathcal{O}_X(\nu)) = 0 \text{ lorsque } r \geq 4 \text{ ou } (r=3 \text{ et } \nu \geq d-3)\ .$$

Preuve : Résulte aussitôt de (S_1) et de b) .

LEMME 4. - On a

$$H^1(X,\Omega_X^1(\nu)) = 0$$

lorsque

- ou bien $\nu \neq 0$ et $r \geq 4$,
- ou bien $r = 3$ et $\nu \geq \max(1,2d-3)$.

Preuve : On déduit de (S_2) une suite exacte

$$H^1(X,j^*\Omega_P^1(\nu)) \to H^1(X,\Omega_X^1(\nu)) \to H^2(X,\mathcal{O}_X(\nu-d))\ ,$$

dans laquelle $H^2(X,\mathcal{O}_X(\nu-d)) = 0$ sous l'une des hypothèses, d'après le lemme 3 . Par ailleurs, la suite exacte naturelle

$$(S_4) \qquad 0 \to \Omega_P^1(-d) \to \Omega_P^1 \to j_*j^*\Omega_P^1 \to 0$$

fournit une autre suite exacte de cohomologie

$$H^1(P,\Omega_P^1(\nu)) \to H^1(X,j^*\Omega_P^1(\nu)) \to H^2(P,\Omega_P^1(\nu-d))\ ,$$

avec $H^1(P,\Omega_P^1(\nu)) = 0$ pour $\nu \neq 0$ et $H^2(P,\Omega_P^1(\nu-d)) = 0$

par b) , puisque $r \geq 3$. Le lemme en résulte aussitôt.

Venons-en au calcul proprement dit, que nous ne ferons que dans le cas "générique" . Si $r \geq 4$ et $m \neq d-1$, ou $r = 3$ et $m \geq \max(1,3d-4)$, il résulte du lemme 4 que

$$H^1(X,\Omega_X^1(m+1-d)) = 0\ ,$$

d'où, grâce à (S_3) ,

(5) $\dim H^o(X,\Omega_X^2(m+1)) = \dim H^o(X,j^*\Omega_P^2(m+1)) - \dim H^o(X,\Omega_X^1(m+1-d))$.

Il reste donc à calculer les deux dimensions dans l'expression de droite. Tout d'abord, on a une suite exacte

$$0 \to \Omega_P^2(-d) \to \Omega_P^2 \to j_*j^*\Omega_P^2 \to 0 ,$$

d'où résulte, comme $H^1(P,\Omega_P^2(m+1-d)) = 0$ (a) et b)) lorsque $r \geq 2$, on a

(6) $\dim H^o(X,j^*\Omega_P^2(m+1)) = h^{o,2}(m+1) - h^{o,2}(m+1-d)$,

d'où la valeur en utilisant le lemme 2 .

D'autre part, il résulte de (S_2) et du lemme 3 que, pour $r \geq 3$,

(7) $\dim H^o(X,\Omega_X^1(m+1-d)) = \dim H^o(X,j^*\Omega_P^1(m+1-d)) - \dim H^o(X,\mathcal{O}_X(m+1-2d))$.

Mais, compte tenu de a) , et de (S_1) , on a , pour $r \geq 3$,

(8) $\dim H^o(X,\mathcal{O}_X(m+1-2d)) = h^{oo}(m+1-2d) - h^{oo}(m+1-3d)$,

que l'on calcule par c) .

Enfin, on a , pour $r \geq 2$,

$$\dim H^1(\Omega_P^1(-2d+m+1)) = \begin{cases} 0 & \text{si } 2d \neq m+1 \\ 1 & \text{si } 2d = m+1 \text{ , et alors } H^1(\Omega_P^1(m+1-d)) = 0 . \end{cases}$$

D'où l'on déduit, par (S_4) , que si $r \geq 2$,

$$\dim H^o(X,j^*\Omega_P^1(m+1-d)) = \begin{cases} h^{o1}(m+1-d) - h^{o,1}(m+1-2d) & \text{si } 2d \neq m+1 \\ h^{o1}(d) & \text{si } 2d = m+1 \end{cases} ,$$

où les dimensions en jeu à droite sont explicitées dans le lemme 1 .

Nous avons donc ainsi pu déterminer la dimension de $H^o(X,\Omega_X^2(m+1))$ pour une hypersurface lisse de $P_{\mathbb{C}}^r$ dans les cas suivants :

1) $r \geq 4$ et $m \neq d-1$,

2) $r \geq 3$ et $m \geq \max(1,3d-4)$.

Pour donner une idée du résultat obtenu, explicitons-le lorsque

$$r \geq 4 \ , \quad m \geq 3d-1 \ .$$

On obtient alors

$$\tfrac{1}{2}m(m-1)\binom{m+r-1}{r-2} + (r+1)\binom{m-2d+r}{r} - \binom{m-d+r-1}{r}\binom{r+1}{2} - \binom{m-3d+r+1}{r} \ .$$

REFERENCES

[1] J.P. JOUANOLOU : Equations de Pfaff algébriques sur un espace projectif. (exp. 2) .

[2] S G A 7 II , Groupes de monodromie en géométrie algébrique, par P. DELIGNE et N. KATZ , Lecture Notes Springer n° 340 .

DENSITE DES EQUATIONS DE PFAFF ALGEBRIQUES SANS SOLUTION ALGEBRIQUE

Ainsi que le titre l'indique, on se propose de montrer en particulier dans cet exposé que, dans la variété des équations de Pfaff algébriques de degré donné $m \geq 3$ sur $P_{\mathbb{C}}^2$, celles qui n'ont aucune solution algébrique sont denses pour la topologie ordinaire. Cet énoncé est inspiré d'un énoncé analogue de Petrovskii et Landis ([5] lemme 4) concernant les équations de Pfaff algébriques sur $P_{\mathbb{C}}^2$ admettant la droite à l'infini comme solution algébrique. Remarquons au passage que la démonstration qu'ils donnent de ce lemme est erronée, car ils paraissent croire qu'une partie constructible d'une variété algébrique est toujours fermée ; j'espère pouvoir revenir sur cette question dans un exposé ultérieur.

En fait, l'essentiel du travail consiste à exhiber et à étudier une telle équation sans solution algébrique, à savoir

$$\text{(E)} \qquad (x^{m-1}z-y^m)dx + (y^{m-1}x-z^m)dy + (z^{m-1}y-x^m)dz = 0 ,$$

ce qui n'est pas aussi simple qu'il paraît de prime abord. Signalons d'ailleurs que l'étude de (E) présente un intérêt en soi, puisqu'elle montre par exemple que, notant D l'opérateur différentiel

$$z^s \frac{\partial}{\partial x} + x^s \frac{\partial}{\partial y} + y^s \frac{\partial}{\partial z} \qquad (s \geq 2)$$

sur $\mathbb{C}^3$, les fonctions f entières sur $\mathbb{C}^3$ telles que $D(f) = 0$ sont constantes, ce qui constitue une contribution modeste à l'étude, jusqu'à présent négligée, du comportement des solutions analytiques globales des opérateurs différentiels à coefficients polynômiaux sur $\mathbb{C}^n (n \geq 3)$.

En appendice, nous prouvons un énoncé de géométrie énumérative, que Darboux énonce et prouve de façon incorrecte ([2] pp. 83-84) , mais ne semble utiliser de manière illicite qu'une seule fois ([2] p. 87) . Nous nous en servons de façon essentielle pour établir que (E) n'a pas de solution algébrique, mais aussi pour étudier de façon un peu plus générale les opérateurs différentiels du premier ordre à coefficients polynômiaux sur $\mathbb{C}^3$.

Hormis les énoncés faisant intervenir explicitement la topologie ordinaire, la seule hypothèse réellement utilisée sur le corps de base est qu'il soit de caractéristique zéro .

1. LE THEOREME DE DENSITE .

Soit m un entier ≥ 1 . Notant V_m l'espace vectoriel des formes de Pfaff algébriques de degré m sur $P^2_{\mathbb{C}}([3],1)$, l'ensemble des équations de Pfaff algébriques de degré m sur $P^2_{\mathbb{C}}$ s'identifie à $P_{\mathbb{C}}(V_m)$, donc est canoniquement muni d'une structure de variété algébrique complexe. Notons

$$Z_m \subset P_{\mathbb{C}}(V_m)$$

l'ensemble de ces équations qui sont sans solution algébrique.

Lorsque $m = 1$ ou 2 , il est facile de voir que $Z_m = P_{\mathbb{C}}(V_m)$, le cas où $m = 2$ étant celui des équations de Jacobi qui ont toutes au moins une droite comme solution algébrique.

THEOREME 1.1. <u>Supposons</u> $m \geq 3$. <u>Alors</u> Z_m <u>est intersection dénombrable d'ouverts de Zariski non vides de</u> $P_{\mathbb{C}}(V_m)$, <u>donc proconstructible pour la topologie de Zariski et dense pour la topologie ordinaire de</u> $P_{\mathbb{C}}(V_m)$.

<u>Preuve</u> (conditionnelle) : Soit W_{m-1} l'espace vectoriel des 2-formes à coefficients polynômiaux homogènes de degré m-1 . Pour tout entier $t \geq 1$, considérons la partie Y_t de $V_m \times W_{m-1} \times S^t_{\mathbb{C}}(\mathbb{C}^3)$ définie par

$$Y_t = \{(\omega,\alpha,f) \mid \omega \wedge df = f\alpha \ , \ (\omega,\alpha) \neq (0,0) \ \text{ et } \ f \neq 0\} \ .$$

Si $(\lambda,\mu) \in \mathbb{C}^* \times \mathbb{C}^*$ et $(\omega,\alpha,f) \in Y_t$, il est clair que $(\lambda\omega,\lambda\alpha,\mu f) \in Y_t$, donc, vu le caractère algébrique de la relation

(1.2) $$\omega \wedge df = f\alpha \quad , \quad \text{que}$$

$$\overline{Y}_t = Y_t/\mathbb{C}^* \times \mathbb{C}^*$$

est une sous-variété projective de $P_{\mathbb{C}}(V_m \times W_{m-1}) \times P_{\mathbb{C}}(S^t_{\mathbb{C}}(\mathbb{C}^3))$.

Par ailleurs, remarquons que si $(\omega,\alpha,f) \in Y_t$, alors $\omega \neq 0$ et $\alpha \neq 0$. Pour le premier, cela résulte aussitôt de (1.2) et de $(\omega,\alpha) \neq (0,0)$. Pour le deuxième, faisant le produit intérieur de (1.2) par le champ de vecteurs

(1.3) $$X = x\frac{\partial}{\partial x} + y\frac{\partial}{\partial y} + z\frac{\partial}{\partial z} \quad \text{(cf [3](1.6))} ,$$

on obtient

(1.4) $$- t\, f\, \omega = f(\alpha \lrcorner X) ,$$

d'où l'assertion . Dans ces conditions, la première projection

$$V_m \times W_{m-1} \times S^t_{\mathbb{C}}(\mathbb{C}^3) \longrightarrow V_m$$

induit par passage au quotient un morphisme algébrique

$$\pi_t : \overline{Y}_t \longrightarrow P_{\mathbb{C}}(V_m) \ .$$

Utilisant ([3], 3.5.3) , on voit alors que

(1.5) $$Z_m = P_{\mathbb{C}}(V_m) - \bigcup_{t \geq 1} \pi_t(\overline{Y}_t) ,$$

où les $\pi_t(\bar{Y}_t)$ sont des fermés de Zariski, puisque $\bar{Y}_t$ est projective . Si $Z_m \neq \emptyset$, alors, pour tout $t \geq 1$,

$$U_t = P_{\mathbb{C}}(V_m) \dot{-} \pi_t(\bar{Y}_t)$$

sera un ouvert de Zariski non vide, donc dense, et $Z_m = \bigcap_{t \geq 1} U_t$ sera proconstructible. De plus, la propriété de Baire et la densité des U_t pour la topologie ordinaire impliquera que Z_m est dense pour la topologie ordinaire.

2. ETUDE D'UNE EQUATION DE PFAFF SANS SOLUTION ALGEBRIQUE.

Faisant $n = m - 1$, nous allons maintenant étudier en détail, lorsque $n \geq 2$, l'équation de Pfaff algébrique

$$\text{(E)} \qquad (x^n z - y^{n+1})dx + (y^n x - z^{n+1})dy + (z^n y - x^{n+1})dz = 0 ,$$

sur $P^2_{\mathbb{C}}$, et montrer notamment qu'elle n'a pas de solution algébrique.

2.1. Tout d'abord, nous allons nous intéresser au stabilisateur de (E) pour l'opération naturelle, par image réciproque, de $PGL(3,\mathbb{C})$ sur $P_{\mathbb{C}}(V_{n+1})$.

Fixons pour cela quelques notations. Etant donnés trois scalaires λ, μ, ν , avec $\lambda\mu\nu \neq 0$, on note $[\lambda, \mu, \nu]$ la classe dans $PGL(3,\mathbb{C})$ de la matrice diagonale

$$\mathrm{diag}(\lambda,\mu,\nu) = \begin{bmatrix} \lambda & 0 & 0 \\ 0 & \mu & 0 \\ 0 & 0 & \nu \end{bmatrix} .$$

On note H le sous-groupe de $PGL(3,\mathbb{C})$ formé des éléments $[\lambda, \mu, \nu]$ vérifiant

(2.1.1) $$\frac{\nu^n}{\lambda} = \frac{\lambda^n}{\mu} = \frac{\mu^n}{\nu} .$$

LEMME 2.1.2. <u>Soit</u> ζ <u>une racine primitive</u> $(n^2+n+1)^{\text{ème}}$ <u>de l'unité</u> . <u>Le groupe</u> H <u>est cyclique d'ordre</u> n^2+n+1 , <u>et a pour générateur</u>

$$[\zeta^{n^2+1}, \zeta, 1] = [\zeta^{-n}, \zeta, 1] .$$

<u>Preuve</u> : Soit $[\lambda, \mu, \nu] \in H$. Utilisant successivement les égalités $\frac{\mu^n}{\nu^n} = \frac{\nu}{\lambda}$ et $\frac{\nu^n}{\lambda^n} = \frac{\lambda}{\mu}$, on voit que

$$\left(\frac{\mu}{\nu}\right)^{n^2+n+1} = \left(\frac{\mu^n}{\nu^n}\right)^{n+1} \frac{\mu}{\nu} = \frac{\nu^n}{\lambda^n} \cdot \frac{\nu}{\lambda} \cdot \frac{\mu}{\nu} = \frac{\lambda}{\mu} \cdot \frac{\mu}{\lambda} = 1 .$$

Par ailleurs,

$$\frac{\lambda}{\nu} = \frac{\nu^n}{\mu^n} = \left(\frac{\mu}{\nu}\right)^{-n} = \left(\frac{\mu}{\nu}\right)^{n^2+1} .$$

Par suite, $t = \frac{\mu}{\nu}$ est une puissance de ζ et

$$[\lambda, \mu, \nu] = [t^{n^2+1}, t, 1] ,$$

donc H a pour générateur $[\zeta^{n^2+1},\zeta,1]$. Par ailleurs, l'application $t \longmapsto [t^{n^2+1},t,1]$ est injective, d'où l'assertion .

2.1.3. Le lieu singulier S de (E) est formé des points $\overline{(x,y,z)}$ de P^2_C vérifiant

$$(2.1.4) \qquad x^n z - y^{n+1} = y^n x - z^{n+1} = z^n y - x^{n+1} = 0 .$$

Si $\overline{(x,y,z)} \in S$, alors $x \neq 0$, $y \neq 0$ et $z \neq 0$: si par exemple on avait $x = 0$, il résulterait de (2.1.4) que $y = z = 0$, ce qui est impossible . Par suite, S est l'orbite de $\overline{(1,1,1)}$ pour l'opération naturelle de H sur P^2_C . Plus précisément, H opère librement et transitivement sur S , i.e. S est un torseur sous H .

2.1.5. Soit σ la classe dans $PGL(3,C)$ de la permutation circulaire

$$c : (x,y,z) \longmapsto (y,z,x) .$$

Pour tout élément de la forme $[\lambda,\mu,\nu] \in PGL(3,C)$, on a

$$(2.1.6) \qquad \sigma \circ [\lambda,\mu,\nu] \circ \sigma^{-1} = [\mu,\nu,\lambda] = [\lambda,\mu,\nu]^n .$$

Soit $K \simeq \mathbb{Z}/3\,\mathbb{Z}$ le sous-groupe de $PGL(3,C)$ engendré par σ . Le groupe K normalise H et $H \cap K = \{1\}$. Par suite ,

$$(2.1.7) \qquad G = H\,K \subset PGL(3,C)$$

est un groupe, produit semi-direct de la forme $H \overset{\rho}{\times} K$, où l'opération ρ est définie par (2.1.6) .

PROPOSITION 2.1.8. <u>Le groupe</u> G <u>est le stabilisateur de</u> (E) <u>pour l'opération naturelle de</u> $PGL(3,C)$ <u>sur l'espace</u> $P_C(V_{n+1})$ <u>des équations de Pfaff algébriques de degré</u> $n+1$ <u>sur</u> P^2_C .

Preuve : Montrons d'abord que G stabilise (E). Posant

$$\omega = (x^n z - y^{n+1})dx + (y^n x - z^{n+1})dy + (z^n y - x^{n+1})dz \,, \tag{2.1.9}$$

il est clair que $c^*(\omega) = \omega$ [voir (2.1.5) pour la notation].

Par ailleurs, si $[\lambda,\mu,\nu] \in H$, on a

$$\mathrm{diag}(\lambda,\mu,\nu)^*(\omega) = s\,\omega \,,$$

avec $s = \lambda^{n+1}\nu = \mu^{n+1}\lambda = \nu^{n+1}\mu$. Montrons maintenant que tout $g \in PGL(3,\mathbb{C})$ stabilisant (E) appartient à G. Nous allons pour cela distinguer les cas $n > 2$ et $n = 2$.

Cas où $n > 2$. Posons pour simplifier $\omega = Pdx + Qdy + Rdz$. Soit

$$GL(3,\mathbb{C}) \ni A = \begin{bmatrix} a_1 & b_1 & c_1 \\ a_2 & b_2 & c_2 \\ a_3 & b_3 & c_3 \end{bmatrix}$$

une matrice telle que $\overline{A} = g$, d'où

$$({}^tA)^{-1} = \frac{1}{\det(A)} \begin{bmatrix} b_2c_3 - b_3c_2 & c_2a_3 - c_3a_2 & a_2b_3 - a_3b_2 \\ b_3c_1 - b_1c_3 & c_3a_1 - c_1a_3 & a_3b_1 - a_1b_3 \\ b_1c_2 - b_2c_1 & c_1a_2 - c_2a_1 & a_1b_2 - a_2b_1 \end{bmatrix}.$$

Posant $P_A = P \circ A, \ldots$, on a

$$A^*(\omega) = P_A(a_1dx+b_1dy+c_1dz) + Q_A(a_2dx+b_2dy+c_2dz) + R_A(a_3dx+b_3dy+c_3dz) \,,$$

de sorte que le fait que g stabilise (E) équivaut à l'existence d'un scalaire $\lambda \neq 0$ tel que

$$\begin{bmatrix} P_A \\ Q_A \\ R_A \end{bmatrix} = \lambda({}^tA)^{-1} \begin{bmatrix} P \\ Q \\ R \end{bmatrix} \,, \text{ i.e.} \tag{2.1.10}$$

$$(2.1.11)\qquad \begin{cases} (a_1x+b_1y+c_1z)^n(a_3x+b_3y+c_3z)-(a_2x+b_2y+c_2z)^{n+1} = \\ = \dfrac{\lambda}{\det A}\Big[(b_2c_3-b_3c_2)(x^nz-y^{n+1})+(c_2a_3-c_3a_2)(y^nx-z^{n+1})+ \\ +(a_2b_3-a_3b_2)(z^ny-x^{n+1})\Big] \end{cases}$$

et les deux relations analogues déduites de la précédente par permutation circulaire de l'ensemble d'indices $(1,2,3)$. Ecrivons la nullité du coefficient de z dans (2.1.11) :

$$(2.1.12)\qquad \begin{cases} (a_1x+b_1y)^{n-1}\,[c_3(a_1x+b_1y)+nc_1(a_3x+b_3y)] \\ = (n+1)c_2\,(a_2x+b_2y)^n+\dfrac{\lambda}{\det A}(b_2c_3-b_3c_2)x^n\,. \end{cases}$$

Remarquons que si u et v sont deux scalaires non nuls, ℓ et ℓ' deux formes linéaires indépendantes sur $\mathbb{C}^2$, alors, choisissant une racine $n^{\text{ème}}$, α, de v/u, on a :

$$u\,\ell^n - v\,\ell'^n = u \prod_{\xi\,|\,\xi^n=1} (\ell-\alpha\,\xi\,\ell')\ ,$$

où les formes linéaires figurant dans le $2^{\text{ème}}$ membre sont deux à deux linéairement indépendantes. Par suite, comme $\lambda \neq 0$ et $n \geq 3$, il résulte de (2.1.12) qu'il est impossible que l'on ait à la fois

$$b_2 \neq 0\ ;\ c_2 \neq 0\ ;\ b_2c_3 - c_3\,b_2 \neq 0\,.$$

En fait, nous allons montrer, en raisonnant par l'absurde, que l'on a

$$(2.1.13)\qquad b_2 = 0 \quad \text{ou} \quad c_2 = 0\,.$$

Supposons le contraire. Alors $b_2c_3 - c_3b_2 = 0$, de sorte que (2.1.12) implique que $a_1x + b_1y$, $a_2x + b_2y$ et $c_1(a_3x + b_3y)$ sont proportionnelles.

Les deux premières colonnes de A étant linéairement indépendantes, on en déduit $c_1 = 0$. Mais alors, comme $n \geq 3$, l'égalité des coefficients de z^2 des deux membres de (2.1.11) s'écrit

$$- \binom{n+1}{2} c_2^2(a_2x + b_2y)^{n-1} = 0 ,$$

ce qui contredit la non-validité de (2.1.13) . De la même manière, l'étude des coefficients de x et y dans (2.1.11) , qui se ramène d'ailleurs à la précédente par deux applications successives de la permutation

$$(a_i, b_i, c_i) \longmapsto (c_i, a_i, b_i) , \quad \text{montre que}$$

(2.1.14) $$c_2 = 0 \text{ ou } a_2 = 0 \text{ ; } a_2 = 0 \text{ ou } b_2 = 0 ,$$

donc finalement deux des coefficients a_2, b_2, c_2 sont nuls. De même, les égalités déduites de (2.1.11) par application des permutations $(1,2,3) \longrightarrow (2,3,1)$ et $(1,2,3) \longmapsto (3,1,2)$ montrent que deux parmi les coefficients (a_1, b_1, c_1) [resp. (a_3, b_3, c_3)] sont nuls. Pour montrer que $g \in G$, on peut , quitte à le composer avec un élément de H , qui opère transitivement sur S (2.1.3) , supposer que $g(\overline{1,1,1}) = (\overline{1,1,1})$, d'où, quitte à multiplier A par un scalaire inversible ,

$$a_1 + b_1 + c_1 = a_2 + b_2 + c_2 = a_3 + b_3 + c_3 = 1 .$$

Mais alors, vu (2.1.13) et (2.1.14) , A est une matrice de permutation et il est facile de vérifier directement que les seules matrices de permutation satisfaisant (2.1.10) sont celles de permutations circulaires, d'où l'assertion.

<u>Cas où</u> $n = 2$. Alors $\mathrm{card}(S) = 7$.

LEMME 2.1.15. <u>Toute droite de</u> $\mathbb{P}^2_{\mathbb{C}}$ <u>rencontre</u> S <u>en au plus deux points</u>.

Supposons en effet qu'une droite Δ contienne trois points distincts de S . Comme H opère transitivement sur S (2.1.3) , on peut, quitte à remplacer Δ par $h(\Delta)$, avec $h \in H$, supposer que l'un des trois points est $(\overline{1,1,1})$. Remarquant que $[\zeta, \zeta^{-2}\zeta, 1]^2 = [\zeta^3, \zeta^2, 1]$ est un générateur de $H \simeq \mathbb{Z}/7\mathbb{Z}$, on en déduit l'existence de deux entiers $a, b \in [1,6]$ distincts tels que

$$(2.1.16) \qquad \begin{vmatrix} 1 & \zeta^{3a} & \zeta^{3b} \\ 1 & \zeta^{2a} & \zeta^{2b} \\ 1 & 1 & 1 \end{vmatrix} = 0 \ ,$$

soit, supposant par exemple $a > b$,

$$(2.1.17) \qquad \zeta^{b}(\zeta^{a}-\zeta^{b})(1+\zeta^{a-b}-\zeta^{a}-\zeta^{b}-\zeta^{2a-b}+\zeta^{2a+b}) = 0 \ .$$

Soient c_1 et c_2 les entiers $\in [0,6]$ tels que

$$2a-b \equiv c_1 \quad \text{et} \quad 2a+b \equiv c_2 \mod 7 \ .$$

Vu l'irréductibilité du polynôme cyclotomique $1+T+T^2+T^3+T^4+T^5+T^6 = \Phi_7(T)$, l'égalité (2.1.17) implique que le polynôme

$$Q(T) = 1+T^{a-b}+T^{c_2}-T^{a}-T^{b}-T^{c_1} \in \mathbb{Z}[T]$$

est de la forme $s\Phi_7(T)$ $(s \in \mathbb{Z})$. Comme $Q(1) = 0$ et $\Phi_7(1) = 6 \neq 0$, on a donc $Q = 0$. Vu les hypothèses faites sur a et b , cela entraîne

$$a = c_2 \ ; \ b = a-b \ ; \ c_1 = 1 \ .$$

Mais les deux premières égalités, à savoir

$$a+b \equiv 0 \ (\mathrm{mod}\ 7) \quad \text{et} \quad a = 2b$$

impliquent $a \equiv b \equiv 0 \ (\mathrm{mod}\ 7)$, d'où l'absurdité .

Le lemme (2.1.15) implique en particulier que quatre points quelconques de S forment un repère projectif de $P^2_{\mathbb{C}}$. Notant $\widetilde{G}$ le stabilisateur de (E) dans $PGL(3,\mathbb{C})$, on en déduit que $\widetilde{G}$ s'identifie à un sous-groupe du groupe $\mathfrak{S}(S)$ des permutations de S , d'où une suite d'inclusions

$$(2.1.18) \qquad G \subset \widetilde{G} \subset \mathfrak{S}(S) \xrightarrow{\sim} \mathfrak{S}_7 \ .$$

Par suite, $\mathrm{card}(\widetilde{G}) \mid 7!$ et $21 \mid \mathrm{card}(\widetilde{G})$. Pour voir que $\mathrm{card}(\widetilde{G}) = 21$, d'où $G = \widetilde{G}$, nous allons tout d'abord admettre que $\widetilde{G}$ ne contient pas d'élément d'ordre 2 .

Alors $\mathrm{card}(\widetilde{G}) = 3^p 5^q 7$, avec $1 \leq p \leq 2$ et $0 \leq q \leq 1$, et nous allons vérifier que, de toutes manières, $\widetilde{G}$ est résoluble. Si $q = 0$, cela est facile, et résulte en tout état de cause du théorème de BURNSIDE sur les groupes dont l'ordre n'est divisible que par deux nombres premiers au plus.

Si $\mathrm{card}(\widetilde{G}) = 105$, alors ou bien $\widetilde{G}$ n'admet qu'un 5-sous-groupe de Sylow , nécessairement distingué, ou bien $\widetilde{G}$ a 21 5-sous-groupes de Sylow, donc $4 \times 21 = 84$ éléments d'ordre 5 ; dans ce dernier cas, $\widetilde{G}$ contient $105 - 84 = 21$ éléments d'ordre $\neq 5$, qui coïncident nécessairement avec les éléments de G , d'où l'on conclut aussitôt que $G \lhd \widetilde{G}$ et $\widetilde{G}/G \simeq \mathbb{Z}/5\,\mathbb{Z}$.

Supposons enfin que $\mathrm{card}(\widetilde{G}) = 315$. Nous allons voir, en raisonnant par l'absurde, que l'un des sous-groupes de Sylow de $\widetilde{G}$ est distingué, ce qui permettra de conclure en utilisant par exemple le théorème de BURNSIDE .

Si tel n'était pas le cas, on aurait, en utilisant les théorèmes de SYLOW , le tableau suivant :

diviseur premier r de $\mathrm{card}(\widetilde{G})$:	3	5	7
nb de r-sous-groupes de Sylow :	7	21	15
nb d'éléments d'ordre r :	$\leq 7 \times 8 = 56$	$21 \times 4 = 84$	$15 \times 6 = 90$.

Or, d'après le lemme (2.1.19) ci-dessous, $\widetilde{G}$ n'a que des éléments d'ordre 1, 3, 5 ou 7 d'où

$$315 = \mathrm{card}(\widetilde{G}) \leq 1 + 56 + 84 + 90 = 231 ,$$

ce qui est manifestement absurde.

LEMME 2.1.19. <u>Un élément</u> $g \in PGL(3,\mathbb{C})$ <u>induisant une permutation de</u> S <u>est d'ordre</u> ≤ 7 .

Comme 4 points quelconques de S définissent un repère projectif de $P^2_{\mathbb{C}}$, il suffit de voir que si $G' \subset \mathfrak{S}_7$ est un sous-groupe dont aucun élément $\neq 1$ n'a quatre points fixes, alors l'ordre de tout $g \in G'$ est inférieur ou égal à 7 .

Pour cela, remarquons que si l'une des orbites dans $[1,2,\ldots,7]$ du sous-groupe (g) de G' a un cardinal $x \geq 4$, alors g^x a quatre points fixes au moins, donc $g^x = 1$. Cela restreint les possibilités des cardinaux des orbites aux cas suivants, lorsque $g \neq 1$,

4	1	1	1	3	2	1	1		(a)
4	2	1		3	2	2			(b)
5	1	1		3	3	1			
6	1			2	2	2	1		
7				2	2	1	1	1	,

puisque g a moins de quatre points fixes. Mais les cas (a) et (b) sont exclus. Pour le premier, g^3 a quatre points fixes, d'où $g^3 = 1$; de même, pour le deuxième, $g^2 = 1$. Enfin, on vérifie facilement que, dans tous les cas restants, l'ordre de g est ≤ 7.

Lorsqu'on sait que $\mathrm{card}(\widetilde{G})$ est impair, on peut alors conclure comme suit. Comme 7 est premier, on sait ([8] où, pour un exposé plus moderne, [1] th 1.5) que les sous-groupes résolubles <u>transitifs</u> maximaux de $\mathfrak{S}_7$ ont pour cardinal $6 \times 7 = 42$. Mais $\widetilde{G}$ est transitif, puisqu'il contient H, et nous venons de voir qu'il est résoluble. Par suite, comme $\mathrm{card}(\widetilde{G})$ est impair, on a $\mathrm{card}(\widetilde{G}) | 21$, d'où l'assertion.

Montrons maintenant que $\widetilde{G}$ ne contient pas d'élément τ d'ordre 2. A supposer qu'une telle involution existe, soient D la droite projective de $P^2_{\mathbb{C}}$ et Q le point non situé sur D tels que

$$(P^2_{\mathbb{C}})^{\tau} = \{Q\} \cup D ,$$

de sorte que, pour tout point M de $P^2_{\mathbb{C}}$, les points Q, M et $\tau(M)$ sont alignés. D'après (2.1.15), il ne peut y avoir plus de trois points de S invariants par τ. Si $M \in S$ n'est pas invariant par τ, une nouvelle application de (2.1.15) montre que $Q \notin S$, puisque Q, M et $\tau(M)$ sont alignés. Par suite $S^{\tau} \subset D$. Comme $\mathrm{card}(S) = 7$, S^{τ} est formé d'un nombre impair de points alignés, donc (2.1.15) réduit à un point. Quitte à conjuguer τ par un élément de H, on peut supposer que

$$S^{\tau} = (\overline{1,1,1}) .$$

Posant, pour tout entier p ,

$$f_p = (\overline{\zeta^{3p}, \zeta^{2p}, 1}) ,$$

il existe une partition de $(1,2,\ldots,6)$ en trois couples non ordonnés

$$(a_1,b_1) , (a_2,b_2) , (a_3, b_3) ,$$

tels que les droites $f_{a_i} f_{b_i}$ $(1 \leq i \leq 3)$ concourent en Q . On est donc amené dans un premier temps à déterminer les partitions de $(1,2,\ldots,6)$ en trois couples $(a_i,b_i)(1 \leq i \leq 3)$ tels que les droites $f_{a_i} f_{b_i}$ soient concourantes. Identifiant $(1,2,\ldots,6)$ à $S \doteq (\overline{1,1,1})$ par $p \longmapsto f_p$, le groupe K (2.1.5) engendré par la permutation σ opère sur l'ensemble des 15 partitions de $(1,2,\ldots,6)$ en trois couples, de sorte que, si deux partitions appartiennent à la même orbite, les droites correspondant à l'une sont alignées si et seulement si celles correspondant à l'autre le sont. Identifiant de façon évidente $(1,2,\ldots,6)$ à $(\mathbb{Z}/7\,\mathbb{Z})^*$, l'opération de σ est induite par la multiplication par 2 sur $\mathbb{Z}/7\,\mathbb{Z}$. On en déduit facilement que l'opération de K sur l'ensemble des partitions de $(1,2,\ldots,6)$ en trois couples a trois points fixes, à savoir

(1)	(1,3) (2,6) (4,5)
(2)	(1,5) (2,3) (4,6)
(3)	(1,6) (2,5) (3,4)

et quatre orbites de cardinal 3 , de représentants

(4)	(1,2) (3,4) (5,6)
(5)	(1,2) (3,5) (4,6)
(6)	(1,2) (3,6) (4,5)
(7)	(1,3) (2,5) (4,6) .

Si a et $b \in (1,2,\ldots,6)$, la droite $f_a f_b$ a pour équation

$$x(\zeta^{2a} - \zeta^{2b}) - y(\zeta^{3a} - \zeta^{3b}) + \zeta^{3a+2b} - \zeta^{3b+2a} = 0 \text{ , soit}$$

$$x(\zeta^{a} + \zeta^{b}) - y(\zeta^{2a} + \zeta^{a+b} + \zeta^{2b}) + \zeta^{2(a+b)} = 0 \text{ .}$$

On a donc à calculer, dans chacun des 7 cas indiqués, la valeur du déterminant

$$\begin{vmatrix} \zeta^{a_1} + \zeta^{b_1} & \zeta^{2a_1} + \zeta^{a_1+b_1} + \zeta^{2b_1} & \zeta^{2(a_1+b_1)} \\ \zeta^{a_2} + \zeta^{b_2} & \zeta^{2a_2} + \zeta^{a_2+b_2} + \zeta^{2b_2} & \zeta^{2(a_2+b_2)} \\ \zeta^{a_3} + \zeta^{b_3} & \zeta^{2a_3} + \zeta^{a_3+b_3} + \zeta^{2b_3} & \zeta^{2(a_3+b_3)} \end{vmatrix} .$$

Donnons le résultat du calcul (fastidieux) :

cas (1) : $-3 + \zeta + \zeta^2 - \zeta^4$

cas (2) : $-4 - \zeta - \zeta^2 - \zeta^4$

cas (3) : -5

cas (4) : $2 + 4\zeta + 5\zeta^2 + 4\zeta^3 - \zeta^5$

cas (5) : $5 - 3\zeta + 5\zeta^2 + 6\zeta^3 + 2\zeta^4 + 5\zeta^5$

cas (6) : $-3\zeta^2 + 2\zeta^3 + 5\zeta^4 + 3\zeta^5$

cas (7) : 0 .

Remarque 2.1.20. Le groupe G opère librement et transitivement sur l'ensemble T des points de $P^2_{\mathbb{C}}$ d'où sont issues 3 droites rencontrant chacune S en deux points, de sorte que $\text{card}(T) = 21$.

En effet, un élément de T est associé à une partition de $(1,2,\ldots,6)$ en trois couples et un singleton et, une fois le singleton fixé, il y a seulement trois choix possibles pour les trois couples restants (utiliser l'opération de H) , d'où $\text{card}(T) = 21$.

Soit t_o le point d'intersection des trois droites du cas (7) , et montrons que le stabilisateur G_{t_o} dans G de t_o est réduit à $\{1\}$. Vu qu'il n'y a que 3 droites issues de t_o et rencontrant S en 2 points, un élément g de G_{t_o} stabilise $\overline{(1,1,1)}$, donc appartient à K , et stabilise la partition (1,3) , (2,5) , (4,6) de (1,2,...,6) , donc est réduit à $\{1\}$ d'après les calculs précédents .

Pour terminer la preuve de (2.1.8) , il suffit de montrer par exemple que l'unique application projective envoyant le repère projectif (f_o,f_1,f_2,f_4) sur (f_o,f_3,f_5,f_6) ne transforme pas f_3 en f_1 . On laisse ce plaisant exercice au lecteur.

2.1.21. Le lemme (2.1.8) montre en particulier que G opère par composition sur l'ensemble des solutions algébriques de (E) . Si $f \in \mathbb{C}[x,y,z]$ est un polynôme irréductible tel que $f | \omega \wedge df$ et θ est un relevé dans $GL(3,\mathbb{C})$ d'un élément de G , on a

$$f \circ \theta | \; \theta^*(\omega) \wedge d(f \circ \theta) = cte[\omega \wedge d(f \circ \theta)] .$$

Pour préciser, notons α le polynôme homogène de degré $n-1$ défini par

$$z^n f'_x + x^n f'_y + y^n f'_z = \alpha(x,y,z) f .$$

Si $f_1 = f \circ \sigma$, i.e. $f_1(x,y,z) = f(y,z,x)$, on a

$$z^n \frac{\partial f_1}{\partial x} + x^n \frac{\partial f_1}{\partial y} + y^n \frac{\partial f_1}{\partial z} = \alpha(y,z,x) f_1 . \tag{2.1.22}$$

De même, si $[\lambda,\mu,\nu] \in H$, posant $g(x,y,z) = f(\lambda x,\mu y,\nu z)$, on voit que

$$z^n \frac{\partial g}{\partial x} + x^n \frac{\partial g}{\partial y} + y^n \frac{\partial g}{\partial z} = a(\lambda,\mu,\nu)\, \alpha(\lambda x,\mu y,\nu z) g , \tag{2.1.23}$$

avec

$$a(\lambda,\mu,\nu) = \frac{\lambda}{\nu^n} = \frac{\mu}{\lambda^n} = \frac{\nu}{\mu^n} .$$

2.2. Précisons la nature des points du lien singulier S de (E) . Soit $\xi = \overline{(t^{-n},t,1)}$ un point de S , avec $t^{n^2+n+1} = 1$. Posons

$$P = x^n - y^{n+1} \;,\; Q = y^n x - 1 \;.$$

A distance finie, l'équation (E) s'écrit $Pdx + Qdy = 0$, soit, au voisinage de ξ ,

$$\frac{dx}{dy} = - \frac{\frac{\partial Q}{\partial x}(\xi)x + \frac{\partial Q}{\partial y}(\xi)y + \ldots}{\frac{\partial P}{\partial x}(\xi)x + \frac{\partial P}{\partial y}(\xi)y + \ldots} \;,$$

où , par abus de notation, on a encore posé $\xi = (t^{-n},t) \in \mathbb{C}^2$.
La nature du point singulier ξ dépend de la matrice

$$A = \begin{bmatrix} \frac{\partial Q}{\partial x}(\xi) & \frac{\partial Q}{\partial y}(\xi) \\ -\frac{\partial P}{\partial x}(\xi) & -\frac{\partial P}{\partial y}(\xi) \end{bmatrix} = \begin{bmatrix} t^n & nt^{-1} \\ -nt^{2n+1} & (n+1)t^n \end{bmatrix} .$$

On a

$$(2.2.1) \qquad \begin{cases} \det(A) = (n^2 + n + 1)\, t^{2n} \\ \operatorname{tr}(A) = (n+2)\, t^n \;, \end{cases}$$

d'où résulte en particulier que A est non dégénérée . Notant λ_1 et λ_2 ses valeurs propres, on trouve

$$\frac{\lambda_1}{\lambda_2} + \frac{\lambda_2}{\lambda_1} = \frac{\operatorname{tr}(A)^2}{\det(A)} - 2 = \frac{(n+2)^2 - 2(n^2+n+1)}{n^2+n+1} = - \frac{n^2-2n-2}{n^2+n+1} \;.$$

Par suite, $\frac{\lambda_1}{\lambda_2}$ est zéro du polynôme du $2^{\text{ème}}$ degré

$$(n^2+n+1)X^2 + (n^2-2n-2)X + (n^2+n+1) \;,$$

de discriminant

$$\Delta = (n^2-2n-2)^2 - 4(n^2+n+1)^2 = -3n^2(n+2)^2 \;,$$

d'où

$$(2.2.2)\qquad \frac{\lambda_1}{\lambda_2} = \frac{-(n^2-2n-2) \pm i\, n(n+2)\sqrt{3}}{2(n^2+n+1)} \quad ,$$

qui ne dépend pas du choix de $\xi \in S$. Comme (2.2.2) n'est pas rationnel, par tout point ξ de S passent deux branches formelles de solutions de (E), et deux seulement, qui sont (formellement) lisses en ξ et s'y coupent transversalement ([7] th 8 (a) , p. 256) .

Utilisant le théorème de non-ramification analytique de CHEVALLEY (cf. NAGATA : Local rings , p. 134) , on en déduit qu'il passe au plus par ξ deux solutions algébriques de (E) ; s'il y en a une seule, ξ en est point double ordinaire, s'il y en a deux, elles sont lisses et se coupent transversalement en ξ . Toute solution algébrique de (E) passant par l'un des points de S , on voit déjà que l'ensemble Σ des solutions algébriques de (E) , que l'on identifiera avec les courbes de $P^2_{\mathbb{C}}$ correspondantes, est _fini_ .

2.3. _A partir de maintenant, nous allons supposer que_ $\Sigma \neq \emptyset$, _et en déduire une contradiction_ .

LEMME 2.3.1. _L'opération naturelle de_ H _sur_ Σ (2.1.21) _n'a pas de point fixe_, i.e. $\Sigma^H = \emptyset$.

Preuve : Supposons par l'absurde qu'il existe un tel point fixe, correspondant à un polynôme irréductible f , et soit α le polynôme défini en (2.1.21) . D'après (2.1.23) , on a

$$\nu^n \alpha(x,y,z) = \lambda\alpha(\lambda x,\mu y,\nu z)$$

pour tout $(x,y,z) \in \mathbb{C}^3$ et tout $[\lambda,\mu,\nu] \in H$. En particulier, notant toujours ζ une racine primitive (n^2+n+1)-ème de 1 , on a

$$\zeta^{-n}\alpha(\zeta^{-n}x,\zeta y,z) = \alpha(x,y,z) \text{ , soit, si}$$

$$\alpha(x,y,z) = \sum_{0 \le j \le i \le n-1} \alpha_{ij} x^j y^{i-j} z^{n-1-i} \quad ,$$

(2.3.2) $$\alpha_{ij}(\zeta^{i-(n+1)j-n} - 1) = 0 \qquad (0 \leq j \leq i \leq n-1) .$$

Or $0 < j(n+1) + n - i \leq (n-1)(n+1)+n < n^2+n+1$, d'où

$\zeta^{(n+1)j+n-i} \neq 1$, car ζ est primitive, donc

$\alpha_{ij} = 0$, et f est solution de l'équation aux dérivées partielles

(2.3.3) $$z^n \frac{\partial h}{\partial x} + x^n \frac{\partial h}{\partial y} + y^n \frac{\partial h}{\partial z} = 0 .$$

Si $d = d^\circ(f)$, l'ensemble des polynômes h homogènes de degré d satisfaisant à (2.3.3) est un sous-espace vectoriel V de dimension finie de $\mathbb{C}[x,y,z]$. Nécessairement, dim $V = 1$, car sinon V contiendrait un pinceau irréductible, donc il existerait une infinité de solutions algébriques irréductibles de (2.3.3) , donc de (E) . Mais alors, comme il est clair que $f(y,z,x)$ satisfait à (2.3.3) , on voit que la courbe Γ d'équation $f = 0$ est stable par K , donc par G . Il existe donc un caractère $\lambda : G \to \mathbb{C}^*$ tel que

$$f \circ g = \lambda(g).f \qquad (g \in G) .$$

Identifiant G à

$$(\mathbb{Z}/n^2+n+1) \overset{n}{\times} (\mathbb{Z}/3),$$

il est clair que λ vaut 1 sur

$$[G,G] = \begin{cases} (\mathbb{Z}/n^2+n+1) \overset{n}{\times} 0 & \text{si } n \not\equiv 1 \mod 3 \\ (3\mathbb{Z}/n^2+n+1) \overset{n}{\times} 0 & \text{si } n \equiv 1 \mod 3 . \end{cases}$$

Par suite ,

(2.3.4) $$f(\zeta^{-3n} x, \zeta^3 y, z) = f(x,y,z) .$$

Si $$f(x,y,z) = \sum_{p+q+r=d} a_{pqr} x^p y^q z^r ,$$

on a donc

(2.3.5) $$a_{pqr}(\zeta^{-3np+3q} - 1) = 0 \text{ , pour tout } (p, q, r) .$$

Choisissons (p,q,r) tel que $a_{pqr} \neq 0$. Comme il existe u , avec $u^3 = 1$, tel que $f(y,z,x) = uf(x,y,z)$, on a aussi

$$a_{qrp} \neq 0 \quad \text{et} \quad a_{rpq} \neq 0 ,$$

d'où , par (2.3.5) ,

$$\begin{cases} 3np \equiv 3q \\ 3nq \equiv 3r \\ 3nr \equiv 3p \end{cases} \mod(n^2 + n + 1)$$

et, en additionnant ,

(2.3.6) $$3(n-1)d \equiv 0 \mod(n^2 + n + 1) .$$

Pour terminer, nous nous appuierons sur le lemme suivant, dont la démonstration, sous une forme générale, est reportée en appendice.

LEMME 2.3.7. _Soient_ $P, Q, R, U, V, W \in \mathbb{C}[x,y,z]$, _avec_ P, Q, R _homogènes de degré_ $n \geq 1$ _et_ U, V, W _homogènes de degré_ $\nu \geq 1$. _On suppose que_

1) $$\{b \in P^2_{\mathbb{C}} \mid P(b) = Q(b) = R(b) = 0\} = \emptyset ,$$

2) $$PU + QV + RW = 0 .$$

Alors la sous-variété algébrique Z _(avec éventuellement des éléments nilpotents) de_ $P^2_{\mathbb{C}}$ _d'Idéal gradué_ (U, V, W) _a pour degré_

$$\nu^2 - \nu n + n^2 \quad \text{dans} \quad P^2_{\mathbb{C}} .$$

Appliquons (2.3.7) avec $P = z^n, \dots$; $U = f'_x , \dots$. Notant $\mathcal{O}_Z$ le faisceau structural de

$$Z = \mathrm{Proj}\left[\mathbb{C}[x,y,z]/(f'_x,f'_y,f'_z)\right],$$

il vient

$$\dim_{\mathbb{C}}\Gamma(Z,\mathcal{O}_Z) = (d-1)^2 - n(d-1) + n^2 .$$

Autrement dit, posant pour tout point singulier b de la courbe Γ

$$\tau_b = \dim_{\mathbb{C}} \mathcal{O}_{b,Z} ,$$

on a

$$\sum_{b \in \mathrm{Sing}(\Gamma)} \tau_b = (d-1)^2 - n(d-1) + n^2 . \tag{2.3.8}$$

Comme $(d-1)^2 - n(d-1) + n^2 = (d-1-n)^2 + n(d-1) > 0$, on déduit de (2.3.8) que Γ est singulière. Mais alors, comme H opère transitivement sur S , il résulte de la discussion terminant (2.2) que Γ a pour points singuliers les points de S , et que ce sont des points doubles ordinaires. On vérifie facilement (cf. appendice) qu'en un point b double ordinaire , $\tau_b = 1$, d'où , par (2.3.8) ,

$$n^2 + n + 1 = (d-1)^2 - n(d-1) - n^2 \text{ , soit } nd = (d-1)^2 - 1 \text{ , ou encore}$$

$$d = n + 2 . \tag{2.3.9}$$

D'après (2.3.6) , il existe donc un entier $v \geq 0$ tel que

$$3(n^2 + n - 2) = 3(n-1)(n+2) = v(n^2 + n + 1) .$$

Comme $n \neq 1$, on voit immédiatement que $1 \leq v \leq 2$. La contradiction vient alors de ce que les polynômes

$$(v = 1) \qquad 2X^2 + 2X - 7 \qquad \text{(discriminant 60)}$$

$$(v = 2) \qquad X^2 + X - 8 \qquad \text{(discriminant 33)}$$

n'ont pas de zéro entier .

2.3.10. D'après (2.3.1) , si $\Gamma : f = 0$ est une solution de (E) , il existe une autre solution $\Gamma' : g = 0$ transformée de Γ par H . Si $\xi \in \Gamma \cap \Gamma' \subset S$, on voit (2.2) que par ξ passent exactement deux solutions de (E) , appartenant à la même orbite de H sur Σ .

Comme H opère transitivement sur S , on en déduit que l'opération de H sur Σ est <u>transitive</u> et que par tout point de S passent exactement deux solutions algébriques de (E) . De plus, toutes les solutions de (E) sont lisses, se coupent deux à deux transversalement, et ont même degré d . Si $p = \mathrm{card}(\Sigma)$, les solutions se coupent deux à deux en d^2 points, d'où en tout $\binom{p}{2}d^2$ points appartenant à deux solutions, i.e. situés dans S . D'où l'égalité :

(2.3.11) $$p(p-1)d^2 = 2(n^2+n+1) .$$

LEMME 2.3.12. <u>Soit</u> $n \geq 1$ <u>un entier . Les diviseurs premiers de</u> n^2+n+1 <u>sont soit</u> 3 , <u>soit de la forme</u> $3s+1$. <u>De plus,</u> 9 <u>ne divise jamais</u> n^2+n+1 .

<u>Preuve</u> : Soit q un diviseur premier de n^2+n+1 , avec $q \neq 3$. Alors q ne divise pas $n-1$, car sinon on aurait

$$3 \equiv n^2+n+1 \equiv 0 \quad \mathrm{mod}\ q .$$

Par suite, on a $\bar{n} \neq 1$, $\bar{n}^3 = 1$ dans $(\mathbb{Z}/_{q\mathbb{Z}})^* \simeq \mathbb{Z}/_{(q-1)\mathbb{Z}}$, ce qui implique $3 | q-1$, d'où la première assertion. Modulo 3 , on a

(2.3.13) $$n^2+n+1 \equiv \begin{cases} 1 & \text{si } n \equiv 0 \\ 0 & \text{si } n \equiv 1 \\ 1 & \text{si } n \equiv 2 \end{cases}$$

donc, si $3 | n^2+n+1$, n est de la forme $3r+1$. Dans ce cas ,

$$n^2+n+1 = 3(3r^2+3r+1)$$

et 3 ne divise pas $3r^2+3r+1$.

Soient Γ et Γ' comme en (2.3.10) . Comme H est abélien et opère transitivement sur Σ , le stabilisateur H_o d'un point F de Σ ne dépend pas de F et on a $H/H_o \simeq \Sigma$ d'où

$$p[H_o] = n^2+n+1 ,$$

et, comparant avec (2.3.11) ,

(2.3.14) $$[H_o] = \frac{(p-1)d^2}{2} .$$

Par ailleurs, H_o opère sur $\Gamma \cap \Gamma' \subset S$. Comme H_o opère librement sur S et $[\Gamma \cap \Gamma'] = d^2$, on voit que $[H_o]$ divise d^2 . Comparant avec (2.3.14) , on en déduit que $\frac{p-1}{2} = 1$, d'où

(2.3.15) $$\begin{cases} p = 3 \\ [H_o] = d^2 \\ n^2 + n + 1 = 3\,d^2 \end{cases} .$$

D'après (2.3.13) , la dernière égalité n'est possible que si $n \equiv 1 \bmod 3$, ce qui montre déjà que (E) <u>n'a pas de solution algébrique lorsque</u> $n \not\equiv 1 \bmod 3$.

<u>Supposons désormais que</u> $n = 3t + 1$, <u>avec</u> $t \geq 1$, d'où

(2.3.16) $$n^2 + n + 1 = 3(3t^2 + 3t + 1) .$$

L'opération de $\mathbb{Z}/3\mathbb{Z}$ sur $P^2_{\mathbb{C}}$ définie par la permutation circulaire

$$\sigma : (\overline{x,y,z}) \longmapsto (\overline{y,z,x})$$

a pour seuls points fixes

(2.3.17) $$A = (\overline{1,1,1}) , \quad B = (\overline{1,j,j^2}) , \quad c = (\overline{1,j^2,j}) ,$$

et il résulte de (2.3.16) que ces trois points appartiennent au lieu singulier S de (E) .

Comme $p = 3$ et comme il passe par A exactement deux solutions algébriques de (E) , il existe une unique solution algébrique de (E) , soit Γ , d'équation $f = 0$, ne passant pas par A . Le groupe $(\sigma) \simeq \mathbb{Z}/3\mathbb{Z}$ permute entre elles les deux solutions passant par A et par suite, comme $\mathrm{pgcd}(2,3) = 1$, laisse chacune d'elles globalement invariante.

Il en résulte qu'il laisse aussi Γ globalement invariante, donc qu'il existe une racine cubique de l'unité τ telle que

$$f(y,z,x) = \tau f(x,y,z) \quad (x,y,z \in \mathbb{C}) .$$

Comme $f(1,1,1) \neq 0$, on a $\tau = 1$, d'où

$$f(y,z,x) = f(x,y,z) \quad (x,y,z \in \mathbb{C}) . \tag{2.3.18}$$

Comme f est homogène de degré $d \equiv 1 \bmod 3$ [(2.3.12) et (2.3.15)] , on déduit facilement de (2.3.18) que Γ passe par B et C . Un raisonnement analogue prouve que les trois solutions algébriques de (E) sont caractérisées par l'unique point parmi A, B, C qu'elles évitent.

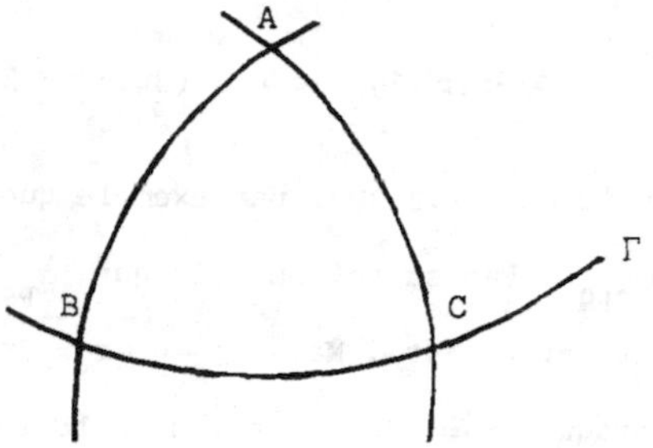

Soit maintenant α le polynôme homogène de degré $n-1 = 3t$ défini par (2.1.22) .

LEMME 2.3.19. <u>Il existe</u> $\lambda \in \mathbb{C}$ <u>tel que</u>

$$\alpha(x,y,z) = \lambda x^t y^t z^t .$$

<u>Preuve</u> : Le stabilisateur H_o de Γ pour l'opération de H sur Σ a pour indice 3 dans H (2.3.15) , donc est engendré par

$$[\zeta^{-3n}, \zeta^3, 1] ,$$

où ζ est une racine primitive $(n^2+n+1)^{\text{ème}}$ de 1 . Ecrivons que Γ est invariante par H_o :

(2.3.20) $$\zeta^{-3n}\,\alpha(\zeta^{-3n}x,\ \zeta^{3}y,\ z) = \alpha(x,y,z)\ .$$

Si

$$\alpha(x,y,z) = \sum_{\substack{p,q,r\geq 0\\ p+q+r=3t}} \alpha_{pqr}\, x^p y^q z^r\ ,$$ on a donc

$$\alpha_{pqr}(\zeta^{3n(p+1)-3q} - 1) = 0\ .$$

Par suite, $\alpha_{pqr} = 0$ si n^2+n+1 ne divise pas $3n(p+1) - 3q$. Or, comme $0 \leq q \leq n-1$,

$$1 \leq 3np+3 \leq 3n(p+1) - 3q \leq 3n(p+1)\ .$$

En particulier, si $p \leq t-1$, on a

$$1 \leq 3n(p+1) - 3q \leq 3t(3t+1) < 3(3t^2+3t+1)\ .$$

Par ailleurs, il résulte de (2.3.18) par exemple que $\alpha(y,z,x) = \alpha(x,y,z)$ d'où $\alpha_{pqr} = \alpha_{qrp} = \alpha_{rpq}$. Par suite, on voit que $\alpha_{pqr} = 0$ sauf éventuellement lorsque $p \geq t$, $q \geq t$ et $r \geq t$. Mais $p+q+r = 3t$, de sorte que cela n'est possible que lorsque $p = q = r = t$, d'où le lemme .

Revenons maintenant à la définition de α :

(2.3.21) $$z^n f'_x + x^n f'_y + y^n f'_z = \lambda x^t y^t z^t f\ .$$

Ordonnons f par rapport aux puissances de z

$$f = z^d f_o + z^{d-1} f_1 + \ldots + z^j f_{d-j} + \ldots + f_d\ ,$$

de sorte que (2.3.21) devient

$$z^n\left(z^{d-1}\frac{\partial f_1}{\partial x} + \ldots + z^j \frac{\partial f_{d-j}}{\partial x} + \ldots + \frac{\partial f_d}{\partial x}\right) + x^n\left(z^{d-1}\frac{\partial f_1}{dy} + \ldots + z^j\frac{\partial f_{d-j}}{\partial y} + \ldots + \frac{\partial f_d}{\partial y}\right) +$$

$$+ y^n\left(d f_o z^{d-1} + \ldots + j z^{j-1} f_{d-j} + \ldots + f_{d-1}\right) = \lambda x^t y^t z^t\left(z^d f_o + \ldots + \ldots + z^j f_{d-j} + \ldots + f_d\right).$$

Il en résulte que $\frac{\partial f_{d-j}}{dx} = 0$ dès que $n+j > t+d$, i.e. $j > d-2t-1$.
Autrement dit, posant

$$f = \sum_{\substack{p,q,r \geq 0 \\ p+q+r=d}} b_{pqr}\, x^p y^q z^r ,$$

on voit que $b_{pqr} = 0$ si

(2.3.22) $$r > d-2t-1 \quad \text{et} \quad p \neq 0 .$$

Par ailleurs (2.3.18) , $b_{pqr} = b_{rpq} = b_{qrp}$.

LEMME 2.3.23. <u>Si</u> $b_{pqr} \neq 0$, <u>nécessairement l'un des entiers</u> p,q,r <u>est nul</u>.

<u>Preuve</u> : En effet, si $p \neq 0$, $q \neq 0$, $r \neq 0$, on aurait (2.3.22)

$$p, q, r \leq d-2t-1 , \text{ d'où}$$

$d = p+q+r \leq 3(d-2t-1)$, soit $2d \geq 3(2t+1)$, et enfin

(2.3.24) $$d \geq 3t+2 = n+1 .$$

Comme Γ est lisse, on a $d \leq n+1$ ([3] (4.1)) et l'égalité $d = n+1$ n'est possible que si (E) a une infinité de solutions algébriques ([3], (4.1.7)) , ce qui n'est pas le cas .

Le lemme (2.3.23) , joint à (2.3.18) , implique qu'il existe un polynôme $h(x,y) = \sum_{i+j=d} h_{ij} x^i y^j$, avec $h_{od} = h_{do} = 0$, et un scalaire μ tels que

(2.3.25) $$f(x,y,z) = \mu(x^d+y^d+z^d) + h(x,y) + h(y,z) + h(z,x) .$$

Par ailleurs, comme Γ est stable sous l'action de H_o , il existe $u \in \mathbb{C}$ tel que

(2.3.26) $$f(\zeta^{-3n}x, \zeta^3 y, z) = u f(x,y,z) .$$

Utilisant (2.3.25) , on voit déjà que $\mu = 0$, sinon de l'égalité

$$\mu(\zeta^{-3nd}x^d + \zeta^{3d}y^d + z^d) = u\mu(x^d + y^d + z^d)$$

résulterait $u = 1$ et $\zeta^{3d} = 1$, d'où $n^2 + n + 1 | 3d$, ce qui n'est possible (2.3.15) que si $d = 1$, donc $n = 1$, cas qui a été exclu . Par suite, $h \neq 0$. D'autre part, il résulte également de (2.3.26) que

$$h(\zeta^{-3n}x, \zeta^3 y) = h(\zeta^3 x, y) = h(x, \zeta^{-3n}y) \ [= uh(x,y)] .$$

Si $i \neq 0$, $j \neq 0$, le coefficient h_{ij} ne peut être $\neq 0$ que si

$$\zeta^{-3ni+3j} = \zeta^{3i} = \zeta^{-3nj} ,$$

soit $3(i+nj) \equiv 0 \bmod (n^2 + n + 1)$. Utilisant (2.3.15) , on en déduit l'existence d'un entier $a \geq 1$ tel que

$$\begin{cases} i + nj = ad^2 \\ i + j = d \end{cases} , \text{ d'où}$$

(2.3.27) $$j(n-1) = d(ad-1) .$$

Nous allons voir que d et $n-1$ sont premiers entre eux . De (2.3.27) résultera alors que $d | j$, d'où une contradiction car $1 \leq j < d$ $(i \neq 0 !)$.

L'égalité $n^2 + n + 1 = 3d^2$ s'écrit aussi

(2.3.28) $$(n-1)(n+2) = 3(d^2 - 1) .$$

Si un nombre premier q divise $n-1$ et d , il résulte de (2.3.28) que $q = 3$, mais cela contredit le fait (2.3.12) que $9 \nmid n^2 + n + 1$. Donc $(n-1, d) = 1$, et par suite (E) n'a pas de solution algébrique lorsque $n \equiv 1 \bmod 3$.

Appendice : Un énoncé de géométrie énumérative .

Soit k un corps algébriquement clos. On suppose donnés six polynômes homogènes dans $k[x,y,z]$

$$(A_i) \text{ et } (U_i) \quad (1 \leq i \leq 3) ,$$

de degrés respectifs n_i et d_i , satisfaisant à la relation

$$(R) \qquad A_1U_1+A_2U_2+A_3U_3 = 0 .$$

Posons
$$\rho = n_1+d_1 = n_2+d_2 = n_3+d_3 ,$$

et notons Y et Z les sous-schémas de P^2_k d'équations

$$Y : A_1 = A_2 = A_3 = 0 ,$$

$$Z : U_1 = U_2 = U_3 = 0 .$$

PROPOSITION 1. On suppose Y et Z finis et $Y \cap Z = \emptyset$. Alors , notant a et b les nombres de points respectifs de Y et Z , comptés avec leur multiplicité, on a l'égalité

$$a+b = \frac{n_1n_2n_3+d_1d_2d_3}{\rho} .$$

Preuve : Les faisceaux structuraux de Y et Z sont définis par les suites exactes

$$(1.1) \qquad \mathcal{O}_P(-n_1)\oplus \mathcal{O}_P(-n_2)\oplus\mathcal{O}_P(-n_3) \xrightarrow{(A_1,A_2,A_3)} \mathcal{O}_P \to \mathcal{O}_Y \to 0$$

$$(1.2) \qquad \mathcal{O}_P(-d_1) \oplus \mathcal{O}_P(-d_2)\oplus\mathcal{O}_P(-d_2) \xrightarrow{(U_1,U_2,U_3)} \mathcal{O}_P \to \mathcal{O}_Z \to 0 ,$$

où l'on a posé pour simplifier , $P = P^2_k$, et

$$a = \ell(\mathcal{O}_Y) \ ; \ b = \ell(\mathcal{O}_Z) ,$$

Tensorisant (1.1) par $\mathcal{O}_P(\rho)$, on obtient une suite exacte de $\mathcal{O}_P$- Modules

(1.3) $$0 \to E \xrightarrow{j} \mathcal{O}_P(d_1) \oplus \mathcal{O}_P(d_2) \oplus \mathcal{O}_P(d_3) \xrightarrow{(A_1,A_2,A_3)} \mathcal{O}_P(\rho) \to \mathcal{O}_Y(\rho) \to 0 ,$$

dans laquelle, vu que P est régulier de dimension 2 , E est un $\mathcal{O}_P$- Module localement libre de rang 2 . D'après (R) , le triplet (U_1,U_2,U_3) définit une section s de E , et on pose $\sigma = j \circ s$. Comme $Y \cap Z = \emptyset$, le morphisme j est localement un monomorphisme direct au voisinage de Z , d'où

(1.4) $$\mathcal{O}_P / \mathrm{Im}(\check{s}) = \mathcal{O}_P / \mathrm{Im}(\check{\sigma}) = \mathcal{O}_Z ,$$

la dernière égalité provenant de (1.2) . Soit ℓ un nombre premier $\neq$ car(k) . Utilisons la théorie des classes de Chern

$$c = \Sigma\, c_i : K^{\circ}(P) \longrightarrow H^{2*}(P,\mathbb{Z}_\ell) ,$$

et rappelons que, notant $\xi = c_1(\mathcal{O}_P(1))$, l'application

$$T \longmapsto \xi : \mathbb{Z}_\ell[T]/(T^3) \longrightarrow H^{2*}(P,\mathbb{Z}_\ell)$$

est un isomorphisme . D'après ([4],(4.7)) , comme E est de rang 2 et Z est fini, il résulte de (1.4) que $c_2(E) = b\,\xi^2$. Mais, par ailleurs, (1.3) fournit l'égalité

(1.5) $$c(E) = \frac{(1+d_1\xi)(1+d_2\xi)(1+d_3\xi)}{1+\rho\,\xi}\, c(\mathcal{O}_Y) ,$$

car $\mathcal{O}_Y(\rho) \simeq \mathcal{O}_Y$ (Y est fini) . Si x_o est un point rationnel de P , on a

$$[\mathcal{O}_Y] = [\mathcal{O}_{x_o}]^a , \quad \text{dans } K^{\circ}(P) ,$$

d'où $c(\mathcal{O}_Y) = c(\mathcal{O}_{x_o})^a = (1-\xi^2)^a$, la dernière égalité provenant par exemple de l'acyclicité du complexe de Koszul

$$0 \to \mathcal{O}_P(-2) \to \mathcal{O}_P(-1) \oplus \mathcal{O}_P(-1) \to \mathcal{O}_P \to \mathcal{O}_{x_o} \to 0$$

exprimant que x_o est le cycle des zéros d'une section de $[\mathcal{O}_P(1)]^2$, et du fait que $\xi^3 = 0$.

Developpant le deuxième membre de (1.5) suivant les puissances de ξ , on obtient alors

$$c(E) = 1+(d_1+d_2+d_3-\rho)\xi+[\rho^2-a-\rho(d_1+d_2+d_3)+d_1d_2+d_2d_3+d_3d_1]\xi^2 ,$$

d'où , vu que $c_2(E) = b\,\xi^2$,

$$\frac{a+b}{\rho^2} = 1-\frac{d_1+d_2+d_3}{\rho}+\frac{d_1d_2+d_2d_3+d_3d_1}{\rho^2}$$

$$= (1-\frac{d_1}{\rho})(1-\frac{d_2}{\rho})(1-\frac{d_3}{\rho})+\frac{d_1d_2d_3}{\rho^3}$$

$$= \frac{n_1n_2n_3+d_1d_2d_3}{\rho^3} ,$$

et aussitôt le résultat .

Remarques 1.6.

a) Le lemme 2.3.7. du texte correspond au cas particulier $n_1=n_2=n_3=n$ et $d_1=d_2=d_3=\nu$.

b) Ainsi qu'il est mentionné dans l'introduction, Darboux ([2] pp.83-84) énonce et prouve le lemme 2.3.7. de façon incorrecte. Il oublie en particulier l'hypothèse $Y \cap Z = \emptyset$ qui est pourtant essentielle, ainsi que le montre l'exemple suivant . Soient Q et $R \in k[x,y,z]$ deux polynômes homogènes de même degré $m \geq 1$, premiers entre eux. Posant

$$A_1 = Q \quad A_2 = R \quad A_3 = Q+R$$

$$U_1 = Q \quad U_2 = -R \quad U_3 = Q-R ,$$

on trouve $a = b = m^2$, d'où $a+b = 2m^2$, tandis que

$$\frac{n_1n_2n_3+d_1d_2d_3}{\rho} = m^2 .$$

Bien entendu, il est facile de généraliser la proposition 1 dans diverses directions. Signalons par exemple l'énoncé suivant .

PROPOSITION 2. Soient r un entier ≥ 2 . Supposons données deux familles de polynômes homogènes dans $k[x_1,\dots,x_{r+1}]$

$$(A_i) \quad (1 \leq i \leq r+1) \quad d^\circ(A_i) = n_i$$

$$(U_i) \quad (1 \leq i \leq r+1) \quad d^\circ(U_i) = d_i \quad \text{telles que}$$

$$A_1U_1 + \dots + A_{r+1}\, U_{r+1} = 0 \, ,$$

et posons $\rho = n_1 + d_1 = \dots = n_{r+1} + d_{r+1}$. Alors, si

a) le sous-schéma Y d'équations $A_1 = A_2 = \dots = A_{r+1} = 0$ de P^r_k est fini ,

b) $\{x \in P^r_k \mid U_1(x) = \dots = U_{r+1}(x) = 0\} = \emptyset$,

on a l'égalité

$$\ell(\mathcal{O}_Y) = \dim_k H^\circ(Y,\mathcal{O}_Y) = \frac{n_1 \dots n_{r+1} + (-1)^r d_1 \dots d_{r+1}}{\rho} \, .$$

Preuve : L'hypothèse b) signifie que la flèche

$$(2.1) \qquad \mathcal{O}_P(-d_1) \oplus \dots \oplus \mathcal{O}_P(-d_{r+1}) \xrightarrow{(U_1,\dots,U_{r+1})} \mathcal{O}_P \, ,$$

où l'on a posé pour simplifier $P = P^r_k$, est surjective . La tensorisant par $\mathcal{O}_P(\rho)$, on en déduit une suite exacte de $\mathcal{O}_P$- Modules localement libres.

$$(2.2) \qquad 0 \longrightarrow E \xrightarrow{j} \mathcal{O}_P(n_1) \oplus \dots \oplus \mathcal{O}_P(n_{r+1}) \xrightarrow{(U_1,\dots,U_{r+1})} \mathcal{O}_P(\rho) \longrightarrow 0 \, .$$

Le $(r+1)$-uple $(A_1,\dots,A_{r+1})$ s'interprête comme une section s de E et, comme j est localement scindé, $\mathcal{O}_Y = \mathcal{O}_P/\mathrm{Im}(\check{s})$. Comme $\mathrm{rg}(E) = r$, on a , choisissant comme précédemment un premier $\ell \neq \mathrm{car}(k)$,

$$\ell(\mathcal{O}_Y)\xi^r = c_r(E) \quad \text{dans} \quad H^{2r}(P,\mathbb{Z}_\ell) \, ,$$

où $\xi = c_1(\mathcal{O}_P(1))$. Utilisons l'identification

$$T \longmapsto \xi : \mathbb{Z}[T]/(T^{r+1}) \xrightarrow{\sim} H^{2*}(P,\mathbb{Z}_\ell) \, ,$$

et posons

$$c(E) = 1+c_1\xi+\ldots+c_r\xi^r \quad (c_i \in \mathbb{Z}_\ell) .$$

On déduit de (2.2.) que

$$(1+c_1\xi+\ldots+c_r\xi^r)(1+\rho\xi) = (1+n_1\xi)\ldots(1+n_{r+1}\xi) , \quad \text{i.e.}$$

$$(2.3) \quad \begin{cases} (1+c_1T+\ldots+c_rT^r)(1+\rho T) - (1+n_1T)\ldots(1+n_{r+1}T) \\ = (\rho c_r - n_1\ldots n_{r+1})\, T^{r+1} \end{cases}$$

dans $\mathbb{Z}_\ell[T]$. L'égalité annoncée s'obtient alors en substituant $-1/\rho$ à T dans (2.3) .

3. A partir de maintenant, pour fixer les idées, on suppose que $k = \mathbb{C}$. Soient $L, M, N \in \mathbb{C}[x,y,z]$ trois polynômes de même degré m ayant l'origine comme seul zéro commun dans $\mathbb{C}^3$. Considérons l'opérateur différentiel

$$D = L\frac{\partial}{\partial x} + M\frac{\partial}{\partial y} + N\frac{\partial}{\partial z}$$

et cherchons à préciser la nature des solutions polynômiales (resp. analytiques entières) de l'équation

$$(3.1) \qquad D(f) = 0 .$$

Pour cela, remarquons tout d'abord que pour qu'une fonction entière f soit solution de (3.2) , il faut et il suffit que

$$f = \sum_{d\geq 0} g_d ,$$

où les $g_d \in \mathbb{C}[x,y,z]$ sont des polynômes homogènes de degré d solutions de la même équation (décomposer (3.2) en composantes homogènes) . En particulier, l'anneau

$$R = \mathrm{Ker}(D:\mathbb{C}[x,y,z] \longrightarrow \mathbb{C}[x,y,z])$$

est une sous - $\mathbb{C}$ - algèbre graduée de $\mathbb{C}[x,y,z]$.

Une autre remarque, tout aussi évidente, est que, posant

(3.2) $$\omega = \omega_x dx + \omega_y dy + \omega_z dz \ ,$$

avec

$$\begin{pmatrix} \omega_x \\ \omega_y \\ \omega_z \end{pmatrix} = \begin{pmatrix} L \\ M \\ N \end{pmatrix} \wedge \begin{pmatrix} x \\ y \\ z \end{pmatrix}$$

les solutions polynomiales irréductibles de (3.1) définissent des solutions algébriques de l'équation de Pfaff $\omega = 0$, mais que l'inverse n'est pas vrai.

3.3. Soit f un polynôme homogène de degré d solution de (3.1) . L'hypothèse que l'origine est seul zéro commun à L, M, N implique que (L, M, N) est une 3-suite de $\mathbb{C}[x,y,z]$, donc qu'il existe des polynômes U, V, W homogènes de degré $d-m-1$ tels que

$$\begin{pmatrix} f'_x \\ f'_y \\ f'_z \end{pmatrix} = \begin{pmatrix} L \\ M \\ N \end{pmatrix} \wedge \begin{pmatrix} U \\ V \\ W \end{pmatrix}$$

En particulier,

$$d \geq m + 1 \ .$$

3.4. Supposons maintenant f <u>sans facteurs carrés</u> , de sorte que

$$Z = \mathrm{Proj}\ [\mathbb{C}[x,y,z]/(f'_x,f'_y,f'_z)]$$

est fini. Posant pour tout point singulier b de la courbe Γ d'équation $f = 0$

$$\tau_b = \dim_{\mathbb{C}} \mathcal{O}_{b,Z} \ ,$$

on déduit de la proposition 1

(3.4.1) $$\sum_{b \in \mathrm{Sing}(\Gamma)} \tau_b = m^2 - m(d-1) + (d-1)^2 \ .$$

Précisons la nature de τ_b . Pour cela, quitte à faire un changement de coordonnées projectives, on peut supposer que $b = \overline{(x_o, y_o, 1)}$. Alors, posant $g(x,y) = f(x,y,1)$, on a d'après Euler

$$\mathcal{O}_{b,Z} = \left\{ \mathbb{C}[x,y]/(g, g'_x, g'_y) \right\}(x_o, y_o)$$

Par suite,

(3.4.2) $$1 \leq \tau_b \leq \mu_b \text{ , où}$$

μ_b est l'invariant de MILNOR

$$\mu_b = \dim_{\mathbb{C}} \left\{ \mathbb{C}[x,y]/(g'_x, g'_y) \right\}(x_o, y_o)$$

de la courbe Γ d'équation $f = 0$ dans $P^2_{\mathbb{C}}$ en b . Par ailleurs, notant $\tilde{\Gamma}$ la normalisée de Γ , rappelons qu'on pose classiquement

$$\delta_b = \dim_{\mathbb{C}} \left[\mathcal{O}_{\tilde{\Gamma},b} / \mathcal{O}_{\Gamma,b} \right]$$

et que, notant r_b le nombre de branches de Γ passant par b , on a l'égalité

(3.4.3) $$2\delta_b = \mu_b + r_b - 1 \text{ .}$$

(MILNOR : Singular points on complex hypersurfaces , th. 10.5 p. 85) .

En particulier, lors que b est un <u>point double ordinaire</u> , $\delta_b = 1$, $r_b = 2$, d'où

$$\mu_b = \tau_b = 1 \text{ .}$$

L'étude locale du lien singulier S de la forme ω (par ex. [7] th. 8) permet souvent de conclure a priori que les points singuliers de Γ sont tous des points doubles ordinaires. Dans ce cas, on déduit de (3.4.1)

(3.4.4) $$m^2 - m(d-1) + (d-1)^2 = \# \operatorname{Sing}(\Gamma) \leq \# S \leq m^2 + m + 1 \text{ ,}$$

la dernière égalité, dans laquelle $\# S$ est compté sans multiplicités, provenant de ([3] 2.3) par exemple . D'où $md \geq d^2 - 2d$, soit

(3.4.5) $$d \leq m + 2 \; .$$

Utilisant (3.3) et (3.4.5), on voit qu'il est souvent facile de décider au bout d'un nombre fini de calculs si l'équation (3.1) a des solutions polynomiales sans facteurs carrés. On vérifie facilement qu'il n'y en a pas "génériquement".

Observons également que, dans les conditions précédentes, si $d = m+2$, on a, vu (3.4.4), $\#\mathrm{Sing}(\Gamma) = \#S = m^2+m+1$, donc S est lisse et tous ses points sont singuliers pour Γ.

3.5. Pour terminer ces considérations, manifestement fort incomplètes, explicitons deux exemples.

3.5.1. Lorsque $m \geq 2$, l'équation

$$z^m \frac{\partial f}{\partial x} + x^m \frac{\partial f}{\partial y} + y^m \frac{\partial f}{\partial z} = 0$$

a pour seules solutions polynomiales (et même entières) sur C^3 les constantes. Mieux, nous avons vu que l'équation de Pfaff $\omega = 0$ (3.2) correspondante, notée (E), n'a pas de solution algébrique. Par contre, l'équation de Pfaff

$$(xz - y^2)dx + (yx - z^2)dy + (zy - x^2)dz = 0$$

a pour seules solutions algébriques les droites d'équations

$$u = x+y+z = 0 \; ; \; v = x+jy+j^2z = 0 \; ; \; w = x+j^2y+jz = 0 \; ,$$

tandis que, posant

$$D = z\frac{\partial}{\partial x} + x\frac{\partial}{\partial y} + y\frac{\partial}{\partial z} \; ,$$

on a

$$\mathrm{Ker}(D) = \mathbb{C}[u\,v\,w] \subset \mathbb{C}[x,y,z] \; .$$

En effet, on a $D(u) = u$, $D(v) = jv$, $D(w) = j^2w$, de sorte qu'un polynôme homogène f tel que $D(f) = 0$ est, à une constante multiplicative près, de la forme $u^a\,v^b\,w^c$ $(a,b,c \in \mathbb{N})$, avec

$$0 = \frac{D(u^a v^b w^c)}{u^a v^b w^c} = a\,\frac{Du}{u} + b\,\frac{Dv}{v} + c\,\frac{Dw}{w} = a + bj + cj^2 .$$

On observera que $uvw = x^3 + y^3 + z^3 - 3xyz$ est sans facteurs carrés et que

$$d^{\circ}(uvw) = 3 = m+2 .$$

3.5.2. Soient $\alpha, \beta, \gamma \in \mathbb{C}^*$ et considérons l'opérateur différentiel

$$D = \alpha x \frac{\partial}{\partial x} + \beta y \frac{\partial}{\partial y} + \gamma z \frac{\partial}{\partial z} .$$

L'équation de Pfaff correspondante (3.2) est

$$\omega = \alpha(\beta-\gamma)yz\,dx + \beta(\gamma-\alpha)zx\,dy + \gamma(\alpha-\beta)xy\,dz$$

$$= xyz[\alpha(\beta-\gamma)\frac{dx}{x} + \beta(\gamma-\alpha)\frac{dy}{y} + \gamma(\alpha-\beta)\frac{dz}{z}] = 0 .$$

Elle admet comme solutions algébriques les droites

$$x = 0 \ ; \ y = 0 \ ; \ z = 0 .$$

De plus, utilisant par exemple ([3] 3.7.8 et 3.3), on voit que lorsque α, β, γ sont deux à deux distincts et

(3 5.3) $$\frac{\alpha(\beta-\gamma)}{\beta(\gamma-\alpha)} \notin \mathbb{Q} ,$$

ce sont les seules. Les polynômes homogènes $\in \mathrm{Ker}(D)$ sont, à une constante multiplicative près, ceux de la forme $f = x^a y^b z^c$ $(a,b,c \in \mathbb{N})$ tels que

$$0 = \frac{Df}{f} = a\,\frac{Dx}{x} + b\,\frac{Dy}{y} + c\,\frac{Dz}{z} = a\alpha + b\beta + c\gamma .$$

d'où deux cas à considérer :

- ou bien il n'existe aucun triplet $(a,b,c) \in \mathbb{N}^3 \dot{-} (0,0,0)$ tel que $a\alpha + b\beta + c\gamma = 0$. Alors $\mathrm{Ker}(D) = \mathbb{C}$.

- ou bien il en existe un, nécessairement unique à multiplication par un rationnel positif près [sinon α/β, β/γ, γ/α seraient rationnels, ce qui contredirait (3.5.3)].

Si (a_o, b_o, c_o) est celui correspondant à a_o (donc aussi b_o et c_o) minimum , on a

$$\mathrm{Ker}(D) = \mathbb{C}[x^{a_o} y^{b_o} z^{c_o}] .$$

Il est par exemple possible de choisir α, β, γ tels que $\alpha+\beta+\gamma = 0$ et, posant $t = \alpha/\beta$,

$$\frac{\alpha(\beta-\gamma)}{\beta(\gamma-\alpha)} = \frac{\alpha(\alpha+2\beta)}{-\beta(2\alpha+\beta)} = -t \frac{(t+2)}{2t+1} \notin \mathbb{Q}$$

Alors $\mathrm{Ker}(D) = \mathbb{C}[xyz]$, xyz est sans facteurs carrés et $d^\circ(xyz) = 3 = m+2$.

Je remercie le réferee qui m'a communiqué la preuve suivante, plus courte que l'originale, du fait que l'équation (E) (p. 160) n'a pas de solution algébrique.

THEOREM. Let k be an algebraically closed field containing $\mathbb{Q}$, n a positive integer and f an irreducibel homogeneous polynomial in $k[x,y,z]$. Then, if is not a multiple of z, there does not exist a (homogeneous) $p \in k[x,y,z]$ such that

$$(1) \qquad (y^n x - z^{n+1}) \frac{\partial f}{\partial x} - (x^n z - y^{n+1}) \frac{\partial f}{\partial y} = pf .$$

Proof. Let f be irreducible and homogeneous of degree m and assume that (1) holds for some homogeneous p of degree n. We shall deduce a contradiction.

Substituting $z = 0$ in (1) one easily sees that

$$p = my^n + zq ,$$

where q is a homogeneous polynomial of degree $n-1$.

Let N denote $n^2 + n + 1$ and E the set of N-th roots of unity in k. Finally, denote by $\mu(\xi)$ the multiplicity of f at the point $(\xi, \xi^{n+1}, 1)$. We shall investigate (1) at the point $(\xi, \xi^{n+1}, 1)$. Putting $g(x,y) = f(x,y,1)$, we see that g is an irreducible polynomial which satisfies

$$(y^n x - 1) \frac{\partial g}{\partial x} - (x^n - y^{n+1}) \frac{\partial g}{\partial y} = ag ,$$

where $a(x,y) = my^n + b(x,y)$ and b is a polynomial of degree $\leq n-1$. Writing

$$h(u,v) = g(\xi(1+u), \xi^{n+1}(1+v)) ,$$

$$c(u,v) = b(\xi(1+u), \xi^{n+1}(1+v))$$

we see that h satisfies

$$(2) \qquad (u+nv+\varphi\frac{\partial h}{\partial u}+(-nu+(n+1)v+\psi)\frac{\partial h}{\partial v}=ch\ ,$$

where $\varphi,\psi \in k[u,v]$ do not contain terms of degree ≤ 1.

Notice that $\mu(\xi)$ equals the degree of the homogeneous part $\tilde{h}$ of lowest order of h. Equating terms of degree $\mu(\xi)$ in (2), we find

$$(3) \qquad (u+nv)\frac{\partial\tilde{h}}{\partial u}+(-nu+(n+1)v\frac{\partial\tilde{h}}{\partial v}=\gamma(\xi)\tilde{h}\ ,$$

where $\gamma(\xi)=m+\xi b(\xi,\xi^{n+1})$. Define

$$\rho=\tfrac{1}{2}(n+2+n\sqrt{-3}),\sigma=\tfrac{1}{2}(n+2-n\sqrt{-3}),$$

$$s=nu+(1-\rho)v,t=nu+(1-\sigma)v\ ,$$

$$\ell(s,t)=\tilde{h}\left(\frac{(\sigma-1)s+(1-\rho)t}{n(\sigma-\rho)},\frac{s-t}{\sigma-\rho}\right).$$

Then ℓ is homogeneous of degree $\mu(\xi)$, $\ell\neq 0$, and satisfies

$$\rho s\frac{\partial\ell}{\partial s}+\sigma t\frac{\partial\ell}{\partial t}=\gamma(\xi)\ell\ .$$

Since $\ell\neq 0$ there exist non negative integers $i(\xi)$, $j(\xi)$ such that

$$\rho i(\xi)+\sigma j(\xi)=\gamma(\xi),i(\xi)+j(\xi)=\mu(\xi)\ .$$

Summing there relations over $\xi\in E$ and using $\sum_{\xi\in E}\xi=0$, we deduce from

$$\sum_{\xi\in E}\xi b(\xi,\xi^{n+1})=\sum_{\xi\in E}\sum_{i=1}^{N-1}b_i\xi^i=0\ ,$$

that

$$\tfrac{1}{2}(n+2)(i+j)+n\sqrt{-3}\,(i-j)=Nm\ ,$$

where $\qquad i=\sum_{\xi\in E}i(\xi),j=\sum_{\xi\in E}j(\xi)$, whence

$$\mu=\sum_{\xi\in E}\mu(\xi)=\frac{2Nm}{n+2}\ \text{and}\ i=j\ ,\ \text{so}\ \mu=2\nu\ ,$$

and ν is a non-negative integer. Since $n+2$ and N are relatively prime, $m = (n+2)r$ for some positive integer r. This shows already that $m \geq 3$. From the well-known inequality relating multiplicities and degree of an irreducible curve we deduce

$$\sum_{\xi \in E} \mu(\xi)^2 - \mu = \sum_{\xi \in E} \mu(\xi)(\mu(\xi) - 1) \leq (m-1)(m-2) ,$$

whence

$$4N\, r^2 = \frac{1}{N}\mu^2 \leq \sum_{\xi \in E} \mu(\xi)^2 \leq (m-1)(m-2) + \mu = (m-1)(m-2) + 2Nr ,$$

and so

$$3n^2r^2 - (2n^2 - n - 4)r - 2 \leq 0 .$$

An easy computation shows

$$r \leq \frac{2}{3} + \frac{1}{2}\frac{1}{n} - \frac{4}{3}\frac{1}{n^2} \leq 1 \quad \text{for all } n ,$$

contradicting the fact that r is a positive integer.

R E F E R E N C E S

[1] ARNAUDIES J.M. Sur la résolution explicite des équations de degré 5 quand elles sont résolubles par radicaux [à paraître dans l'Enseignement Mathématique] .

[2] DARBOUX G. Mémoire sur les équations différentielles algébriques du premier ordre et du premier degré, Bull. des Sc. Math. (Mélanges) (1878) pp 60-96, 123-144 ; 151-200 .

[3] JOUANOLOU J.P. Equations de Pfaff algébriques sur un espace projectif (exp. 2) .

[4] JOUANOLOU J.P. Cohomologie de quelques schémas classiques et théorie cohomologique des classes de Chern , in S G A 5 .

[5] LANDIS E.M. et PETROVSKII I.G. On the number of limit cycles of the equation $\frac{dy}{dx} = \frac{Q(x,y)}{P(x,y)}$, where P and Q are polynomials of 2nd degree, Math. Sb. 37(79)(1955), pp 209-250 . Traduction anglaise : Amer Math. Soc. Transl. (2) 10 (1958) , pp 177-221 .

[6] PICARD E. Traité d'Analyse, Gauthier-Villars éditeur.

[7] SEIDENBERG A. Reduction of singularities of the differential equation Ady = Bdx , Amer. J. of Math. (1968) , pp 248-269 .

[8] WEBER H. Lehrbuch der Algebra , vol I .

QUELQUES PROPRIETES GLOBALES
DES FEUILLETAGES ANALYTIQUES COMPLEXES

INTRODUCTION. Ces quelques notes constituent la rédaction détaillée d'un exposé de l'auteur à Nimègue en Octobre 1975, développé à l'occasion d'un cours fait à Aarhus en Mai 1976.

Le plan adopté est le suivant :

1. Feuilletages analytiques : généralités.
2. Feuilletages transverses : théorème d'EHRESMANN et applications.
3. Feuilletages quasi-finis.
4. Singularités relatives d'un feuilletage analytique : théorèmes de PAINLEVE, KIMURA et MALMQUIST.
5. Feuilletages algébriques de codimension un des variétés affines.
6. Feuilletages algébriques de codimension un des variétés projectives.

Quelques mots sur le contenu. Dans la première partie, nous avons insisté sur les propriétés spécifiques des feuilletages analytiques. Les feuilletages quasi-finis ont été introduits par R. GERARD et A. SEC [G.S] sous le nom de "feuilletages de PAINLEVE". Nous avons dû reprendre leur exposé, car d'une part leurs résultats sont démontrés avec des hypothèses trop restrictives pour les applications que nous avons en vue, d'autre part quelques erreurs en rendent l'utilisation délicate. La quatrième partie est une traduction en langage géométrique d'un certain nombre de résultats classiques. Le lecteur me pardonnera, je l'espère, mon langage champêtre, justifié moins par une humeur printanière que par le besoin d'expliciter de façon précise un certain nombre de notions souvent assez vagues dans la littérature.

Les deux derniers paragraphes, sans doute plus originaux, concernent les feuilletages algébriques de codimension un des variétés algébriques. On y montre notamment l'énoncé suivant (6.1) :

- Soit X une variété projective, et $U \neq \emptyset$ un ouvert de ZARISKI lisse muni d'un feuilletage algébrique $\mathfrak{F}$ de codimension un . Alors l'adhérence dans X d'une feuille de $\mathfrak{F}$ rencontre toute courbe algébrique projective C qui est intersection complète ensembliste dans X ,

dans lequel l'hypothèse sur C ne peut être supprimée.

Cela implique en particulier immédiatement, pour X général, un résultat de TRAN HUY HOANG [TH] concernant les feuilletages algébriques de codimension un, sur un ouvert de ZARISKI de P^n_C , dont toutes les feuilles sont propres. Notons au passage que l'extension naturelle de ces énoncés à une codimension supérieure paraît peu vraisemblable sans hypothèse particulière sur les lieux singuliers. En tout cas, la deuxième partie de [TH] , concernant la codimension 2, est erronée.

Enfin, je me suis volontairement limité dans les exemples (parties 2 et 4 notamment) au cas des fibrés en courbes, de genre 0 le plus souvent. J'espère en donner d'autres dans un autre exposé, consacré en particulier aux équations différentielles du premier ordre.

1. FEUILLETAGES ANALYTIQUES : GENERALITES.

Soit X une variété analytique complexe purement de dimension n et r un entier $\leq n$. On rappelle qu'un feuilletage analytique de dimension r (i.e. de codimension $n-r$) de X est la donnée

$$\mathfrak{F} : \quad E \subset T(X)$$

d'un sous-fibré analytique complètement intégrable de dimension r du fibré tangent de X. Une immersion analytique

$$j : \ Y \to X ,$$

où Y est une variété analytique de dimension $d \leq r$ est appelée <u>variété intégrale de dimension</u> d du feuilletage si $j_*(TY) \subset E$. On dit qu'elle est de dimension maximum lorsque $d = r$.

L'objet de l'étude des feuilletages est, dans un certain sens, celui de la classification des variétés intégrales de dimension maximum. Le point de départ est la proposition suivante, qui est une variante bien connue du théorème de Frobenius.

PROPOSITION 1.1. <u>Soit</u> $\mathfrak{F} : E \subset T(X)$ <u>un feuilletage. Pour tout</u> $x \in X$, <u>il existe un voisinage ouvert</u> V <u>de</u> 0 <u>dans</u> $\mathbb{C}^n$ <u>et un plongement (ouvert) analytique</u> $\varphi : V \to X$ <u>tels que</u>

i) $\varphi(0) = x$

ii) <u>le sous-fibré</u> $\varphi^*(E)$ <u>de</u> $\varphi^*(TX) \simeq T(V) = V \times \mathbb{C}^n$ <u>est trivial</u>.

Quitte à faire un changement de coordonnées dans $\mathbb{C}^n$, on peut supposer que, sur V,

$$\varphi^* E = \mathbb{C}\,\frac{\partial}{\partial x_1} \oplus \ldots \oplus \mathbb{C}\,\frac{\partial}{\partial x_r} = V \times \mathbb{C}^r \hookrightarrow V \times \mathbb{C}^n .$$

Pour tout $(a_{r+1},\ldots,a_n) \in \mathbb{C}^{n-r}$, il est alors clair que la sous-variété de V d'équations $x_i = a_i$ $(r+1 \leq i \leq n)$ est une sous-variété intégrale du feuilletage induit $\varphi^* E \subset T(V)$, et que, lorsque $(a_{r+1},\ldots,a_n)$ parcourt $\mathbb{C}^{n-r}$, on obtient ainsi une partition de V en sous-variétés analytiques (éventuellement vides) intégrales pour V . Quitte à restreindre V , on peut même supposer que c'est un polycylindre $|x_i| < \rho_i$ (ρ_i réel > 0) de sorte que les ouverts de la partition précédente de V sont connexes. Dans ce dernier cas, on dit que $U = \varphi(V)$ est un <u>ouvert distingué</u> du feuilletage et les fermés (de U)

$$\varphi(V \cap \{x_i = a_i \, , \; i \geq r+1\}) \qquad (|a_i| < \rho_i)$$

sont appelés les <u>plaques</u> de U . Ce sont les sous-variétés intégrales fermées maximales de dimension r du feuilletage induit $\mathfrak{F}|U$, de sorte que cette définition est indépendante du choix de φ .

Les ouverts distingués permettent de rendre compte du comportement local des variétés intégrales de dimension r de $\mathfrak{F}$, i.e. des solutions du système différentiel qu'il définit. Il reste à suivre ces solutions par continuité. Pour cela, on munit X d'une nouvelle topologie, appelée <u>topologie fine</u>, dont un système fondamental de voisinages ouverts est l'ensemble des plaques des divers ouverts distingués de $\mathfrak{F}$. L'espace topologique obtenu, noté

$$X_{fin} \, ,$$

est canoniquement muni d'une structure de variété analytique de dimension r , et l'application identique

$$c : X_{fin} \to X$$

est une <u>immersion</u>. En fait, dans la situation d'un ouvert distingué considérée plus haut $\varphi : V \to U$, on a un homéomorphisme

$$\varphi : V_{fin} \to U_{fin}$$

et un isomorphisme analytique

$$(1.2) \qquad V_{fin} \xrightarrow{\sim} (D_{\rho_1} \times \ldots \times D_{\rho_r}) \times (D_{\rho_{r+1}} \times \ldots \times D_{\rho_n})^{dis} \qquad [D_{\rho_i} : |z| < \rho_i]$$

$$(x_1, \ldots, x_n) \longmapsto [(x_1, \ldots, x_r), (x_{r+1}, \ldots, x_n)] ,$$

où les r premiers disques sont munis de la structure analytique induite par

$\mathbb{C}$, et les $n-r$ derniers de la structure discrète.

Cela dit, on appelle <u>feuille</u> du feuilletage $\mathfrak{F}$ toute composante connexe F de X_{fin} ; c'est donc une sous-variété analytique ouverte de X_{fin} et l'inclusion canonique

$$F \to X$$

est une variété intégrale (connexe) de dimension r de $\mathfrak{F}$.

Si U est un ouvert distingué de $\mathfrak{F}$, les feuilles du feuilletage induit $\mathfrak{F}|U$ ne sont autres que les plaques de U, de sorte que la notion de feuille correspond bien à l'idée de suivre par continuité les éléments de solutions représentés par les plaques.

Nous allons maintenant passer en revue quelques propriétés élémentaires des feuilletages analytiques.

1.3. <u>L'adhérence (pour la topologie ordinaire) d'une réunion de feuilles est une réunion de feuilles</u>.

<u>Preuve</u> : Soient $(F_\alpha)_{\alpha \in A}$ une famille de feuilles de $\mathfrak{F}$ et $M = \bigcup_\alpha F_\alpha$. Pour voir que $\overline{M}$ est une réunion de feuilles, il suffit de montrer qu'il est à la fois ouvert et fermé pour la topologie fine de X. Qu'il soit fermé résulte de ce que l'identité $X_{fin} \to X$ est continue. Pour voir qu'il est ouvert, on peut supposer que X est un ouvert distingué, puis, par (1.2), qu'il est de la forme

$$(D_{\rho_1} \times \ldots \times D_{\rho_r}) \times (D_{\rho_{r+1}} \times \ldots \times D_{\rho_n}) .$$

Alors

$$M = (D_{\rho_1} \times \ldots \times D_{\rho_r}) \times N, \text{ avec } N \subset D_{\rho_{r+1}} \times \ldots \times D_{\rho_n} ,$$

et il est clair que

$$\overline{M} = (D_{\rho_1} \times \ldots \times D_{\rho_r}) \times \overline{N} ,$$

où $\overline{N}$ désigne l'adhérence pour la topologie ordinaire, de sorte que $\overline{M}$ est bien ouvert dans $(D_{\rho_1} \times \ldots \times D_{\rho_r}) \times (D_{\rho_{r+1}} \times \ldots \times D_{\rho_n})^{dis}$.

PROPOSITION 1.4. (Prolongement analytique)

Soit $\mathcal{F}$ un feuilletage analytique de dimension r sur une variété analytique X, et Y un sous-espace analytique (réduit) fermé de X.

i) Si Y contient une plaque de $\mathcal{F}$, il contient la feuille correspondante.

ii) Si Y est irréductible de dimension $\leq r$ et contient une plaque de $\mathcal{F}$, alors Y est une sous-variété analytique de dimension r de X et une feuille de $\mathcal{F}$.

Preuve : Montrons i). L'application canonique $i : X_{fin} \to X$ étant une immersion, $i^{-1}(Y)$ est un sous-espace analytique fermé de X_{fin}. Toute feuille F étant en particulier une variété analytique irréductible, il est clair que si $i^{-1}(Y)$ contient un ouvert non vide de F, il contient F tout entier. Montrons ii). On sait déjà par ce qui précède que Y contient une feuille F. Toute plaque de F, étant une sous-variété analytique de dimension $r \geq \dim (Y)$ de Y, est ouverte dans Y (irréductible), donc F est ouvert dans Y. Comme $\overline{F}$ est une réunion de feuilles (1.3) contenues dans Y, c'est aussi un ouvert de Y, donc $Y = \overline{F}$, vu la connexité de Y. En fait, $Y = F$, sinon $Y \dot{-} F = \overline{F} \dot{-} F$ contiendrait une feuille G, telle que $\overline{G} = Y$, ce qui est absurde, car $\overline{G} \subset \overline{F} \dot{-} F$. Pour terminer, il suffit de remarquer que l'immersion canonique $F \to X$, injective et d'image fermée, est un plongement.

Remarque 1.5. Si, dans 1.4 (ii), on ne suppose plus Y irréductible, mais seulement réunion d'un nombre fini de fermés analytiques irréductibles, alors toute plaque P de $\mathcal{F}$ contenu dans Y, étant irréductible, est contenue dans l'un d'eux, soit Z, et on en conclut que Z est la feuille de $\mathcal{F}$ contenant P, donc est lisse lorsqu'on le munit de sa structure réduite.

COROLLAIRE 1.6. Soient $\mathcal{F}$ un feuilletage analytique de dimension r sur une variété analytique X, et Y un sous espace analytique fermé, irréductible et réduit, de dimension $r+1$, de X. On suppose Y muni d'une structure de schéma algébrique complexe compatible avec sa structure analytique.

Alors, si F *est une feuille de* $\mathfrak{F}$ *contenue dans* Y ,

- *ou bien* F *est une hypersurface algébrique lisse et fermée de* Y ,

- *ou bien* F *est dense dans* Y *pour la topologie de Zariski de* Y .

Preuve : Si $adh_{Zar}(F) \neq Y$, on définit ainsi un sous-schéma algébrique fermé, donc un sous-espace analytique, de dimension $\leq r$, de Y contenant F et on conclut par 1.5 .

PROPOSITION 1.7. *Soit* $\mathfrak{F}$ *un feuilletage analytique sur une variété analytique* X , $Z \subset X$ *un sous-espace analytique (localement fermé) irréductible, et* F *une feuille de* $\mathfrak{F}$. *Alors les assertions suivantes sont équivalentes.*

i) F *contient un ouvert de* Z ,

ii) $F \cap Z$ *n'est pas rare dans* Z ,

iii) F *contient* Z .

Preuve : ii) étant manifestement équivalent à i) , il faut montrer i) $\Rightarrow$ iii) . Quitte à rapetisser X , on peut supposer Z fermé. Si U est un ouvert de Z contenu dans F , alors U n'est pas contenu dans le lieu singulier S de Z (muni de sa structure réduite) . Par suite, quitte à rapetisser U , on peut supposer qu'il est lisse et contenu dans une plaque P de F . Notant $R = Z \dot{-} S$ le lieu régulier de Z , $j : R \hookrightarrow X$ l'immersion canonique, et $q : T(X) \to Q$ un morphisme de fibrés vectoriels analytiques dont le noyau E définit $\mathfrak{F}$, on voit, par définition, que le morphisme composé

$$T(R) \to j^*T(X) \xrightarrow{j^*(q)} j^*(Q) \qquad (1.7.1)$$

s'annule sur U . Le lieu de ses zéros étant analytique fermé dans R , qui est irréductible, (1.7.1) est nul, autrement dit R est une variété intégrale du feuilletage, donc, étant connexe, est contenu dans la feuille F . Il reste à voir que $S \subset F$. Soit $x \in S$ et V un ouvert distingué de $\mathfrak{F}$ contenant x . On peut trouver un voisinage ouvert irréductible W de x dans Z , tel que $W \dot{-} (S \cap W)$ n'ait qu'un nombre fini de composantes connexes. Alors, il existe un nombre fini de plaques de V , soient $P_1,\ldots,P_s$, contenues dans F , telles que $W \dot{-} (S \cap W) \subset P_1 \cup \ldots \cup P_s$, d'où, W étant irréductible ,

$$W \subset \mathrm{adh}_U [W \dot{-} (S \cap W)] = P_1 \cup \ldots \cup P_s \subset F .$$

Bien sûr, a posteriori, W étant connexe, on peut prendre $s = 1$.

PROPOSITION 1.8. Soit $\mathfrak{F}$ un feuilletage analytique de dimension r sur une variété analytique X , Y un sous-espace analytique fermé de X , et $U = X \dot{-} Y$ l'ouvert complémentaire. Si F est une feuille de $\mathfrak{F}|U$ et $\tilde{F}$ la feuille de $\mathfrak{F}$ contenant F , alors

i) $F = \tilde{F} \cap U$,

ii) $\tilde{F} \subset \mathrm{adh}_X(F)$, d'où $\mathrm{adh}_X(F) = \mathrm{adh}_X(\tilde{F})$.

Preuve : Pour la structure analytique fine, $\tilde{F} \cap Y$ est un fermé analytique rare $(\tilde{F} \cap U \neq \emptyset)$, donc $\tilde{F}$ étant lisse et connexe, $\tilde{F} \cap U$ est connexe, d'où i) . Pour ii) , il suffit de remarquer que $\tilde{F}$, adhérence de F pour la topologie fine, est dans son adhérence pour la topologie ordinaire.

COROLLAIRE 1.9. Sous les hypothèses précédentes, soit G une feuille de $\mathfrak{F}|U$. Si $\mathrm{adh}_U(G)$ est fermé dans X , en particulier si G est relativement compact dans U , alors G est une feuille de $\mathfrak{F}$.

Preuve : D'après 1.8 ii) , on a $\tilde{G} \subset G$.

2. FEUILLETAGES TRANSVERSES : THEOREME DE EHRESMANN ET APPLICATIONS.

Soient X et Y deux variétés analytiques complexes purement de dimension m et n respectivement, et $f : X \to Y$ un morphisme analytique. On suppose X munie d'un feuilletage analytique $\mathfrak{F}$ de dimension n :

$$\mathfrak{F} : \quad E \subset T(X) .$$

DEFINITION 2.1.

a) Etant donné un point x de X , on dit que $\mathfrak{F}$ est transverse en x au morphisme f si, notant F_x la feuille de x munie de sa structure canonique de variété de dimension n , le morphisme

$$f|F_x : F_x \to Y$$

est étale en x .

b) Le feuilletage $\mathfrak{F}$ est dit transverse à f si le morphisme $f \circ c : X_{fin} \to Y$ est étale.

Posant $Q = T(X)/E$ et notant $q : T(X) \to Q$ la projection canonique, dire que $\mathfrak{F}$ est transverse en x à f équivaut à dire que le morphisme de fibrés vectoriels

(2.1.1) $$T(X) \xrightarrow{\begin{pmatrix} T(f) \\ q \end{pmatrix}} f^*T(Y) \oplus Q$$

induit un isomorphisme sur les fibres au point x . En particulier, f est alors lisse en x . De plus, l'ensemble des points x de X en lesquels $\mathfrak{F}$ est transverse à f est un ouvert dont le complémentaire, noté

(2.1.2) $$C_f(\mathfrak{F}) \quad \text{ou, plus simplement,} \quad C(\mathfrak{F}) ,$$

est un fermé analytique de X , qu'il nous arrivera d'appeler contour apparent à la source de $\mathfrak{F}$ (relativement à f) . Lorsque de plus f est propre,

(2.1.3) $$D_f(\mathfrak{F}) = f(C_f(\mathfrak{F})) ,$$

noté aussi $D(\mathfrak{F})$ si aucune confusion n'est possible, est un fermé analytique de Y , appelé contour apparent au but de $\mathfrak{F}$ (relativement à f) .

PROPOSITION 2.2. Avec les notations précédentes, soit $x \in X$ un point en lequel $\mathfrak{F}$ est transverse à f . Alors il existe un voisinage ouvert distingué U de X et un voisinage ouvert V de x contenu dans U tels que

a) V rencontre toutes les plaques de U ,

b) $W = f(V)$ est ouvert dans Y et la projection $f \circ c : V_{fin} \to W$ est un revêtement trivial.

Preuve : Soit U un voisinage ouvert distingué de x et $\varphi : U \to D \subset \mathbb{C}^{m-n}$ une submersion sur un polydisque, dont les fibres sont les plaques de U . L'hypothèse implique que le morphisme

$$\binom{f}{\varphi} : U \to Y \times D$$

est étale en x , donc un isomorphisme d'un voisinage ouvert V de x , $V \subset U$, sur un ouvert de $Y \times D$, qu'on peut supposer de la forme $W \times D_1$, avec W ouvert de Y , et D_1 un polydisque de $\mathbb{C}^{m-n}$. Quitte à remplacer U par $\varphi^{-1}(D_1)$, on peut supposer que $D_1 = D$. Alors la commutativité du diagramme

$$\begin{array}{ccc} \binom{f}{\varphi} : V & \xrightarrow{\sim} & W \times D \\ & f \searrow \quad \swarrow pr_1 & \\ & W & \end{array}$$

implique immédiatement le résultat annoncé.

Remarque 2.2.1. Avec les notations précédentes, le contour apparent en haut $C_f(\mathfrak{F})$ est, localement, l'ensemble des points de X en lesquels $\binom{f}{\varphi}$ n'est pas étale. On obtient ainsi une nouvelle démonstration du fait que $C_f(\mathfrak{F})$ est un fermé analytique de X , avec le renseignement supplémentaire qu'il est purement de codimension un dans X ("théorème de pureté") .

Le théorème suivant, connu sous le nom de théorème de EHRESMANN, est très utile pour l'étude globale des solutions d'équations différentielles.

THEOREME 2.3. Soit $f : X \to Y$ un morphisme propre de variétés analytiques purement dimensionnelles, avec $\dim X = m$, $\dim Y = n$.

Si un feuilletage analytique $\mathfrak{F}$ de dimension n de X est transverse à f en tous les points d'une fibre $f^{-1}(y)$, alors il existe un voisinage ouvert W de y tel que

$$f \circ c : [f^{-1}(W)]_{fin} \to W$$

soit un revêtement trivial. En particulier, si $\mathfrak{F}$ est transverse à f,

$$f \circ c : X_{fin} \to Y$$

en un revêtement, i.e. toutes les feuilles de $\mathfrak{F}$ sont des revêtements de Y.

Preuve : Pour chaque point x de $f^{-1}(y)$, il existe des voisinages ouverts U_x, V_x de x et W_x de y satisfaisant aux conditions a) et b) de (2.2). Comme $f^{-1}(y)$ en compact, on peut trouver un nombre fin de points de $f^{-1}(y)$, soient $x_1,\dots,x_r$, tels que $f^{-1}(y) \subset V_{x_1} \cup \dots \cup V_{x_r}$. Comme f est propre, il existe un voisinage ouvert connexe $W \subset W_{x_1} \cap \dots \cap W_{x_r}$ de y tel que $f^{-1}(W) \subset V_{x_1} \cup \dots \cup V_{x_r}$, et il est clair que W répond à la question.

COROLLAIRE 2.4. Soit $f : X \to Y$ un morphisme analytique propre, avec Y simplement connexe. Alors, si $\mathfrak{F}$ est un feuilletage analytique de X, avec $\dim(\mathfrak{F}) = \dim Y$, les assertions suivantes sont équivalentes :

i) $\mathfrak{F}$ est transverse à f.

ii) Les feuilles de $\mathfrak{F}$ sont images de sections analytiques σ de f. En particulier, dans ce cas toutes les feuilles de $\mathfrak{F}$ sont propres.

Preuve : (ii) $\Rightarrow$ (i) est clair. L'implication inverse résulte de (2.3) puisque, Y étant simplement connexe, tout revêtement de Y est trivial.

2.5. Soit $f : X \to Y$ est un morphisme analytique et $\mathfrak{F} : E \subset T(X)$ un feuilletage de X. Pour simplifier, on suppose toujours X et Y purement dimensionnels. Si $\theta : Y_1 \to Y$ est un morphisme étale, considérons le diagramme cartésien

$$\begin{array}{ccc} X_1 & \xrightarrow{\bar{\theta}} & X \\ {\scriptstyle f_1}\downarrow & & \downarrow{\scriptstyle f} \\ Y_1 & \xrightarrow{\theta} & Y \end{array}$$

Par image réciproque, le morphisme $\bar{\theta}$ définit un feuilletage

$$\mathcal{F}_1 = (\bar{\theta})^*(\mathcal{F}) : \bar{\theta}^*(E) \subset \bar{\theta}^*(TX) = TX_1 \ ,$$

qui, dans le cas où $\dim(\mathcal{F}) = \dim Y$, est transverse à f_1 en un point x_1 si et seulement si $\mathcal{F}$ est transverse à f_1 en $\bar{\theta}(x_1)$. Dans tous les cas, on vérifie immédiatement par localisation sur X que le diagramme

$$\begin{array}{ccc} (X_1)_{fin} & \xrightarrow{(\bar{\theta})_{fin}} & X_{fin} \\ {\scriptstyle f_1 \circ c}\downarrow & & \downarrow{\scriptstyle f \circ c} \\ Y_1 & \xrightarrow{\theta} & Y \end{array}$$

est encore cartésien. En particulier, si F est une feuille de $\mathcal{F}$, alors $\bar{\theta}^{-1}(F)$, étant à la fois ouvert et fermé pour la topologie fine de X_1 , est une réunion de feuilles de $(\bar{\theta})^*(\mathcal{F})$. De même, lorsque θ est propre, i.e. fini, $\bar{\theta}$ et $(\bar{\theta})_{fin}$ le sont également, de sorte que, pour toute feuille G de X_1 , $\bar{\theta}(G)$ est une feuille de X : en effet, $\bar{\theta}(G)$ est connexe, et à la fois ouvert et fermé pour la topologie fine de X .

2.6. Ces généralités étant terminées, revenons à la situation de (2.3), en supposant de plus Y connexe, et $\mathcal{F}$ transverse à f . Notons $\tilde{Y}$ le revêtement universel de Y et posons $\tilde{X} = \tilde{Y} \times_Y X$, d'où un diagramme cartésien

$$\begin{array}{ccc} \tilde{X} & \xrightarrow{\bar{\theta}} & X \\ {\scriptstyle \tilde{f}}\downarrow & & \downarrow{\scriptstyle f} \\ \tilde{Y} & \xrightarrow{\theta} & Y \end{array}$$

Comme $\widetilde{Y}$ est simplement connexe, toutes les feuilles de $\widetilde{\mathfrak{F}} = \bar{\theta}^*(\mathfrak{F})$ sont uniformes, i.e. image de sections analytiques de $\widetilde{f}$. Soit $\widetilde{y}_o \in \widetilde{Y}$, et $Z = \widetilde{f}^{-1}(\widetilde{y}_o)$. Notant, pour tout $a \in X$, F_a la feuille de a, on vérifie sans peine, en suivant la situation le long de chemins que l'on recouvre par des ouverts distingués, que l'application

$$\text{(2.6.1)} \qquad \begin{aligned} Z \times \widetilde{Y} &\to \widetilde{X} \\ (a, b) &\mapsto F_a \cap \widetilde{f}^{-1}(b) \end{aligned}$$

est un <u>isomorphisme analytique</u> rendant commutatif le diagramme

$$\begin{array}{ccc} Z \times \widetilde{Y} & \xrightarrow{\ \sim\ } & \widetilde{X} \\ {\scriptstyle pr_2}\downarrow & \swarrow{\scriptstyle \widetilde{f}} & \\ \widetilde{Y} & & \end{array}$$

Autrement dit, le fibré analytique $f : X \to Y$ est trivialisé après le changement de base θ. En particulier, le fibré $X \to Y$ est <u>localement trivial</u> du point de vue <u>analytique</u>, et pas seulement du point de vue différentiable, comme cela était prévisible. Ainsi, les fibres de f sont des variétés analytiques deux à deux isomorphes.

2.6.2. Il est possible de préciser les considérations précédentes en introduisant la notion de <u>monodromie</u>. Supposons fixé $y_o \in Y$. Soit σ un lacet de base y_o. Comme $\widetilde{X} \to Y$ est un revêtement, on peut pour tout $x \in f^{-1}(y_o)$ relever σ dans F_x en un unique chemin $\widetilde{\sigma}_x$ d'origine x, et on pose

$$\mu(\sigma)(x) = \widetilde{\sigma}_x(1) ,$$

définissant ainsi une application analytique

$$\mu(\sigma) : f^{-1}(y_o) \to f^{-1}(y_o) .$$

Il est immédiat que, si σ et τ sont deux lacets de base y_o, on a

$$\mu(\sigma * \tau) = \mu(\tau) \circ \mu(\sigma)$$

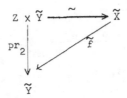

et que $\mu(\sigma)$ ne dépend que de la classe d'homotopie de σ . On a ainsi défini une représentation

$$\mu : \pi_1(Y,y_o) \to \mathrm{Aut}_{an}(f^{-1}(y_o))^{op} ,$$

appelée <u>monodromie</u>.

Posons $H = \mathrm{Ker}(\mu)$ et soit $Y_1 = \widetilde{Y}/H$ le revêtement associé à H , d'où un diagramme (2.5.1) . Si y_1 est un point de Y_1 au-dessus de y_o , on a $\pi_1(Y_1,y_1) = H \hookrightarrow \pi_1(Y,y_o)$ [H est distingué dans $\pi_1(Y,y_o)$!] , de sorte que la monodromie définie par $\mathcal{F}_1$

$$\pi_1(Y_1,y_1) \to \mathrm{Aut}_{an}(f_1^{-1}(y_1))^{op} = \mathrm{Aut}_{an}(f^{-1}(y_o))^{op}$$

est <u>triviale</u>. Par suite, la monodromie opérant transitivement sur l'intersection d'une feuille et de $f_1^{-1}(y_1)$, les feuilles de $\mathcal{F}_1$ sont uniformes et, comme précédemment, l'application

$$f_1^{-1}(y_1) \times Y_1 \to X_1$$

$$(a,b) \mapsto F_a \cap f^{-1}(b)$$

définit une <u>trivialisation du fibré</u> X_1 <u>au-dessus de</u> Y_1 .

2.6.3. En particulier, si $\mathrm{Im}(\mu)$ est un groupe fini, a fortiori si $\mathrm{Aut}_{an}(f^{-1}(y_o))$ est fini, on voit que la situation est trivialisée après changement de base par un revêtement étale fini. En particulier, dans ce cas, les feuilles de $\mathcal{F}$ sont des revêtements finis de Y , donc sont propres, et sont les images des feuilles de $\mathcal{F}_1$ (2.5) .

2.7. <u>Exemple: feuilletages transverses des fibrés en courbes</u>.

A. <u>Genre zéro : équations de RICCATI</u>.

Soient U un ouvert de $\mathbf{C}$ et

(2.7.1) $$\omega = P(x,y,z)\,dx + Q(x,y,z)(z\,dy - y\,dz)$$

une forme sur $U \times \mathbf{C}^2$ ($x \in U$, $(y,z) \in \mathbf{C}^2$) , où P , Q polynômes homogènes en (y,z) , à coefficients analytiques en x , tels que

i) $d^\circ Q = r$, $d^\circ P = r+2$

ii) P et Q n'ont aucun zéro commun.

Notant L le fibré en droites canonique de $U \times P^1_{\mathbb{C}}$, ω définit un morphisme surjectif de fibres vectoriels

$$T(U \times P^1_{\mathbb{C}}) \to L^{\otimes -(r+1)}$$

et par conséquent un feuilletage $\mathfrak{F}$. Plus concrètement, $\mathfrak{F}$ s'obtient en recollant les deux feuilletages suivants au moyen de la transformation $y \mapsto \frac{1}{y}$:

- sur $U \times (P^1_{\mathbb{C}} \div \infty)$, celui défini par $\omega_1 = P(x,y,1)dx + Q(x,y,1)dy$
- sur $U \times (P^1_{\mathbb{C}} \div 0)$, celui défini par $\omega_2 = P(x,1,z)dx - Q(x,1,z)dz$

\+ Pour que $\mathfrak{F}$ soit transverse à la projection $U \times P^1_{\mathbb{C}} \to U$, il faut et il suffit que $r = 0$ et $Q(x,y,z) = Q(x)$ ne s'annule pour aucune valeur de x .

La condition étant manifestement suffisante, montrons qu'elle est nécessaire. Tout d'abord , $Q(x,y,1)$ est un polynôme en y qui ne doit pas s'annuler, donc de degré 0 , d'où

$$Q(x,y,z) = A(x)z^r \text{ , où } A(U) \not\ni 0 \text{ .}$$

D'autre part, il faut que $Q(x,1,z) = A(x)z^r$ ne s'annule pas, d'où $r = 0$.

Par suite, quitte à diviser ω par $Q(x)$, fonction inversible, le feuilletage $\mathfrak{F}$ est défini par

$$\tilde{\omega} = \tilde{P}(x,y,z)dx + z\,dy - y\,dz \text{ ,}$$

où $\tilde{P} = P/Q$ est homogène de degré 2 en (y,z) . Les équations différentielles correspondantes

$$\frac{dy}{dx} = a(x)y^2 + b(x)y + c(x) \text{ ,} \tag{2.7.2}$$

sont les équations de RICCATI.

Le théorème de Ehresmann (2.4) exprime alors que, lorsque U est simplement connexe, l'équation de Pfaff algébrique (2.7.1) est de RICCATI si et seulement si toutes ses solutions sont uniformes.

B. Genre 1 : théorème de POINCARE.

Soit U un ouvert simplement connexe de $\mathbb{C}$ et

$$f : E \to U$$

un fibré en courbes elliptiques. Lorsque E est muni d'un feuilletage $\mathfrak{F}$ analytique transverse aux fibres, nous savons que toutes les fibres de f sont analytiquement isomorphes et que les feuilles de $\mathfrak{F}$ s'appliquent isomorphiquement sur U.

Etudions maintenant la possibilité d'intégrer effectivement l'équation différentielle définie par un tel feuilletage. Supposons pour cela E donné par une famille de réseaux $(\Lambda_x)_{x \in U}$ de $\mathbb{C}$ dépendant analytiquement du paramètre x, i.e. par deux applications analytiques

$$\gamma, \delta : U \to \mathbb{C}^*$$

(base du réseau) telles que, pour tout x, $\gamma(x)/\delta(x)$ ne soit pas réel. On aura donc

$$E = (U \times \mathbb{C})/\mathcal{R} ,$$

où $(x_1, y_1) \equiv (x_2, y_2) \bmod \mathcal{R}$ si et seulement si

$$x_1 = x_2 \quad \text{et} \quad y_2 - y_1 \in \Lambda_{x_1} = \Lambda_{x_2} .$$

Le feuilletage $\mathfrak{F}$ sera donné par son image réciproque par la projection canonique $U \times \mathbb{C} \to E$, soit, puisque les fibrés analytiques sur $U \times \mathbb{C}$ sont triviaux ($U \times \mathbb{C}$ est de Stein et contractile), par une forme

$$\omega = P(x,y)dx + Q(x,y)dy$$

sur $U \times \mathbb{C}$, telle que $Q(x,y)$ ne prenne jamais la valeur 0 (feuilletage transverse à la projection $U \times \mathbb{C} \to U$).

LEMME 2.7.3. *Soit* $x_o \in U$.

a) *La fonction* $\gamma(x)/\delta(x)$ *est constante sur* U , i.e. *il existe une fonction holomorphe* $u : U \to \mathbf{C}^*$ *telle que*

$$\gamma(x) = u(x)\,\gamma(x_o) \;;\; \delta(x) = u(x)\,\delta(x_o) \qquad (x \in U) .$$

b) *On a*

$$\frac{P(x,y)}{Q(x,y} = -\frac{u'(x)}{u(x)}\,y + \sigma(x) ,$$

où $\sigma : U \to \mathbf{C}$ *est holomorphe*.

Preuve : Le feuilletage sur $U \times \mathbf{C}$ défini par ω , image réciproque de $\mathfrak{F}$, est trivial, de sorte que l'espace des feuilles est une variété analytique isomorphe à $\mathbf{C}$. Autrement dit, il existe une fonction analytique

$$f : U \times \mathbf{C} \to \mathbf{C}$$

telle que les feuilles soient définies par $f = \mathrm{Cte}$. De plus, pour tout x , l'application $y \to f(x,y)$ est bijective, d'où

$$f(x,y) = \alpha(x)y + \beta(x) \;,\; (\alpha(x) \in \mathbf{C}^*) ,$$

où $\alpha(x) = \frac{\partial f}{\partial y}$ et $\beta(x)$ sont holomorphes en x . Ecrivant que df et ω définissant le même feuilletage, on voit qu'il existe une fonction holomorphe $\theta(x,y)$ partout non nulle telle que

$$P(x,y)dx + Q(x,y)dy = \theta(x,y)\,[(\alpha'(x)y + \beta'(x))dx + \alpha(x)dy] ,$$

d'où, posant

$$\rho(x) = \frac{\alpha'(x)}{\alpha(x)} \;,\; \sigma(x) = \frac{\beta'(x)}{\beta(x)} ,$$

$$M(x,y) \overset{\text{déf}}{=} \frac{P(x,y)}{Q(x,y)} = \rho(x)y + \sigma(x) . \tag{2.7.4}$$

Par ailleurs, comme le feuilletage sur $U \times \mathbf{C}$ provient par image réciproque d'un feuilletage sur E , il est invariant par l'opération de $\mathbb{Z}^2$ sur $U \times \mathbf{C}$ définie par (γ,δ) . En particulier, il existe une fonction holomorphe $\lambda(x,y)$ partout non nulle telle que

$$\left\{\begin{array}{l} P(x,y+\gamma(x))dx+Q(x,y+\gamma(x))(dy+\gamma'(x)dx) \\ \qquad = \lambda(x,y)[P(x,y)dx+Q(x,y)dy] \ , \qquad \text{soit} \end{array}\right.$$

$$\left\{\begin{array}{ll} P(x,y+\lambda(x))+\lambda'(x)\; Q(x,y+\lambda(x)) & = \lambda(x,y)\; P(x,y) \\ Q(x,y+\gamma(x)) & = \lambda(x,y)\; Q(x,y) \ , \end{array}\right.$$

d'où $\qquad M(x,y+\gamma(x))+\gamma'(x) = M(x,y)$, et ,

compte tenu de (2.7.4) ,

(2.7.5) $$\rho(x)\,\gamma(x)+\gamma'(x) = 0 \ .$$

De même, $\rho(x)\,\delta(x)+\delta'(x) = 0$. Comme $\rho \neq 0$, on en déduit

$$\gamma\,\delta' - \gamma'\delta = 0 \ ,$$

soit $\gamma/\delta = \text{Cte}$, ce qui est la première assertion du lemme. La deuxième résulte aussitôt de (2.7.5) .

Une fois le lemme prouvé, l'intégration de l'équation $\omega = 0$ ne présente plus de difficulté. Posant $z = \frac{y}{u}$, elle s'écrit

$$u(x)\,\frac{dz}{dx}+u'(x)z = \frac{u'(x)}{u(x)}\,u(x)z-\sigma(x) \ , \quad \text{soit}$$

(2.7.6) $$\frac{dz}{dx} = -\,\frac{\sigma(x)}{u(x)} \ ,$$ donc la solution de $\omega = 0$ est

(2.7.7) $$y(x) = -\,u(x)\left(\int_{x_0}^{x} \frac{\sigma(t)}{u(t)}\,dt+\text{Cte}\right) .$$

C. Genre ≥ 2 .

Dans ce cas, comme (théorème de SCHWARZ) une courbe de genre ≥ 2 n'a qu'un nombre fini d'automorphismes, on est dans les conditions d'application de (2.6.3) . En particulier, les feuilles d'un feuilletage $\mathfrak{F}$ transverse à un fibré $X \to Y$ en courbes de genre $g \geq 2$ sont finies sur la base i.e. "algébriques" au sens de POINCARE.

2.8. Variante et complément.

La variante suivante de (2.3) peut être utile.

PROPOSITION 2.8.1. *Soit* $f : X \to Y$ *un morphisme de variétés algébriques purement dimensionnelles, avec* $\dim Y = n$, *et* $\mathfrak{F}$ *un feuilletage analytique de dimension* n *sur* X . *Si* F *est une feuille de* $\mathfrak{F}$ *vérifiant*

i) $f|\bar{F}$ *est propre,*

ii) $\mathfrak{F}$ *est transverse à* f *en tous les points de* $\bar{F}$,

alors $f \circ c : (\bar{F})_{fin} \to Y$ *est un revêtement étale.*

Preuve : Analogue à celle de (2.3) . Soit $y \in Y$. Comme $f^{-1}(y) \cap \bar{F}$ est compact, on peut trouver un nombre fini d'ouverts $U_1, \ldots, U_r$ de X recouvrant $f^{-1}(y) \cap \bar{F}$ et tels que $f \circ c : (U_i)_{fin} \to Y$ soit un revêtement trivial d'un ouvert W_i de y . Comme $f|\bar{F}$ est propre, il existe un voisinage ouvert W de y , qu'on peut supposer connexe, tel que $f^{-1}(W) \cap \bar{F} \subset U_1 \cup \ldots \cup U_r$, de sorte que $f \circ c : (f^{-1}(W) \cap \bar{F})_{fin} \to W$ est un revêtement trivial.

Nous utiliserons également plusieurs fois la propriété suivante, d' "unicité de relèvement des applications continues " .

PROPOSITION 2.8.2. *Soit* $f : X \to Y$ *un morphisme de variétés analytiques purement dimensionnelles, avec* $\dim X = \dim Y = n$, *et* $\mathfrak{F}$ *un feuilletage analytique de dimension* n *sur* X *transverse à* f. *On choisit* $x_o \in X$ *et* , *on pose* $y_o = f(x_o)$. *Alors, si* Z *est un espace topologique connexe,* $\varphi : Z \to Y$ *une application continue,* et z_o *un point de* Z *tel que* $\varphi(z_o) = y_o$, *il existe au plus une application continue* $\psi : Z \to X_{fin}$ *telle que*

$$\psi \circ (f \circ c) = \varphi \quad \text{et} \quad \psi(z_o) = x_o \, .$$

Preuve : Soient ψ_1, ψ_2 deux tels relèvements, et

$$T = \{z \in Z | \psi_1(z) = \psi_2(z)\} \neq \emptyset \, .$$

Comme $f \circ c$ est un isomorphe local, T est ouvert. Comme X, donc aussi X_{fin} , est réparé, T est fermé, d'où l'assertion. Bien entendu, il s'agit là d'une propriété commune à tous les faisceaux.

3. Feuilletages quasi-finis.

Soient X une variété analytique, Y un espace analytique purement de dimension r , et $\pi : X \to Y$ un morphisme analytique. On suppose X munie d'un feuilletage $\mathfrak{F}$ analytique de dimension r , d'où un diagramme commutatif

$$\begin{array}{ccc} X_{fin} & \xrightarrow{c} & X \\ & \tilde{\pi} \searrow \quad \swarrow \pi & \\ & Y & \end{array} ,$$

où c désigne l'immersion canonique ("identité") .

DEFINITION 3.1.

a) Soit $x \in X$. On dit que le feuilletage $\mathfrak{F}$ est quasi-fini en x si $\tilde{\pi}$ est quasi-fini en x , i.e. si x est un point isolé de $\tilde{\pi}^{-1}(\tilde{\pi}(x))$.

b) On dit que $\mathfrak{F}$ est quasi-fini si $\tilde{\pi}$ est quasi-fini .

3.2. D'après la structure des feuilletages, dire que $\mathfrak{F}$ est quasi-fini en x , c'est-à-dire qu'il existe un voisinage ouvert distingué U de x dans X dans lequel x est l'unique point d'intersection de sa plaque avec sa fibre $\pi^{-1}(\pi(x))$. Notant $n = \dim_x(X)$, on a alors un isomorphisme $U \simeq D \times D'$ où D et D' sont des polydisques de $\mathbb{C}^{n-r}$ et $\mathbb{C}^r$ respectivement, tel que les plaques de U soient les fibres de la projection $p : U \to D$. L'hypothèse peut se traduire en disant que x est l'unique point de sa fibre pour le morphisme

(3.2.1) $$\psi = (\pi,p) : \quad U \to Y \times D . \qquad t \mapsto (\pi(t),p(t))$$

On en déduit, grâce au lemme (3.3) ci-dessous, qu'il existe un voisinage ouvert U_1 de x contenu dans U , et un voisinage ouvert W de $(\pi(x),p(x))$ dans $Y \times D$ tels que (π,p) admette, en restriction à U_1 , une factorisation

$$\begin{array}{ccc} U_1 & & \\ \theta \downarrow & \searrow^{(\pi,p)} & \\ W & \hookrightarrow & Y \times D \end{array}$$

avec θ un morphisme fini, i.e. défini par une $\mathcal{O}_W$- algèbre finie ([H], 19, par.5) . Soient Y_1 un voisinage ouvert connexe de $\pi(x)$ dans Y et D_1 un polydisque tels que $Y_1 \times D_1$ soit un voisinage ouvert de $(\pi(x),p(x))$ contenu dans W . Quitte à remplacer U_1 par $\theta^{-1}(Y_1 \times D_1)$, on peut supposer que $W = Y_1 \times D_1$; ensuite, quitte à remplacer U par $D_1 \times D'$, on peut supposer que $D = D_1$. Comme U et W ont même dimension, le morphisme fini θ est surjectif.

En résumé, on a ainsi exhibé un voisinage ouvert distingué U de x , un voisinage ouvert $U_1 \subset U$ de x et un voisinage ouvert connexe Y_1 de $\pi(x)$ tels que, pour toute plaque P de U , on a $P \cap U_1 \neq \emptyset$ et le morphisme

$$\pi : P \cap U_1 \to Y_1$$

est fini, donc surjectif (Y_1 et $P \cap U_1$ ont même dimension) . En particulier, toute plaque de U rencontre toutes les fibres de π au-dessus de Y_1 .

3.2.2. Notant Σ_o l'ensemble des points x de X dont la feuille F_x est quasi-finie en x sur Y , il est clair que, localement, Σ_o s'identifie à l'ensemble des points x de U isolés dans $\psi^{-1}\psi(x)$ (2.2.1) . Par suite (cf. [C]), Σ_o est un fermé analytique de X . On notera que, lorsque $\dim(X) \geq 3$, Σ_o n'est pas, en général, purement de codimension un dans X .

Nous avons utilisé dans la preuve de 3.2 le lemme suivant, bien connu mais pour lequel il est difficile de donner une référence adéquate.

LEMME 3.3. Soit $f : X \to Y$ un morphisme d'espaces analytiques. Si $x \in X$ est isolé dans sa fibre $f^{-1}(f(x))$, il existe un voisinage ouvert U de x dans X , un voisinage ouvert V de $f(x)$ dans Y et un morphisme fini $g : U \to V$ rendant le diagramme

$$\begin{array}{ccc} U & \subset & X \\ {\scriptstyle g}\downarrow & & \downarrow{\scriptstyle f} \\ V & \subset & Y \end{array}$$

commutatif.

<u>Preuve</u> : Nous utilisons librement le langage et les résultats de [H] , qui est la meilleure référence pour ce genre de question. L'anneau local $\mathcal{O}_{X,x}$ est fini sur $\mathcal{O}_{Y,f(x)}$ ([H] , cor.7 , p. 19-19) . Il existe donc un voisinage ouvert W de $y = f(x)$ et une $\mathcal{O}_W$- algèbre finie $\mathcal{A}$ tels que $\mathcal{A}_y \simeq \mathcal{O}_{X,x}$ ([H], lemme 1 p. 19-08) . Posons $X' = \mathrm{Specan}(\mathcal{A})$. Comme $\mathcal{A}_y$ est local, il existe un unique point z de X' au-dessus de y , qui est tel que $\mathcal{A}_y \simeq \mathcal{O}_{X',z}$ ($\mathcal{O}_{Y,y}$- isomorphisme) . D'après Grothendieck [th. 1.3, p. 13-02, in Séminaire H. Cartan 1960-1961] , on en déduit l'existence d'un voisinage ouvert U' de z dans X' et d'un plongement ouvert $U' \to X$ envoyant z sur x , tels que le diagramme

$$\begin{array}{ccccc} X' & \hookleftarrow & U' & \longrightarrow & X \\ & {\scriptstyle can = g'}\searrow & \downarrow & \swarrow {\scriptstyle f} & \\ & & Y & & \end{array}$$

soit commutatif. Mais comme g' est propre et z est le seul point de $g'^{-1}(y)$, on peut, quitte à rapetisser U' , le supposer de la forme $g'^{-1}(V)$, où V est un voisinage ouvert de y dans Y , d'où l'assertion.

Revenons aux données et aux notations du début du paragraphe.

PROPOSITION 3.4. <u>Soit</u> F <u>une feuille de</u> $\mathcal{F}$, <u>de sorte que</u> (1.3) $\bar{F}$ <u>est une réunion de feuilles. Supposons que</u> $\tilde{\pi}|F$ <u>soit quasi-fini. Alors</u>

$$\pi(F) = \pi(\bar{F}) .$$

<u>En particulier, si</u> Y <u>est connexe et si</u> $\pi|\bar{F}$ <u>est propre (a fortiori si</u> π <u>est propre) , on a</u> $\pi(F) = Y$.

<u>Preuve</u> : Il suffit de voir que $\pi(\bar{F}) \subset \pi(F)$. Soit $y \in \pi(\bar{F})$, et $x \in \bar{F}$ tel que $y = \pi(x)$. Nous savons (3.2) qu'il existe un voisinage ouvert distingué U de x tel que toute plaque de U rencontre $\pi^{-1}(y)$. En particulier, comme $x \in \bar{F}$, il existe une plaque P de F contenue dans U et si $x_1 \in P \cap \pi^{-1}(y) \neq \emptyset$, on a $y = \pi(x_1)$, d'où l'assertion. Si $\tilde{\pi}|F$ est quasi-fini, il résulte aussitôt de (3.2) que $\pi(F)$ est ouvert ; si de plus $\pi|\bar{F}$

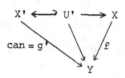

est propre $\pi(\bar{F})$ est fermé, donc $\pi(F) = \pi(\bar{F}) = Y$ si Y est connexe.

Remarque 3.5. Utilisant le fait qu'un morphisme quasi-fini et surjectif d'espaces analytiques séparés possède la propriété de relèvement des chemins analytiques réels de la base en chemins continus (avec origine fixée), la conclusion de (3.4), du moins lorsque π est propre, correspond au fait que pourvu qu'on s'autorise des singularités algébriques, on peut suivre toutes les solutions $Y \dashrightarrow X$ du système différentiel défini par $\mathfrak{F}$ le long de n'importe quel chemin analytique de Y.

3.6. Soient comme précédemment X une variété analytique, Y un espace analytique purement de dimension r et $\pi : X \to Y$ un morphisme propre. On suppose de plus donné un sous-espace analytique fermé S de X, appelé sous-ensemble singulier, et un feuilletage analytique $\mathfrak{F}$ de dimension r sur $U = X \dot{-} S$, avec $\mathfrak{F}$ quasi-fini sur Y.

Cette situation est celle que l'on rencontre lorsqu'on compactifie sur la base (lorsque, bien sûr, cela est possible) la situation précédente.

PROPOSITION 3.7. Soit F un feuilletage $\mathfrak{F}$ sur U. Notant $\bar{F}$ l'adhérence de F dans X, on a

$$\pi(\bar{F}) = \pi(F) \cup \pi(\bar{F} \cap S) .$$

De plus, si Y est irréductible et $\pi(S) \neq Y$ (par exemple si $\dim S < \dim Y$), on a

$$\pi(\bar{F}) = Y .$$

Preuve : La première assertion se démontre comme l'assertion correspondante de (3.4). Montrons la deuxième. Tout d'abord, comme $\pi(F)$ est ouvert dans Y, $\pi(F)$ ne saurait être contenu dans $\pi(S)$, qui est un sous- espace analytique fermé propre de l'espace irréductible Y. Par suite, $F \cap \pi^{-1}(Y \dot{-} \pi S)$ est une réunion de feuilles de $\mathfrak{F}|\pi^{-1}(Y \dot{-} \pi S)$, d'où résulte (3.4)

$$Y \dot{-} \pi(S) = \pi(F \cap \pi^{-1}(Y \dot{-} \pi S)) .$$

Comme Y est irréductible, il en résulte bien que $\overline{\pi(F)} = \pi(\bar{F}) = Y$.

En pratique, l'énoncé suivant, en rapport avec (3.5), est utile pour l'étude des systèmes différentiels, car il correspond à l'absence dans certains cas de singularités essentielles pour leurs solutions.

PROPOSITION 3.8. <u>On suppose</u> Y <u>irréductible,</u> S <u>fini sur</u> Y , <u>et</u> $\dim S < \dim Y$. <u>Soit</u> F <u>une feuille du feuilletage</u> $\mathfrak{F}$ <u>sur</u> U , x_o <u>un point</u> F <u>tel que</u> $y_o = \pi(x_o)$ <u>n'appartienne pas à</u> $\pi(S)$. <u>Alors, si</u>

$$\gamma : [0,1] \to Y$$

<u>est un chemin analytique réel d'origine</u> y_o <u>tel que</u> $\gamma([0,1[) \subset Y \dot{-} \pi(S)$, <u>il existe un chemin continu</u> $\delta : [0,1] \to \bar{F}$, <u>d'origine</u> x_o , <u>relevant</u> γ , <u>et tel que</u> $\delta|[0,1[$ <u>soit un relèvement de</u> γ <u>dans</u> F , <u>continu pour la topologie fine</u>.

<u>Preuve</u> : Soit $(t_n)_{n \in \mathbb{N}}$ une suite strictement croissante de nombre réels ≥ 0 , avec $t_o = 0$, tendant vers 1 . Posant $V = Y \dot{-} \pi(S)$, puisque $\dim S < \dim Y = \dim F$, la partie $F \cap \tilde{\pi}^{-1}(V)$ est connexe donc $F \cap \pi^{-1}(V)$ est une feuille de $\mathfrak{F}|\pi^{-1}(V)$. Par suite (3.4) , $\pi(F \cap \pi^{-1}(V)) = V$. Ceci permet de construire un relèvement continu $\tilde{\delta}$ de $\gamma|[0,1[$ dans F , muni de la topologie fine, d'origine x_o . On procède pour cela par récurrence en définissant $\tilde{\delta}$ sur $[t_n,t_{n+1}]$ comme relèvement continu de $\gamma|[t_n,t_{n+1}]$ prenant la valeur $\tilde{\delta}(t_n)$, déjà connue, en t_n . Cela dit ,

$$K = \bigcap_{n \geq o} \overline{\tilde{\delta}([t_n,1[)} ,$$

intersection décroissante de compacts connexes non vides, est un compact connexe non vide, contenu dans $\pi^{-1}(\gamma(1))$. Si $K \not\subset S$, soit x_1 un point de K non contenu dans S , et W un voisinage ouvert distingué de x_1 vérifiant les propriétés indiquées dans (3.2) : il existe un voisinage ouvert W_1 de x_1 contenu dans W et un voisinage ouvert Ω de $\gamma(1)$, qu'on peut supposer connexe, tels que, pour toute plaque P de W , $P \cap W_1$ soit non vide et fini sur Ω . Par définition de K , et vu la continuité de γ , il existe un $t \in [0,1[$ tel que $\gamma([t,1]) \subset \Omega$ et $\tilde{\delta}(t) \in W_1$. Notant P la plaque de $\tilde{\delta}(t)$ dans W , le morphisme $\pi : P \cap W_1 \to \Omega$ est fini et surjectif, ce qui permet de relever continûment pour la topologie fine $\gamma|[t,1]$ en $\tilde{\delta}' : [t,1] \to P \cap W_1$, tel que $\tilde{\delta}'(t) = \tilde{\delta}(t)$, et de définir δ par $\delta|[0,t] = \tilde{\delta}|[0,t]$ et $\delta|[t,1] = \tilde{\delta}'$. Si maintenant $K \subset S$, K est contenu dans $\pi^{-1}(\gamma(1)) \cap S$ qui est fini, donc, étant connexe, K est réduit à un point, soit x_1 , ce qui permet de prolonger $\tilde{\delta}$ à $[0,1]$ en posant $\tilde{\delta}(1) = x_1$. On observera cette fois que, bien entendu, le chemin δ obtenu est seulement continu pour la topologie ordinaire.

Remarque 3.9. L'argument précédent prouve plus généralement ceci, qui reste vrai sans hypothèse sur la dimension de S . Supposons donnés un chemin analytique réel $\gamma : [0,1] \to Y$, et $\delta_1 : [0,1[\to F$ un relèvement de $\gamma|[0,1[$ continu pour la topologie fine. Alors, pour tout $t \in [0,1[$, il existe un relèvement continu $\delta : [0,1] \to \bar{F}$ de γ tel que

a) $\delta|[0,1[: [0,1[\to F$ soit continu pour la topologie fine,

b) $\delta|[0,t] = \delta_1|[0,t]$.

4. <u>SINGULARITES RELATIVES D'UN FEUILLETAGE ANALYTIQUE : THEOREMES DE PAINLEVE, KIMURA ET MALMQUIST</u>.

Avant d'aborder le sujet du paragraphe, il paraît utile de développer quelques généralités, qui nous permettront d'adopter une terminologie précise, dont le besoin apparaît clairement dans la littérature.

4.1. Soit T un espace topologique, et $p : E \to T$ un faisceau, i.e. un espace étalé relativement séparé. Pour tout $t \in T$, nous appellerons <u>bourgeon de la tige</u> (ou fibre) de t tout élément de

(4.1.1) $$(\hat{E})_t = \lim_{\substack{\leftarrow \\ U}} \pi_o(p^{-1}U) ,$$

où U parcourt l'ensemble ordonné filtrant des voisinages ouverts de t dans T.

Autrement dit, un bourgeon

$$\xi = [\xi(U)]_{U \ni t}$$

de la tige de t est la donnée, pour tout ouvert U contenant t, d'une composante connexe $\xi(U)$ de $p^{-1}(U)$, avec la condition que, si $V \subset U$, on ait

$$\xi(V) \subset \xi(U) .$$

L'ensemble

(4.1.2) $$\hat{E} = \coprod_{t \in T} (\hat{E})_t ,$$

canoniquement muni d'une projection, notée encore p, sur T, sera appelé l'<u>ensemble des bourgeons</u> de E.

A tout point x de E est naturellement associé un bourgeon, noté β_x, de sa tige $p^{-1}(px)$, par la formule

(4.1.3) $\beta_x(U) =$ composante connexe de x dans $p^{-1}(U)$.

L'application

$$x \mapsto \beta_x : E \to \hat{E}$$

au-dessus de T ainsi définie est <u>injective</u>.

En effet, si x_1 et x_2 sont deux points distincts de la tige de t, il existe un voisinage ouvert U de t et deux voisinages ouverts V_{x_1} et V_{x_2} de x_1 et x_2 dans E respectivement tels que p induise des homéomorphismes

$$V_{x_1} \xrightarrow{\sim} U \, , \, V_{x_2} \xrightarrow{\sim} U \, .$$

Alors V_{x_1} et V_{x_2}, images de sections continues de E au-dessus de U, sont, puisque E est relativement séparé sur T, des fermés de $p^{-1}(U)$, d'où résulte aussitôt que $\beta_{x_1}(U) \neq \beta_{x_2}(U)$.

Lorsque T est <u>localement connexe</u>, nous allons définir sur $\hat{E}$ une topologie telle que

i) <u>la projection</u> $\hat{E} \to T$ <u>soit continue</u>,

ii) <u>l'inclusion</u> $E \subset \hat{E}$ <u>soit une immersion ouverte</u>.

Pour cela, étant donnée une partie W de $\hat{E}$, nous dirons qu'elle est <u>ouverte</u> si et seulement si, pour tout $\xi \in \hat{E}$, il existe un voisinage ouvert U de $p(\xi)$ tel que $\xi(U) \subset W \cap E$.

Vérifions qu'on définit bien ainsi une topologie. La stabilité par réunion quelconque étant évidente, il suffit de montrer que l'intersection de deux parties ouvertes W_1 et W_2 de $\hat{E}$ est encore ouverte. Si $\xi \in W_1 \cap W_2$, il existe par définition deux voisinages ouverts U_1 et U_2 de $p(\xi)$ tels que

$$\xi(U_1) \subset W_1 \cap E \; ; \; \xi(U_2) \subset W_2 \cap E \, ,$$

d'où

$$\xi(U_1 \cap U_2) \subset \xi(U_1) \cap \xi(U_2) \subset (W_1 \cap W_2) \cap E \, ,$$

ce qui prouve l'assertion.

Si $\xi \in \hat{E}$, et U est un voisinage ouvert de $p(\xi)$, il est clair que

$$W(\xi,U) = \xi \cup \xi(U)$$

est un ouvert de $\hat{E}$, de sorte que les $W(\xi,U)$ définissent une base d'ouverts de la topologie de $\hat{E}$. Comme

$$p(W(\xi,U)) \subset U \, , \tag{4.1.4}$$

la projection $p : \hat{E} \to T$ est continue.

Supposons T localement connexe. Alors, pour tout couple (U,ξ), avec $p(\xi) \in U$, $\xi(U)$ est ouvert dans E, de sorte que l'inclusion $i : E \hookrightarrow \hat{E}$ est continue, car $W(\xi,U) \cap E = \xi(U)$, et E est ouvert dans $\hat{E}$. De plus, i est un homéomorphisme sur son image. En effet, si $x \in E$, il existe un voisinage ouvert V de x dans E, et un voisinage ouvert <u>connexe</u> U_x de $p(x)$ tels que p induise un homéomorphisme

$$V \xrightarrow{\sim} U_x ,$$

d'où résulte aussitôt, V étant à la fois ouvert et fermé dans $p^{-1}(U_x)$, et connexe, que

$$\beta_x(U_x) = V .$$

Par suite, les $\xi(U)$ forment un système fondamental de voisinage ouverts de E, d'où l'assertion.

4.1.5. L'espace $\hat{E}$ est <u>relativement séparé</u> sur T. En effet, si ξ_1 et ξ_2 sont des bourgeons distincts de la même tige E_t, par définition, il existe un voisinage ouvert U de t tel que

$$\xi_1(U) \neq \xi_2(U) ,$$

de sorte que $\qquad \xi_1(U) \cap \xi_2(U) = \emptyset$ et

$$W(\xi_1,U) \cap W(\xi_2,U) = \emptyset .$$

En particulier, si T est localement connexe et <u>séparé</u>, alors $\hat{E}$ est aussi séparé.

4.1.6. Soit $\varphi : (E,p) \to (E',p')$ un morphisme de faisceaux au-dessus de T. Associant à tout bourgeon ξ de la tige de t dans E le bourgeon $\hat{\varphi}(\xi)$ défini par

$$\hat{\varphi}(\xi)(U) = \text{composante connexe de } p'^{-1}(U) \text{ contenant } \varphi(\xi(U)) ,$$

on définit une application

$$\hat{\varphi} : \hat{E} \to \hat{E}' ,$$

au-dessus de T , prolongeant φ . De plus, on a évidemment

$$\hat{\varphi}(W(\xi,U)) \subset W(\hat{\varphi}(\xi) , \hat{\varphi}(U)) ,$$

de sorte que, du moins lorsque T est localement connexe, $\hat{\varphi}$ est continue.

Par contre, on prendra garde, par exemple, que lorsque φ est injective, $\hat{\varphi}$ ne l'est pas en général.

4.1.7. Supposons T localement connexe et localement compact, et soit

$$\begin{array}{ccc} E & \xrightarrow{\theta} & X \\ & {\scriptstyle p}\searrow \quad \swarrow{\scriptstyle f} & \\ & T & \end{array}$$

un diagramme commutatif d'applications continues, avec f <u>propre</u>.
Alors, pour tout $\xi \in \hat{E}$, l'ensemble

$$\Delta_\theta(\xi) = \bigcap_{U \ni p(\xi)} \overline{\theta(\xi(U))}$$

est un compact connexe non vide de X , contenu dans $f^{-1}(p(\xi))$, que nous appellerons la <u>fleur du bourgeon</u> ξ relativement à θ .
Bien entendu, si $\xi \in E$, on a $\Delta_\theta(\xi) = \{\theta(\xi)\}$ de sorte que l'application multivoque

$$\Delta_\theta : \hat{E} \to X ,$$

au-dessus de T , prolonge θ . De plus, Δ_θ est <u>continue</u> en tant qu'application multivoque. En effet, si Ω est un ouvert de X contenant $\Delta_\theta(\xi)$, comme, pour U assez petit, $\overline{\theta(\xi(U))}$ est compact, il existe un voisinage ouvert U_o de $p(\xi)$ tel que

$$\overline{\theta(\xi(U_o))} \subset \Omega ,$$

de sorte que

$$\Delta_\theta(W(\xi,U_o)) = \Delta_\theta(\xi) \cup \theta(\xi(U_o)) \subset \Omega .$$

Remarquons, d'autre part, que si l'on a un diagramme commutatif d'applications continues

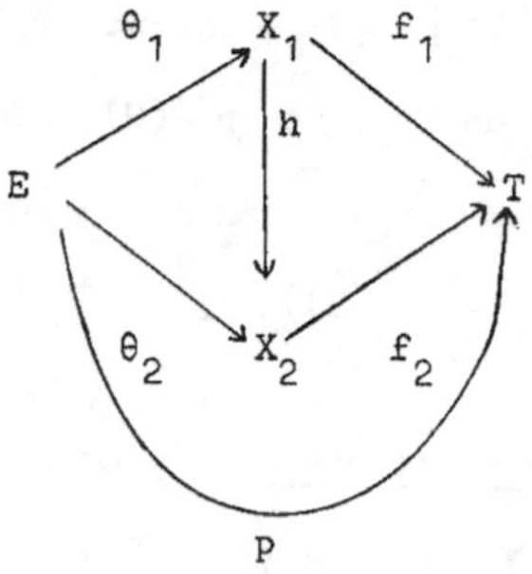

dans lequel f_1 et f_2 , donc h , sont propres, alors, pour tout $\xi \in \hat{E}$, on a

(4.1.8) $$h(\Delta_{\theta_1}(\xi)) = \Delta_{\theta_2}(\xi) .$$

En effet, h étant propre, comme $\theta_2(\xi(U)) = h[\theta_1(\xi(U))]$, on a aussi $\overline{\theta_2(\xi(U))} = h[\overline{\theta_1(\xi(U))}]$, et, par ailleurs, pour U assez petit, $\overline{\theta_1(\xi U)}$ et $\overline{\theta_2(\xi U)}$ sont compacts.

4.1.9. On reprend les notations de (4.1.7) .

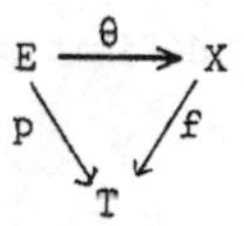

Dans ces conditions, un bourgeon $\xi \in E$ est dit :

- <u>trivial</u> si $\xi \in E$,
- <u>ordinaire</u> si $\xi \notin E$, mais $\Delta_\theta(\xi) = \{1 \text{ point}\}$,
- <u>essentiel</u> si $\text{card}\, \Delta_\theta(\xi) > 1$.

4.1.10. Pour terminer ces généralités, indiquons comment il est possible de représenter les bourgeons comme classes d'équivalences de chemins, ce qui correspond au point de vue classique (cf. par ex. [K O]) .

Soit $t \in T$, et $\gamma :]0,1] \to E$ un chemin continu tel que $p \circ \gamma$ admette un prolongement continu, noté de même

$$p \circ \gamma : [0,1] \to T \text{ , avec } p \circ \gamma(0) = t \text{ .}$$

Alors, pour tout voisinage ouvert U de t, on a, pour s assez petit, $p \circ \gamma([0,s]) \subset U$, d'où $\gamma(]0,s]) \subset p^{-1}(U)$. Notant $\xi_\gamma(U)$ la composante connexe, indépendante du choix de s, de $p^{-1}(U)$ contenant $\gamma(]0,s])$, il est donc clair que

$$\xi_\gamma = (\xi_\gamma(U))_{U \ni t}$$

est un bourgeon, appelé <u>bourgeon associé à</u> γ. On dira qu'un bourgeon ξ est <u>représenté</u> par le chemin γ si $\xi = \xi_\gamma$.

Si T est localement connexe par arcs et $t \in T$ admet un système fondamental dénombrable de voisinages ouverts, alors tout bourgeon ξ de la tige de t peut être représenté par un chemin. Plus précisément, soit $(U_n)_{n \in \mathbb{N}}$ une suite décroissante d'ouverts définissant un système fondamental de voisinages ouverts de ce point. Choisissons pour tout $n \geq 1$ un élément $a_n \in \xi(U_n)$ et un chemin continu

$$\sigma_n : [\frac{1}{n+1}, \frac{1}{n}] \to \xi(U_n)$$

tel que $\sigma_n(\frac{1}{n}) = a_n$, $\sigma_n(\frac{1}{n+1}) = a_{n+1}$, qui existe car $\xi(U_n)$ est connexe par arcs. Alors la collection des σ_n définit par recollement un chemin $\sigma :]0,1] \to E$ représentant ξ.

Par suite, lorsque T est métrisable et localement connexe par arcs, les bourgeons de E sont en correspondance biunivoque avec les classes de chemins qui leur sont associés.

4.1.11. Convenablement modifiée, la construction précédente montre, sous les hypothèses de (4.1.9), la chose suivante (on suppose toujours T métrisable et localement connexe par arcs). Si ξ est un bourgeon et $x \in \Delta_\theta(\xi)$, il est possible de représenter ξ par un chemin γ tel que

$$\lim_{s \to 0} \theta \circ \gamma(s) = x \text{ .}$$

Enfin, pour qu'un bourgeon ξ soit <u>essentiel</u>, il faut et il suffit qu'il soit représenté par <u>un chemin</u> γ <u>tel que</u> $\theta\circ\gamma(s)$ <u>n'ait pas de limite lorsque</u> $s \to 0$.

4.2. Plaçons-nous maintenant dans la situation suivante. Soit X un espace analytique, S un fermé analytique de X tel que $U = X \dot{-} S$ soit lisse de dimension n , Y une variété analytique connexe de dimension n , et $f : X \to Y$ un morphisme propre. On suppose U muni d'un feuilletage analytique $\mathfrak{F}$ de dimension n .

Si Σ est le fermé analytique de U formé des points en lesquels le feuilletage $\mathfrak{F}$ n'est pas transverse à f ,

$$U_{\text{ét}} = (U \dot{-} \Sigma)_{\text{fin}}$$

est un faisceau sur Y , auquel on peut appliquer les considérations précédentes, en prenant pour morphisme θ l' "inclusion"

$$U_{\text{ét}} \to X .$$

Soit $y \in Y$ et

$$\xi = (\xi(V))_{V \ni y}$$

un bourgeon de $U_{\text{ét}}$ au-dessus de y . Alors, pour tout $V \ni y$, comme Σ est analytique fermé dans U , l'adhérence pour la topologie fine

$$(4.2.1) \qquad F_{\xi}^{V} = \text{adh}_{(f^{-1}(V) \cap U)_{\text{fin}}} (\xi(V))$$

est une feuille du feuilletage induit $\mathfrak{F}|f^{-1}(V) \cap U$. En particulier,

$$(4.2.2) \qquad F_{\xi} = \text{adh}_{U_{\text{fin}}} (\xi(Y)) = F_{\xi}^{Y}$$

est une feuille de U , appelée <u>feuille de</u> ξ .

Cette terminologie est cohérente, car, si $x \in U_{\text{ét}}$, la feuille du bourgeon β_x (4.1.3) défini par x n'est autre que la feuille de x .

On peut d'ailleurs prolonger l'application (4.1.3) en une application, notée de même,

(4.2.3) $$\beta : U \to \hat{U}_{ét} \cup \{\emptyset\}$$

$$x \mapsto \beta_x$$

de la manière suivante. Notant, pour tout voisinage ouvert V de $f(x)$ dans Y,

$$F_x^V$$

la feuille de x pour le feuilletage $\mathcal{F}|U \cap f^{-1}(V)$, on pose

(4.2.4) $$\beta_x(V) = F_x^V \cap U_{ét}$$

Comme $U \dot{-} U_{ét}$ est un fermé analytique de U, $\beta_x(V)$ est, soit vide, soit une composante connexe de $U_{ét} \cap f^{-1}(V)$ pour la topologie fine. Deux cas peuvent alors se produire. Ou bien $F_x \subset f^{-1}f(x)$, et alors on pose, par convention,

$$\beta_x = \{\emptyset\} ,$$

ou bien $F_x \not\subset f^{-1}f(x)$, et alors, pour tout V, $\beta_x(V) \neq \emptyset$, de sorte que (4.2.3) définit un bourgeon de la tige de $f(x)$.

Encore une fois, les notations précédentes sont cohérentes. Soit en effet $x \in U$ tel que $F_x \not\subset f^{-1}f(x)$. Alors

$$F_x^V = F_{\beta_x}^V \qquad (V \ni f(x))$$

et, en particulier, la feuille de β_x n'est autre que la feuille de x.

Notons $\tilde{U} = \{x \in U | F_x \not\subset f^{-1}f(x))\}$, de sorte que (4.2.3) définit une application

(4.2.5) $$\tilde{U} \to \hat{U}_{ét} \text{ au-dessus de } Y ,$$

qui, <u>en général</u>, <u>n'est continue en aucun point de</u> $\tilde{U} \dot{-} U_{ét}$.

LEMME 4.2.6. <u>Avec les notations précédentes,</u>

i) <u>Si</u> $x \in \tilde{U}$, <u>alors</u> $\Delta(\beta_x) \cap \dot{U} \supset \beta^{-1}(\beta_x)$.

ii) <u>Toute fibre de</u> $\beta : \tilde{U} \to \hat{U}_{ét}$ <u>est contenue dans une fibre</u> Φ <u>de</u> $f|U$

et est une réunion de composantes connexes de Φ pour la topologie induite par la topologie fine de U, et en particulier est à la fois ouverte et fermée dans Φ_{fin}.

Preuve : L'assertion i) est immédiate. Pour ii), on remarque tout d'abord que, par construction, β est un morphisme au-dessus de Y, donc toute fibre de β est contenue dans une fibre $\Phi = f^{-1}(y) \cap U$ $(y \in Y)$. Comme Φ est analytique fermé dans U, c'est un espace analytique pour la topologie fine, et ses composantes connexes fines, à la fois ouvertes et fermées, également. Par ailleurs, si $x \in \tilde{U}$, alors, pour tout voisinage ouvert V de y dans Y, $F_x^V \cap \Phi$ est à la fois ouvert et fermé dans Φ_{fin}, donc contient la composante connexe C_x de x. Donc, si $x_1 \in C_x$, $F_{x_1}^V = F_x^V$, ce qui montre que $x_1 \in \tilde{U}$ et $\beta_x = \beta_{x_1}$.

PROPOSITION 4.2.7. Soit $x \in \tilde{U}$. Les assertions suivantes sont équivalentes.

i) $\{x\} = \beta^{-1}(\beta_x)$.

ii) x est isolé dans $[f^{-1}f(x) \cap U]_{fin}$.

iii) La feuille F_x est quasi-finie en x sur Y.

iv) Le bourgeon β_x est ordinaire ou trivial.

v) $\Delta(\beta_x) = \{x\}$.

Preuve : ii) $\Leftrightarrow$ iii) est évident. On a i) $\Rightarrow$ ii), car alors (4.2.6. ii)) x est ouvert dans $[f^{-1}f(x) \cap U]_{fin}$. Montrons iii) $\Rightarrow$ iv). Si F_x est quasi-finie en x, il existe, puisque $\dim \mathfrak{F} = \dim Y$, un voisinage ouvert W de x dans F_x tel que $f(W)$ soit ouvert, $f|W: W \to f(W)$ fini, et $W \cap f^{-1}f(x) = \{x\}$. En particulier, comme $f|W$ est propre, W est fermé dans $f^{-1}f(W)$, aussi bien pour la topologie fine que pour la topologie ordinaire. Comme W est à la fois ouvert et fermé dans F_x pour la topologie fine, on a

$$F_x^{f(W)} \subset W \text{, d'où } \bar{F}_x^{f(W)} \subset W .$$

Par suite, $\Delta(\beta_x) \subset W \cap f^{-1}f(x) = \{x\}$. L'assertion iv) $\Rightarrow$ v) est immédiate, puisque $x \in \Delta(\beta_x)$. De même, v) $\Rightarrow$ i), puisque $\beta^{-1}(\beta_x) \subset \Delta(\beta_x)$.

DEFINITION 4.2.8. On dit qu'un bourgeon ξ est algébrique s'il existe $x \in \widetilde{U}$ tel que $\xi = \beta_x$, et dont la feuille F_x est quasi-finie en x sur Y.

D'après 4.2.7 i), l'élément x de $\widetilde{U}$ tel que $\xi = \beta_x$ est alors uniquement déterminé. Bien sûr, si $x \in U_{ét}$, ξ est trivial. Si $x \in \widetilde{U} \dot{-} U_{ét}$, ξ est ordinaire algébrique.

La proposition suivante et son corollaire sont connus sous le nom de "théorème de PAINLEVE".

PROPOSITION 4.2.9. Soit ξ un bourgeon de $U_{ét}$. Les assertions suivantes sont équivalentes.

i) ξ est algébrique.

ii) $\Delta(\xi)$ contient un élément x de $\widetilde{U}$ tel que F_x soit quasi-fini en x sur Y.

iii) Il existe un chemin γ représentant ξ (4.1.10) tel que $x = \lim_{t \to 0} \gamma(t)$ existe et soit tel que F_x soit quasi-finie en x sur Y.

Preuve : L'équivalence de ii) et iii) résulte aussitôt de (4.1.11), et i) $\Rightarrow$ ii) est évidente. Montrons ii) $\Rightarrow$ i). Il existe (3.2) un voisinage ouvert distingué A de x dans U, un voisinage ouvert $B \subset A$ de x et un voisinage ouvert C de $y = f(x)$ tels que, pour toute plaque P de U, le morphisme $f|B \cap P : B \cap P \to C$ soit fini et surjectif, et en particulier, $B \cap P$ est à la fois ouvert et fermé pour la topologie fine dans $U \cap f^{-1}(C)$. Comme $x \in \Delta(\xi)$, $F^C_\xi \cap B \neq \emptyset$, donc F^C_ξ, étant connexe, est l'une des composantes connexes d'une partie de la forme $B \cap P$, pour la topologie fine. En particulier, F^C_ξ est fermé dans $U \cap f^{-1}(C)$ pour la topologie ordinaire (il est propre sur C), donc $x \in F^C_\xi = F^C_x$. L'argument précédent s'applique en remplaçant C par n'importe quel voisinage ouvert V de y contenu dans C, et B par $f^{-1}(V) \cap B$, d'où $F^V_\xi = F^V_x$, ce qui prouve l'assertion.

COROLLAIRE 4.2.10. Soit ξ un bourgeon essentiel de $U_{ét}$. Alors, notant Σ_o le fermé analytique de U formé des points en lesquels $\mathfrak{F}$ n'est pas quasi-fini sur Y, et $y = f(\xi)$, on a :

- <u>ou bien</u> $\dim(S \cap f^{-1}(y)) > 0$,

- <u>ou bien</u> $\dim(\Sigma_o \cap f^{-1}(y)) > 0$.

<u>Preuve</u> : D'après (4.2.9) , on a $\Delta(\xi) \subset (S \cup \Sigma_o) \cap f^{-1}(y)$. Si $\Sigma_o \cap f^{-1}(y)$ est discret dans U , alors $\Delta(\xi) \cap U = \emptyset$, car $\Delta(\xi)$, étant connexe et de cardinal > 1, ne saurait contenir de point isolé. Mais alors $\Delta(\xi) \subset S \cap f^{-1}(y)$, de sorte que, pour les mêmes raisons, $S \cap f^{-1}(y)$ ne saurait être fini.

PROPOSITION 4.2.11. <u>Soit</u> ξ <u>un bourgeon de</u> $U_{ét}$ <u>et</u> $y = f(\xi)$. <u>Alors</u> $\Delta(\xi) \cap U$ <u>est à la fois ouvert et fermé dans</u> $\{[f^{-1}(y)] \cap U\}_{fin}$. <u>Pour que</u> ξ <u>soit algébrique, il faut et il suffit que</u> $\Delta(\xi) \cap U$ <u>contienne un point isolé de</u> $\{[f^{-1}(y)] \cap U\}_{fin}$.

<u>Preuve</u> : La dernière assertion, mise pour mémoire, n'est qu'une reformulation de (4.2.9) . Montrons la première. On a, par définition,

$$\Delta(\xi) \cap U = \bigcap_{V \ni y} \operatorname{adh}_{f^{-1}(V) \cap U} (\xi(V)) = \bigcap_{V \ni y} \operatorname{adh}_{f^{-1}(V) \cap U} (F^V_\xi)$$

(il s'agit, bien sûr, d'adhérences pour la topologie ordinaire). Comme $[f^{-1}(y) \cap U]_{fin}$ est localement connexe par arcs, il s'agit de voir que si x_1 et x_2 appartiennent à la même composante connexe, et $x_1 \in \Delta(\xi) \cap U$, alors $x_2 \in \Delta(\xi) \cap U$. Comme $\operatorname{adh}_{f^{-1}(V) \cap U} (F^V_\xi)$ est une réunion de feuilles de $f^{-1}(V) \cap U$, dire que $x_1 \in \Delta(\xi) \cap U$, c'est dire que

$$F^V_{x_1} \subset \operatorname{adh}_{f^{-1}(V) \cap U} (F^V_\xi) \tag{4.2.12}$$

pour tout $V \ni y$. Mais, si x_1 et x_2 appartiennent à la même composante connexe Γ fine de $f^{-1}(y) \cap U$, on a

$$F^V_{x_1} = F^V_{x_2} \quad \text{pour tout } V , \tag{4.2.13}$$

puisque les intersections avec les feuilles de $\mathfrak{F}|f^{-1}(V) \cap U$ définissent une partition de Γ en sous-ensembles à la fois ouverts et fermés. L'assertion résulte aussitôt de la conjonction de (4.2.12) et (4.2.13) .

PROPOSITION 4.2.14.(KIMURA) Soit ξ un bourgeon de $U_{ét}$, et $y = f(\xi)$. On suppose donnés de plus un ouvert W de U, un espace analytique Z purement de dimension n et un morphisme analytique $\varphi : W \to Z$. Supposons que $\mathfrak{F}|W$ soit quasi-fini relativement à φ en tout point de $f^{-1}(y) \cap W$. Alors, pour tout voisinage ouvert V de y dans Y, on a

$$\varphi(\Delta(\xi) \cap W) \subset \varphi(F_{\xi}^{V} \cap W).$$

De plus, lorsque $f^{-1}(y)$ est une réunion de feuilles, posant $M_y = \operatorname{adh}_X(\Sigma \dot{-} \Sigma \cap f^{-1}(y))$ et

$$\Delta_1(\xi) = \Delta(\xi) \dot{-} (\Delta(\xi) \cap M_y), \text{ on a}$$

$$\varphi(\Delta_1(\xi) \cap W) \subset \varphi(\xi(V) \cap W).$$

Preuve : Rappelons-le, $\Sigma = U \dot{-} U_{ét}$, de sorte que M_y est formé des points de $f^{-1}(y)$ qui appartiennent à une composante irréductible (locale) de Σ non entièrement contenue dans $f^{-1}(y)$. Montrons la première assertion. Soit $x \in \Delta(\xi) \cap W$. Comme $\mathfrak{F}$ est quasi-fini en x relativement à φ, il existe (3.2) un voisinage ouvert Ω de x tel que toute feuille rencontrant Ω rencontre $\varphi^{-1}(\varphi(x))$. Comme $x \in \bar{F}_{\xi}^{V}$, F_{ξ}^{V} rencontre Ω, d'où l'assertion. Pour la deuxième, ayant pris x dans $\Delta_1(\xi) \cap W$, il suffit de remarquer que, comme M_y est fermé, on peut choisir Ω tel que $\Omega \dot{-} (\Omega \cap f^{-1}(y)) \subset U_{ét}$. De plus F_{ξ}^{V} ne saurait rencontrer $\varphi^{-1}\varphi(x)$ en un point de $f^{-1}(y)$, sinon on aurait $F_{\xi}^{V} \subset f^{-1}(y)$, en contradiction avec $\emptyset \neq \xi(V) \subset F_{\xi}^{V} \cap U_{ét}$.

4.3. Nous allons maintenant donner quelques exemples d'application des théorèmes de PAINLEVE et KIMURA aux feuilletages analytiques sur $V \times P_{\mathbb{C}}^{1}$ (V ouvert de $\mathbb{C}$), exemples que nous généraliserons plus loin, après avoir étudié les équations différentielles du premier ordre.

Soit donc

(4.3.1) $$\omega = P(x,y,z)dx + Q(x,y,z)(z\,dy - y\,dz)$$

une forme de Pfaff algébrique sur $V \times P_{\mathbb{C}}^{1}$, de degré r. Par définition donc,

P et Q sont des polynômes homogènes en (y,z), à coefficients analytiques en x, avec $d^\circ(P) = r+2$, $d^\circ(Q) = r$. Comme on l'a déjà rappelé (2.7), ω définit un morphisme de fibrés vectoriels.

$$a : T(V \times P^1_{\mathbb{C}}) \to L^{\otimes -(r+1)}, \tag{4.3.2}$$

où L est le fibré en droites canonique de $V \times P^1_{\mathbb{C}}$. De plus, a est surjectif en dehors du lieu singulier S de ω

$$S = \{\overline{(x,y,z)} \mid P(x,y,z) = Q(x,y,z) = 0\},$$

et définit donc un feuilletage $\mathfrak{F}$ analytique de dimension un sur $U = (V \times P^1_{\mathbb{C}}) \dot{-} S$. Supposons de plus ω irréductible, ce qui signifie ici que S est <u>discret</u>, de sorte que

$$T = p(S),$$

où $p : V \times P^1_{\mathbb{C}} \to V$ est la projection canonique, est un fermé analytique discret. L'ensemble Σ des points de U en lesquels $\mathfrak{F}$ n'est pas étale a pour équation dans U

$$Q(x,y,z) = 0,$$

donc pour adhérence $\bar{\Sigma} = \Sigma \cup S$, qui a même équation dans $V \times P^1_{\mathbb{C}}$. L'ensemble T_1 des points de V dont la fibre, à l'exception éventuellement d'un nombre fini de points de S, est une feuille de $\mathfrak{F}$

$$T_1 = \{ v \in V \mid \dim(p^{-1}(v) \cap \bar{\Sigma}) > 0 \}$$

est un fermé analytique (p est propre), nécessairement discret ($\bar{\Sigma} \neq V \times P^1_{\mathbb{C}}$). Dans ces conditions, le théorème de PAINLEVE (4.2.9 et 4.2.10) affirme ceci :

a) <u>Il ne peut y avoir de singularité essentielle pour une solution de</u> $\omega = 0$, <u>i.e. de bourgeon essentiel de</u> $\mathfrak{F}$ <u>relativement à</u> p, <u>qu'au-dessus des points de</u> T_1.

b) <u>Si</u> $v \notin T \cup T_1$, <u>tout bourgeon de la tige de</u> v <u>est algébrique, i.e. une solution de</u> $\omega = 0$ <u>n'a que des singularités algébriques ou des points réguliers au-dessus de</u> v.

c) Si $v \in T$, $v \notin T_1$, les singularités ξ d'une solution de $\omega = 0$ sont ordinaires, algébriques ou non. Si c'est non, on dit qu'elles sont transcendantes, et nécessairement $\Delta(\xi)$ consiste en un élément de S dans ce cas.

Plus brièvement, PAINLEVE énonce son théorème en disant que les "singularités mobiles des solutions sont algébriques" , énoncé dont les termes peuvent prêter à confusion (voir à ce sujet la discussion de BIEBERBACH, [B] p. 90-91) .

Sachant maintenant que si ξ est une singularité essentielle d'une solution de $\omega = 0$, au-dessus de $t \in V$, alors $p^{-1}(t) \dot{-} (S \cap p^{-1}(t))$ est une feuille, le théorème de KIMURA, appliqué à la projection $pr_2 : V \times P^1_{\mathbb{C}} \to P^1_{\mathbb{C}}$ s'énonce comme suit.

a) (Si on accepte comme "valeurs d'une solution" la projection sur $P^1_{\mathbb{C}}$ des points où la feuille correspondante est quasi-finie, mais non étale, sur V) .

Soit g une "solution" de $\omega = 0$ (i.e. une composante connexe de $U_{\text{ét}}$) admettant une singularité essentielle ξ au-dessus de $x_o \in V$. Alors, pour tout voisinage ouvert W de x_o dans V , la solution g prend sur W toutes les valeurs, excepté éventuellement celles appartenant à

$$S \cap p^{-1}(x_o) = \{\overline{(y,z)} \in P^1_{\mathbb{C}} \mid P(x_o,y,z) = 0\}$$

[Comme $x = x_o$ est, en dehors de S , une feuille de $\mathfrak{F}$, on a $Q(x_o,y,z) \equiv 0$].

b) Soit σ la plus grande puissance de $x - x_o$ divisant $Q(x,y,z)$.

$$Q(x,y,z) = (x - x_o)^{\rho}\, Q_1(x,y,z), \quad \text{avec} \quad Q_1(x_o,y,z) \not\equiv 0 .$$

Si l'on n'admet comme "valeurs d'une solution" que la projection sur $P^1_{\mathbb{C}}$ des points où la feuille correspondante est étale sur V , donc localement le graphe d'une fonction, il faut encore exclure éventuellement de l'ensemble des valeurs prises sur W par g l'ensemble fini

$$\{\overline{(y,z)} \in P^1_{\mathbb{C}} \mid Q_1(x_o,y,z) = 0\} .$$

4.3.3. Dans la situation précédente, et d'ailleurs plus généralement dans la situation de (4.2), lorsque de plus $\dim(Y) = \dim \mathfrak{F} = 1$, il est facile de voir que, notant Σ_o le fermé analytique formé des points de U en lesquels $\mathfrak{F}$ n'est pas quasi-fini, l'application

$$\beta | U \dot{-} \Sigma_o : U \dot{-} \Sigma_o \rightarrow \hat{U}_{ét}$$

<u>est continue et induit un homéomorphisme sur un ouvert de</u> $\hat{U}_{ét}$.

Cela tient en particulier au fait que, dans ce cas, Σ_o est discret dans U pour la topologie fine.

Par conséquent, ici, la topologie mise sur $\hat{U}_{ét}$ est bien adaptée.

Le théorème suivant, assez profond, dû à MALMQUIST, affirme que, hormis le cas où $r = 0$ (équation de RICCATI), une solution g de l'équation $\omega = 0$ admettant une singularité essentielle ξ et "n'ayant qu'un nombre fini de branches au voisinage de ξ " a nécessairement une singularité algébrique dans "tout voisinage arbitrairement petit de ξ " . Bien entendu, l'énoncé approximatif précédent peut être rendu parfaitement rigoureux en utilisant la topologie de $\hat{U}_{ét}$. Il faut également noter que ce n'est qu'un cas particulier d'un résultat concernant les équations du premier ordre, dont diverses généralisations ont été données par KIMURA et SIBUYA notamment ([HKM] et [KS]) . Nous reviendrons d'ailleurs plus loin sur ces généralisations.

THEOREME 4.3.4. <u>On suppose</u> $r > 0$. <u>Soient</u> W <u>un ouvert de</u> V , $x_o \in W$ <u>et</u> F <u>une feuille du feuilletage défini par</u> $\omega = 0$ <u>sur</u> $U \cap (W \times P^1_C)$. <u>Si</u> $F \dot{-} (p^{-1}(x_o) \cap F)$ <u>est un revêtement étale de</u> $W \dot{-} x_o$, <u>alors</u> F <u>n'a pas de bourgeon essentiel au-dessus de</u> x_o .

Le corollaire suivant, auquel on va d'ailleurs immédiatement se ramener, est sans doute plus frappant. Une <u>solution uniforme</u> de l'équation $\omega = 0$ sur $V \times P^1_C$ est une section holomorphe, ou plutôt une classe d'équivalence de sections holomorphes,

$$s : V \dot{-} \delta \rightarrow V \times P^1_C$$

de p , définie en dehors d'un ensemble discret δ , et telle que $s^*(\omega) = 0$, i.e. , en dehors de $p(S)$, son image est contenue dans une feuille. Bien entendu, le domaine de définition d'une solution uniforme sur V est le plus grand ouvert de V au-dessus duquel elle peut être prolongée.

COROLLAIRE 4.3.5. <u>On suppose</u> $r > 0$. <u>Alors toute solution uniforme de l'équation</u> $\omega = 0$ <u>est partout définie, i.e. est le graphe d'une fonction méromorphe sur</u> V . <u>En particulier, lorsque</u> $V = \mathbb{C}$, <u>et</u> ω <u>est polynômiale en</u> x <u>également, toute solution uniforme de</u> $\omega = 0$ <u>est une fraction rationnelle</u>.

<u>Preuve de</u> 4.3.4: Raisonnant par l'absurde, on va supposer que F admet un bourgeon essentiel ξ au-dessus de x_o et en déduire que, posant comme d'habitude $\Sigma = U \dot{-} U_{ét}$, que $\Sigma \cap (F \dot{-} p^{-1}(x_o) \cap F) \neq \emptyset$. On se ramène immédiatement au cas où $V = W$ est un disque ouvert D de centre $0 = x_o$. Comme $F|D \dot{-} 0$ est un revêtement étale connexe, disons à ℓ feuillets, il est trivialisé par le changement de base $\varphi : z \to z^\ell$. Faisant ce changement de base, on obtient un nouveau feuilletage $\mathcal{F}_1$ sur $D \times P^1_{\mathbb{C}}$ tel que $F|D \dot{-} 0$ soit l'image par $\varphi \times id$ d'une feuille uniforme F_1 de $\mathcal{F}_1|D \dot{-} 0$. De plus, comme φ est étale en dehors de l'origine, un chemin 1 définissant ξ , tel que $0 \notin \mathrm{Im}(pol)$, qui n'a pas de limite lorsque $t \to 0$, se relève dans F_1 en un chemin qui n'a pas de limite, donc définit un bourgeon essentiel de F_1 . On est aussi ramené au cas où $F|D \dot{-} 0$ est appliqué isomorphiquement sur $D \dot{-} 0$, ce qui est la situation du corollaire. Alors F est définie, en dehors de 0 , par une fonction holomorphe $f : D \dot{-} 0 \to P^1_{\mathbb{C}}$ prenant, d'après le théorème de KIMURA, toutes les valeurs à l'exception d'un nombre fini, sur tout voisinage épointé de 0 ; autrement dit, f a une singularité essentielle en 0 . Comme $r > 0$, il résulte des considérations de (2.7.A) que $p(\Sigma)$ est dense dans D , donc, comme $\Sigma \cup S$ est fermé et p propre, que $D = p(\Sigma \cup S)$. Utilisant le théorème de prolongement de Remmert-Stein, on en déduit qu'il existe un point a de $p^{-1}(0)$ et, dans un voisinage de a , une composante irréductible H de dimension un passant par a du fermé analytique $\bar{\Sigma}$, avec H quasi-fini en a sur D .

Utilisant la propreté de p, on peut donc, quitte à rapetisser D, supposer que $\bar{\Sigma}$ contient un fermé analytique H irréductible de dimension un tel que $p : H \to D$ soit fini, donc surjectif. On peut même supposer que $H \cap p^{-1}(0) = \{a\}$ et que $p : H \dot{-} \{a\} \to D \dot{-} 0$ soit un revêtement étale, puis, quitte à faire un nouveau changement de base $z \mapsto z^m$, que H est le graphe d'une fonction holomorphe $h : D \to P^1_C$. Enfin, on peut supposer $h(0) = a \neq \infty$, et même $\infty \notin h(D)$. Alors, en dehors de $f^{-1}(\infty)$ (discret), la fonction $f - h$, sur $D \dot{-} 0$, est solution de l'équation différentielle

$$P(x,y+h(x))dx + Q(x,y+h(x))(dy+h'(x)dx) = 0 ,$$

où, comme $Q(x,h(x)) \equiv 0$, $y|Q(x,y+h(x))$. Autrement dit, quitte à remplacer f par $f - h$, on peut supposer $h = 0$ et $y|Q(x,y,1)$, i.e. que, en dehors de $f^{-1}(\infty)$, f est solution de

(4.3.6) $$P(x,y)dx + Q(x,y)dy = 0 , \quad \text{avec} \quad y|Q(x,y) .$$

Bien entendu, $y \nmid P(x,y)$, vu l'hypothèse sur le lieu singulier de ω.

Soit alors

$$P(x,0) = a_s x^s + a_{s+1} x^{s+1} + \dots \quad , \text{avec} \quad a_s \neq 0 .$$

Faisant le changement de variables $y = x^s u$, on voit aussitôt que

$$P(x,y)dx + Q(x,y)dy = x^s(P_1(x,u)dx + Q_1(x,u)du) = x^s \omega_1$$

avec $P_1(0,0) = a_s \neq 0$, car $y|Q(x,y)$. La transformation faite

$$\theta : C \times C \to C \times C$$
$$(x,u) \to (x,x^s u)$$

est un isomorphisme en dehors de $x = 0$. L'équation $\omega_1 = 0$ a pour solution $\frac{f}{x^s}$ en dehors de $\{0\} \cup f^{-1}(\infty)$. En tant que fonction, f/x^s admet l'origine comme singularité essentielle ; il en résulte que la feuille correspondante F' a un bourgeon essentiel au-dessus de 0. Comme $(0,0)$ n'appartient pas au lieu singulier de ω_1, il résulte alors, par exemple, du théorème de KIMURA

(4.2.14) appliqué à la projection $(x,y) \mapsto y$, que, dans tout voisinage arbitrairement petit de 0 , F' rencontre la droite $y = 0$. Autrement dit, F rencontre Σ ; d'où la contradiction.

Pour (4.3.5) , la section $s : V \dot{-} \delta \to V \times P^1_C$ est définie par une fonction $f : V \dot{-} \sigma \to P^1_C$ holomorphe, sans singularité essentielle sur σ comme nous l'avons vu, donc définie partout. Enfin, si $V = C \subset P^1_C$ et ω est polynômiale en x , donc définit une équation de Pfaff algébrique sur $P^1_C \times P^1_C$, l'argument précédent montre que toute solution uniforme est aussi définie au point ∞ , donc est une fraction rationnelle.

Remarque 4.3.7. Nous nous sommes servis de façon essentielle du fait que la feuille considérée, représentée par une fonction, gardait une singularité essentielle après diverses transformations. L'exemple suivant, dû à KIMURA (cf [H K M]) , montre qu'il n'en est pas toujours ainsi. L'équation de Pfaff

$$\omega = xy^{n-1}\,dy - (x^n + y^n)\,dx = 0$$

a pour "solutions"

$$y = x\sqrt{n\log(x) + C}$$

qui admettent toutes l'origine comme singularité essentielle. Par contre, après transformation par $y = xu$, l'équation devient

$$\omega_1 = u^{n-1}x\,du - dx = 0$$

dont les solutions, qui sont bien sûr données par

$$u = \sqrt{n\log(x) + C}$$

admettent seulement l'origine comme singularité ordinaire.

5. FEUILLETAGES ALGEBRIQUES DE CODIMENSION UN DES VARIETES AFFINES.

5.1. Soit X un $\mathbf{C}$- schéma lisse de dimension n. Nous appellerons dans la suite feuilletage algébrique (sans singularités) de codimension un de X la donnée d'un fibré algébrique inversible L sur X et d'un épimorphisme de fibrés vectoriels algébriques

$$u : T(X) \to L \to 0 ,$$

tel que $\mathrm{Ker}(u)$ soit un sous-fibré vectoriel intégrable de $T(X)$.

Localement, $L \simeq X \times \mathbf{C}$, de sorte que u est défini par une forme différentielle algébrique $\omega \in \Gamma(X, \Omega^1_{X/\mathbf{C}})$, et la condition de complète intégrabilité s'écrit

(5.1.1) $$\omega \wedge d\omega = 0 .$$

D'ailleurs, lorsque X est connexe, il suffit pour montrer que $\mathrm{Ker}(u)$ est complètement intégrable, de vérifier que $\omega \wedge d\omega = 0$ sur un ouvert $U \neq \emptyset$ trivialisant L, grâce au "principe de prolongement des identités algébriques".

Bien entendu, on a des notions évidentes de restriction et de prolongement des feuilletages de codimension un. En particulier, si X est une $\mathbf{C}$-variété algébrique lisse et connexe, et U un ouvert de Zariski non vide de X, tout feuilletage algébrique de codimension un de U admet un prolongement maximal unique à un ouvert V de X, et, posant $Y = X \dot{-} V$, on a

(5.1.2) $$\mathrm{codim}(Y,X) \geq 2 .$$

En effet, comme la condition de complète intégrabilité ne fait pas de difficultés d'après ce qui précède, on voit qu'il s'agit simplement de prolonger la section algébrique $U \to P(\check{T}(U))$ définie par $u : T(U) \to L$. Or, comme X est normale et $P(\check{T}(X))$ propre sur X, la section rationnelle u a un domaine de définition V satisfaisant à (5.1.2).

L'objet de ce paragraphe est de démontrer la proposition suivante.

PROPOSITION 5.2. <u>Soient</u> X <u>une $\mathbf{C}$-variété algébrique affine et intègre,</u> U <u>un ouvert de Zariski lisse non vide de</u> X, <u>et</u> $\mathfrak{F}$ <u>un feuilletage algébrique (sans</u>

singularités) de codimension un sur U . *On suppose de plus donnée une immersion fermée* $j : X \hookrightarrow \mathbb{C}^r$, *et on suppose* $n = \dim X \geq 2$.
Si F *est une feuille de* $\mathcal{F}$, *alors, pour presque toute application linéaire surjective* $\varphi : \mathbb{C}^r \to \mathbb{C}^{n-1}$, $\varphi(F)$ *est dense dans* $\mathbb{C}^{n-1}$ *pour la topologie ordinaire.*
En particulier, aucune feuille de $\mathcal{F}$ *n'est relativement compacte dans* X .

Bien entendu, "pour presque toute φ " signifie qu'il existe un ouvert de Zariski non vide de $\mathrm{Hom}_{\mathbb{C}}(\mathbb{C}^r,\mathbb{C}^{n-1})$ de telles applications.

Preuve : La dernière assertion est immédiate, car si F était relativement compacte, alors, choisissant φ comme dans l'énoncé, on aurait $\mathbb{C}^{n-1} = \varphi(\mathrm{adh}_X(F))$, qui serait compact, en contradiction avec $n \geq 2$. Montrons donc la première assertion. Supposons tout d'abord que F soit une sous-variété algébrique lisse, fermée, de U , et notons α le morphisme d'inclusion $F \hookrightarrow \mathbb{C}^r$. Notant $x_1,\ldots,x_{n-1}$ les coordonnées canoniques de $\mathbb{C}^{n-1}$,

$$W = \{\varphi : \mathbb{C}^r \twoheadrightarrow \mathbb{C}^{n-1} \mid \alpha^*\varphi^*(dx_1\wedge\ldots\wedge dx_{n-1}) \neq 0\} \subset \mathrm{Hom}_{\mathbb{C}}(\mathbb{C}^r,\mathbb{C}^{n-1})$$

est un ouvert de Zariski, qui est non vide, car sinon l'application composée

$$\alpha^* : \Omega^{n-1}_{\mathbb{C}^r}\otimes_{\mathcal{O}_{\mathbb{C}^r}}\mathcal{O}_F \to \Omega^{n-1}_U\otimes_{\mathcal{O}_U}\mathcal{O}_F \twoheadrightarrow \Omega^{n-1}_F$$

serait nulle, d'où, comme Ω^{n-1}_U est engendré comme $\mathcal{O}_U$ - module par $\mathrm{Im}(\Omega^{n-1}_{\mathbb{C}^r})$, on déduirait $\Omega^{n-1}_F = 0$, en contradiction avec le fait que F est lisse de dimension $n-1 > 0$. Si $\varphi \in W$, alors la restriction de φ à un ouvert non vide de F est un morphisme étale, donc $\varphi(F)$ contient un ouvert de Zariski non vide de $\mathbb{C}^{n-1}$. Supposons maintenant que F ne soit pas une sous-variété algébrique fermée de U . Alors (1.5) F n'est contenue dans aucune sous-variété algébrique propre de U de sorte que, quitte à rapetisser U , on peut supposer $\mathcal{F}$ défini par $\omega \in \Gamma(U,\Omega^1_U)$.
Alors

$$W_1 = \{\varphi : \mathbb{C}^r \twoheadrightarrow \mathbb{C}^{n-1} \mid \omega\wedge j_U^*\varphi^*(dx_1\wedge\ldots\wedge dx_{n-1}) \neq 0\} ,$$

où $j_U : U \to \mathbb{C}^r$ est l'inclusion canonique, est à nouveau un ouvert de Zariski non vide (car sinon, Ω^1_U étant localement libre de rang n, on en déduirait $\omega = 0$), et nous allons montrer que toute application $\varphi \in W_1$ répond à la question. Posons pour cela

$$(5.2.1) \qquad Z = \{\xi \in U | [\omega \wedge j_U^* \varphi^* (dx_1 \wedge \ldots \wedge dx_{n-1})](\xi) = 0\} \subsetneqq U .$$

Comme Z est fermé pour la topologie de Zariski, on peut le négliger, et supposer $Z = \emptyset$.

LEMME 5.3. $(Z = \emptyset)$ <u>Le feuilletage</u> $\mathfrak{F}$ <u>est quasi-fini relativement à</u> $\varphi \circ j | U : U \to \mathbb{C}^{n-1}$.

Sinon, l'une des feuilles de $\mathfrak{F}$ contiendrait un sous-espace analytique (localement fermé) E, de dimension > 0, de l'une des fibres géométriques de $\varphi \circ j$. En particulier, le lieu régulier R de E serait une sous-variété intégrale de $\mathfrak{F}$. Posons

$$\overline{x_i} = x_i \circ \varphi \circ j \quad (1 \leq i \leq n-1) .$$

Ecrivant que R est, d'une part dans l'une des fibres de $\varphi \circ j$, d'autre part variété intégrale de $\omega = 0$, on obtient, pour tout $\xi \in R$,

$$d\bar{x}_1(T_\xi R) = \ldots = d\bar{x}_{n-1}(T_\xi R) = \omega(T_\xi R) = 0 ,$$

d'où, comme $\dim X = n$,

$$\omega \wedge d\bar{x}_1 \wedge \ldots \wedge d\bar{x}_{n-1} = 0 \text{ sur } R ,$$

ce qui contredit $Z = \emptyset$.

Afin d'appliquer (3.4), nous allons devoir compactifier $\varphi \circ j | U$. Pour cela, on peut, afin de simplifier les notations, supposer que φ est la projection de $\mathbb{C}^r$ sur le sous-espace $\mathbb{C}^{n-1}$ engendré par les $n-1$ premiers vecteurs de base

$$X \overset{j}{\hookrightarrow} \mathbb{C}^r = \mathbb{C}^{n-1} \times \mathbb{C}^{r-n+1} \hookrightarrow \mathbb{C}^{n-1} \times \mathbb{P}_{\mathbb{C}}^{r-n+1} .$$

Notons $\bar{X}$ l'adhérence, pour la topologie de Zariski, de X dans $\mathbb{C}^{n-1} \times \mathbb{P}_{\mathbb{C}}^{r-n+1}$, munissons-la de sa structure réduite, et soit $\tilde{X}$ sa normalisée. Comme U est lisse, on en déduit une factorisation

$$
(5.2.2) \qquad \begin{array}{ccc} U & \hookrightarrow & \widetilde{X} \\ & \psi|U = (\varphi\circ j)|U \searrow & \downarrow \psi \\ & & \mathbb{C}^{n-1} \end{array}
$$

Comme $j_U^* \circ \varphi^* (dx_1 \wedge \ldots \wedge dx_{n-1}) \neq 0$, $\varphi \circ j|U$ est dominant, donc, quitte à enlever de U un fermé de Zariski de dimension $\leq n-1$, on peut supposer que $\psi|U$ a pour image un ouvert de Zariski V de $\mathbb{C}^{n-1}$. Par ailleurs, le lieu singulier de $\widetilde{X}$ étant de dimension $\leq n-2$, on peut (5.1.2) prolonger le feuilletage $\mathfrak{F}$ en un feuilletage algébrique de codimension 1 sur un ouvert U_1 tel que $\mathrm{cod}(\widetilde{X} \smallsetminus U_1, \widetilde{X}) \geq 2$. Quitte à rapetisser V , en lui enlevant le fermé $V \smallsetminus [V \cap \psi(\widetilde{X} \smallsetminus U_1)]$, et donc également U , on peut supposer $\mathfrak{F}$ prolongé à $\widetilde{U} = \psi^{-1}(V)$ en un feuilletage $\widetilde{\mathfrak{F}}$.

$$
\begin{array}{ccccc} \mathfrak{F} & U & \hookrightarrow & \widetilde{U} = \psi^{-1}(V) & \widetilde{\mathfrak{F}} \\ & & \searrow & \downarrow \psi & \\ & & & V & \end{array}
$$

Enfin, $\psi|\widetilde{U}$ est dominant, sa fibre générique est de dimension 1 , et $\dim(\widetilde{U} \smallsetminus U) \leq n-1$. On peut donc, quitte à restreindre la situation précédente au-dessus d'un ouvert de Zariski convenable de V , supposer que les fibres (géométriques) de $\psi|\widetilde{U}$ sont des courbes algébriques dont tous les points, à l'exception d'un nombre fini, appartiennent à U (EGA IV 9.2.6 et 9.3.2) . Utilisant (5.3), il est clair que $\widetilde{\mathfrak{F}}$ est également quasi-fini sur V . Soit alors $\widetilde{F}$ la feuille de $\widetilde{\mathfrak{F}}$ contenant F de sorte que (1.7) $\widetilde{F} \cap U = F$. Comme ψ est propre, on a (3.4)

$$
(5.2.3) \qquad \psi(\widetilde{F}) = V .
$$

Nous allons en déduire que $\psi(F)$ est dense pour la topologie ordinaire dans V . Supposons par l'absurde qu'il existe un ouvert (ordinaire) V_1 de V tel que $V_1 \cap \psi(F) = \emptyset$. On en déduirait (3.2.3)

$$
\emptyset \neq \widetilde{F} \cap \psi^{-1}(V_1) \subset \widetilde{U} \smallsetminus U ,
$$

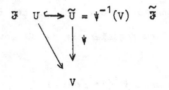

d'où, par prolongement analytique (1.4(i)), $\tilde{F} \subset \tilde{U} \dot{-} U$; or $F \subset \tilde{F}$! .

Remarque 5.4. L'ouvert W_1 ne dépend pas du choix de la feuille, supposée non algébrique, F .

COROLLAIRE 5.5. Soient X une variété projective complexe de dimension ≥ 2 , et U un ouvert non vide de X , muni d'un feuilletage algébrique de codimension un $\mathfrak{F}$. Alors, pour toute feuille F de U , l'adhérence $\bar{F}$ de F dans X rencontre le lieu des zéros de toute section d'un fibré inversible ample sur X .

Preuve : Soit s une telle section, supposée non nulle, de sorte que $V = X \dot{-} s^{-1}(0)$ est affine. Si on avait $\bar{F} \cap s^{-1}(0) = \emptyset$, F serait une feuille de $\mathfrak{F}|V \cap U$, et serait relativement compacte dans l'ouvert affine V .

5.6. Hormis, bien sûr, le cas où $X = P^r_{\mathbf{C}} (r \geq 2)$, il n'est pas vrai en général que $\bar{F}$ rencontre toute hypersurface de X . Par exemple, soit $\mathfrak{F}$ un feuilletage algébrique de codimension 1 sur un ouvert $\emptyset \neq U \subsetneq P^2_{\mathbf{C}}$ et F une feuille de $\mathfrak{F}$, telle que $\bar{F} \neq P^2_{\mathbf{C}}$. Si $x_o \in P^2_{\mathbf{C}} \dot{-} U$, alors, notant X l'éclaté de $P^2_{\mathbf{C}}$ en x_o , on a $U \subset X$ et, dans X , l'adhérence de F ne rencontre pas le diviseur exceptionnel.

6. FEUILLETAGES ALGEBRIQUES DE CODIMENSION UN DES VARIETES PROJECTIVES.

La proposition suivante précise (5.5) .

PROPOSITION 6.1. Soient X un sous-schéma fermé intègre de dimension $n \geq 2$ de $P^r_{\mathbf{C}}$, et U un ouvert de Zariski lisse non vide de X , muni d'un feuilletage algébrique de codimension un $\mathfrak{F}$. Alors, si F est une feuille de $\mathfrak{F}$, l'adhérence $\bar{F}$ de F dans X rencontre toute courbe C qui est intersection complète (ensembliste) de X et de $n-1$ hypersurfaces de $P^r_{\mathbf{C}}$.

Preuve : Soient $H_i : \varphi_i = 0$ $(1 \leq i \leq n-1)$ $n-1$ hypersurfaces de $P^r_{\mathbf{C}}$ telles que

$$C = X \cap H_1 \cap \ldots \cap H_{n-1} \quad \text{(ensemblistement)} .$$

Quitte à les élever à des puissances convenables, on peut supposer que les φ_i sont des polynômes homogènes de même degré d. Utilisant les théorèmes de Bertini, on peut trouver un autre polynôme φ_n homogène de degré d tel que, posant $H_n : \varphi_n = 0$,

$$T = X \cap H_1 \cap \ldots \cap H_{n-1} \cap H_n \text{ soit fini.} \tag{6.1.1}$$

Considérons le morphisme (surjectif car X, de dimension n, rencontre tout schéma de codimension $n-1$ dans $P^r_{\mathbb{C}}$ suivant un schéma de dimension ≥ 1, donc non contenu dans T)

$$\varphi : X \dot{-} T \to P^{n-1}_{\mathbb{C}}$$

$$x \mapsto (\varphi_1(x), \ldots, \varphi_n(x))$$

d'où notant $\pi : \widetilde{X} \to X$ la normalisation de X et $\widetilde{T} = \pi^{-1}(T)$, un morphisme

$$\widetilde{\varphi} = \varphi \circ \pi : \widetilde{X} \dot{-} \widetilde{T} \to P^{n-1}_{\mathbb{C}} .$$

Comme U est lisse, φ induit un isomorphisme $\varphi^{-1}(U) \xrightarrow{\sim} U$. Si l'on transporte $\mathfrak{F}$ sur $\varphi^{-1}(U)$, il existe (5.1) un prolongement $\mathfrak{G}$ de $\mathfrak{F}$ à un ouvert de Zariski V de $\widetilde{X} - \widetilde{T}$ tel que

$$\dim(\widetilde{X} \dot{-} V) \leq n-2 , \tag{6.1.2}$$

et par suite, on peut trouver un ouvert de Zariski $W \neq \emptyset$ de $P^{n-1}_{\mathbb{C}}$ tel que

$$\widetilde{\varphi}^{-1}(W) \subset V . \tag{6.1.3}$$

Les notations étant ainsi fixées, abordons la preuve de (6.1). Tout d'abord, l'assertion est claire lorsque F est "algébrique", i.e. lorsque $\bar{F}$ est une hypersurface algébrique Y de X : comme $\dim Y = n-1$, on a

$$Y \cap C = Y \cap H_1 \cap \ldots \cap H_{n-1} \neq \emptyset \text{ dans } P^r_{\mathbb{C}} .$$

Supposons désormais F non algébrique, ce qui implique $F \cap \varphi^{-1}(W) \neq \emptyset$, car sinon, posant $Z = P^{n-1}_{\mathbb{C}} \dot{-} W$, on aurait $F \subset \varphi^{-1}(Z)$, donc (1.5) F serait une hypersurface algébrique fermée irréductible de U et $\bar{F}$ en serait l'adhérence de Zariski (irréductible) . Nous pouvons également supposer que $\bar{F} \cap T = \emptyset$, car sinon l'assertion est évidente. Soit $\widetilde{F}$ le prolongement de $F|\varphi^{-1}(W) \cap U$ à $\widetilde{\varphi}^{-1}(W)$. Utilisant (1.8) , on voit que

$$\mathrm{adh}_{\widetilde{X}}(F) = \mathrm{adh}_{\widetilde{X}}(\widetilde{F}) \ , \text{ et } \ \mathrm{adh}_{\widetilde{\varphi}^{-1}(W)}(F) = \mathrm{adh}_{\widetilde{\varphi}^{-1}(W)}(\widetilde{F}) \ .$$

Comme $\mathrm{adh}_X(F)$ est compact et π propre,

(6.1.4) $\widetilde{\varphi}|\mathrm{adh}_{\widetilde{\varphi}^{-1}(W)}(\widetilde{F})\colon \mathrm{adh}_{\widetilde{\varphi}^{-1}(W)}(\widetilde{F}) \to W$ est <u>propre</u> .

LEMME 6.2. ($\bar{F} \cap T = \emptyset$) <u>Il est possible de choisir</u> W <u>tel que</u>

$$\widetilde{\varphi}|\mathrm{adh}_{\widetilde{\varphi}^{-1}(W)}(\widetilde{F}) \ \ \underline{\text{soit quasi-fini}} \ .$$

Choisissant W comme dans (6.2) , il résulte alors de (6.1.4) et (3.4) que $W = \widetilde{\varphi}(\widetilde{F}) = \widetilde{\varphi}(\mathrm{adh}_{\widetilde{X}}(F) \cap \widetilde{\varphi}^{-1}(W)) = \varphi(\mathrm{adh}_X(F) \cap \varphi^{-1}(W))$, la dernière égalité provenant de ce que π est propre. Comme W est dense dans P_C^{n-1} pour la topologie ordinaire et $\bar{F}$ compact dans $X \dot{-} T$, on en déduit

$$P_C^{n-1} = \varphi(\bar{F}) \ ,$$

donc $\bar{F}$ rencontre toutes les fibres de φ et en particulier

$$C \dot{-} T = \varphi^{-1}(0,0,\ldots,0,1) \ .$$

Montrons donc (6.2). Le morphisme $\widetilde{\varphi}$ est dominant, et sa fibre géométrique générique est une courbe normale (car(C) = 0 !) , par suite, il résulte d'une variante des théorèmes de BERTINI (voir lemme 6.3 ci-dessous) qu'on peut choisir W de telle sorte que toutes les fibres géométriques de $\widetilde{\varphi}|\widetilde{\varphi}^{-1}(W)$ soient des courbes lisses. Autrement dit, pour tout $s = (a_1,\ldots,a_n)$ de W , posant $\widetilde{\varphi}_i = \varphi_i \circ \pi$,

$$\Gamma_s\colon a_i\widetilde{\varphi}_j - a_j\widetilde{\varphi}_i = 0 \quad (1 \le i \ , \ j \le n)$$

est une courbe de $\widetilde{X}$, lisse en dehors de $\widetilde{T}$. Par ailleurs, d'après les théorèmes de LEFSCHETZ [SGA 2 (1962), exp XIII, cor. 2.3] , Γ_s est connexe.

Comme $\widetilde{T} \subset \Gamma_s$, on en déduit que toute composante irréductible de Γ_s rencontre $\widetilde{T}$: ou bien Γ_s est irréductible, ou bien Γ_s a au moins deux composantes irréductibles qui, Γ_s étant lisse en dehors de $\widetilde{T}$, ne peuvent se couper qu'en des points de $\widetilde{T}$. Supposons que Γ_s ait, dans $\widetilde{\varphi}^{-1}(W)_{fin}$, une intersection non discrète avec $adh_{\widetilde{\varphi}^{-1}(W)}(\widetilde{F})$. Alors l'une des composantes irréductibles, soit Δ, de Γ_s, contiendrait une plaque P d'une feuille F_1 adhérente à F, d'où (1.7)

$$\Delta \subset F_1 \subset adh_{\widetilde{X}}(F) ,$$

ce qui, comme $\Delta \cap \widetilde{T} \neq \phi$, contredit $adh_X(F) \cap T = \phi$.

Précisons la variante des théorèmes de BERTINI utilisée.

LEMME 6.3. <u>Soient</u> k <u>un corps algébriquement clos de caractéristique</u> 0, X <u>et</u> Y <u>deux</u> k<u>-schémas quasi-projectifs et</u> $f : X \to Y$ <u>un morphisme</u>. <u>Si</u> X <u>est lisse (resp. normal) et</u> Y <u>intègre, il existe un ouvert de Zariski</u> $W \neq \phi$ <u>de</u> Y <u>tel que</u>

$$f|f^{-1}(W) : f^{-1}(W) \to W$$

<u>soit lisse (resp. à fibres géométriquement normales)</u>.

<u>Preuve</u> : L'assertion étant locale sur Y, on peut, quitte à le remplacer par une complétion projective, supposer Y projectif. Soit Z une complétion projective de X, et $\bar{X}$ l'adhérence schématique du graphe de f dans $Z \times Y$, qui est donc réduite. On en déduit un prolongement

$$\bar{f} : \bar{X} \to Y$$

de f, avec $\bar{X}$ projectif. Montrons le lemme lorsque X est lisse. D'après HIRONAKA, il est possible de trouver un morphisme $\varphi : \widetilde{X} \to \bar{X}$, avec $\widetilde{X}$ lisse et projectif, induisant un isomorphisme $\varphi^{-1}(X) \xrightarrow{\sim} X$. On est ainsi ramené à démontrer le lemme lorsque X et Y sont tous deux projectifs. Dans ce cas, on utilise d'abord le théorème de platitude générique pour exhiber un ouvert $W_1 \subset Y$ tel que $f_1 = f|f^{-1}(W_1) : f^{-1}(W_1) \to W_1$ soit (propre et) plat.

Comme X est lisse et $\mathrm{car}(k) = 0$, la fibre géométrique générique de f_1 est lisse, et on conclut par (EGA IV 12.2.4) . Lorsque X est normal, la preuve est analogue : on prend pour $\widetilde{X}$ le normalisé de $\overline{X}$.

Avant d'énoncer le corollaire suivant, convenons de dire qu'une partie E d'une variété X munie d'un feuilletage $\mathcal{F}$ est saturée si elle est réunion d'un ensemble de feuilles de $\mathcal{F}$.

COROLLAIRE 6.4. Soient X une variété projective intègre, et U un ouvert de Zariski lisse de X , muni d'un feuilletage algébrique de codimension un $\mathcal{F}$. On suppose que, posant $Y = Y \dot{-} U$, on ait $\mathrm{codim}(Y,X) \geq 2$. Alors l'ensemble des parties fermées saturées $\neq \emptyset$ de $\mathcal{F}$ est ordonné inductif pour l'inclusion décroissante, et en particulier tout fermé saturé non vide de $\mathcal{F}$ en contient un qui est minimal.

Preuve : Choisissons une immersion fermée $X \hookrightarrow P^r_{\mathbb{C}}$. Si $\dim X = n$, alors $\dim Y \leq n-2$, donc d'après les théorèmes de BERTINI, il existe $n-1$ hypersurfaces algébriques $H_1,\ldots,H_{n-1}$ de $P^r_{\mathbb{C}}$ tels que $C = X \cap H_1 \cap \ldots \cap H_{n-1}$ soit une courbe et $C \cap Y = \emptyset$, i.e. $C \subset U$. Soit alors $(M_i)_{i \in I}$ un ensemble ordonné inductif de parties fermées saturées de U . Alors, pour tout i , $M_i \cap C$ est compact, de sorte que $\bigcap_{i \in I} (M_i \cap C) \neq \emptyset$. Si $x \in \bigcap_{i \in I} (M_i \cap C)$, alors, notant F_x la feuille de x , $\mathrm{adh}_U(F_x)$ est un minorant pour l'ensemble $(M_i)_{i \in I}$.

COROLLAIRE 6.5. ([TH] lorsque $X = P^r_{\mathbb{C}}$) . Sous les hypothèses précédentes, supposons que toutes les feuilles de $\mathcal{F}$ soient "propres" , i.e. des sous-variétés analytiques localement fermées de U . Alors tout fermé saturé minimal est une hypersurface de U , et en particulier l'adhérence dans U de toute feuille contient une hypersurface algébrique de U .

Preuve : Soit K un fermé saturé minimal, et $F \subset K$ une feuille. Alors $\overline{F} = K$ par hypothèse de minimalité, de sorte que $K \dot{-} F$ est un fermé (F est propre) saturé (1.3), et finalement $K = F$. Mais une feuille F fermée dans U est algébrique.

En effet, comme $\operatorname{codim}(Y,X) \geq 2$, il résulte du théorème de REMMERT-STEIN ([N] p. 123) que $\operatorname{adh}_X(F)$ est une hypersurface fermée analytique de X , donc aussi algébrique d'après le théorème de CHOW ([N], p. 125) .

BIBLIOGRAPHIE

[B] L.BIEBERBACH : Theorie der gewöhnlichen Differentialgleichungen, zweite Auflage, Grund. der math. Wiss. , vol. 66 .

[C] H. CARTAN : Détermination des points exceptionnels d'un système de p fonctions analytiques de n variables complexes, Bull. S.M.F. 57 (1933) , pp. 334-344 .

[G.S] R. GERARD et A. SEC : Feuilletages de PAINLEVE, Bull. S.M.F. 100 (1972) , pp. 47-72 .

[H] C. HOUZEL : Géométrie analytique locale, exp. 18- 21 in Séminaire H. CARTAN, 1960-61 .

[H.K.M.] M. HUKUHARA, T. KIMURA, T. MATUDA : Equations différentielles dans le champ complexe, Math. Soc. of Japan, Tokyo 1961.

[J] J.P. JOUANOLOU : Equations de PFAFF algébriques sur un espace projectif (exp. 2) .

[K.S] T. KIMURA et Y. SIBUYA : Essential singular points of solutions of an algebraic differential equation, J. für reine und ang. Mathematik, vol. 272(1975), pp 127-149.

[N] R. NARASIMHAN : Introduction to the theory of analytic spaces, Lecture Notes Springer 25 (1966) .

[TH] TRAN HUY HOANG : Sur le feuilletage défini par une équation de PFAFF algébrique sur P_C^n , thèse 3e cycle Strasbourg 1975 .

INDEX TERMINOLOGIQUE

Vol. 551: Algebraic K-Theory, Evanston 1976. Proceedings. Edited by M. R. Stein. XI, 409 pages. 1976.

Vol. 552: C. G. Gibson, K. Wirthmüller, A. A. du Plessis and E. J. N. Looijenga. Topological Stability of Smooth Mappings. V, 155 pages. 1976.

Vol. 553: M. Petrich, Categories of Algebraic Systems. Vector and Projective Spaces, Semigroups, Rings and Lattices. VIII, 217 pages. 1976.

Vol. 554: J. D. H. Smith, Mal'cev Varieties. VIII, 158 pages. 1976.

Vol. 555: M. Ishida, The Genus Fields of Algebraic Number Fields. VII, 116 pages. 1976.

Vol. 556: Approximation Theory. Bonn 1976. Proceedings. Edited by R. Schaback and K. Scherer. VII, 466 pages. 1976.

Vol. 557: W. Iberkleid and T. Petrie, Smooth S^1 Manifolds. III, 163 pages. 1976.

Vol. 558: B. Weisfeiler, On Construction and Identification of Graphs. XIV, 237 pages. 1976.

Vol. 559: J.-P. Caubet, Le Mouvement Brownien Relativiste. IX, 212 pages. 1976.

Vol. 560: Combinatorial Mathematics, IV, Proceedings 1975. Edited by L. R. A. Casse and W. D. Wallis. VII, 249 pages. 1976.

Vol. 561: Function Theoretic Methods for Partial Differential Equations. Darmstadt 1976. Proceedings. Edited by V. E. Meister, N. Weck and W. L. Wendland. XVIII, 520 pages. 1976.

Vol. 562: R. W. Goodman, Nilpotent Lie Groups: Structure and Applications to Analysis. X, 210 pages. 1976.

Vol. 563: Séminaire de Théorie du Potentiel. Paris, No. 2. Proceedings 1975–1976. Edited by F. Hirsch and G. Mokobodzki. VI, 292 pages. 1976.

Vol. 564: Ordinary and Partial Differential Equations, Dundee 1976. Proceedings. Edited by W. N. Everitt and B. D. Sleeman. XVIII, 551 pages. 1976.

Vol. 565: Turbulence and Navier Stokes Equations. Proceedings 1975. Edited by R. Temam. IX, 194 pages. 1976.

Vol. 566: Empirical Distributions and Processes. Oberwolfach 1976. Proceedings. Edited by P. Gaenssler and P. Révész. VII, 146 pages. 1976.

Vol. 567: Séminaire Bourbaki vol. 1975/76. Exposés 471–488. IV, 303 pages. 1977.

Vol. 568: R. E. Gaines and J. L. Mawhin, Coincidence Degree, and Nonlinear Differential Equations. V, 262 pages. 1977.

Vol. 569: Cohomologie Etale SGA 4½. Séminaire de Géométrie Algébrique du Bois-Marie. Edité par P. Deligne. V, 312 pages. 1977.

Vol. 570: Differential Geometrical Methods in Mathematical Physics, Bonn 1975. Proceedings. Edited by K. Bleuler and A. Reetz. VIII, 576 pages. 1977.

Vol. 571: Constructive Theory of Functions of Several Variables, Oberwolfach 1976. Proceedings. Edited by W. Schempp and K. Zeller. VI, 290 pages. 1977

Vol. 572: Sparse Matrix Techniques, Copenhagen 1976. Edited by V. A. Barker. V, 184 pages. 1977.

Vol. 573: Group Theory, Canberra 1975. Proceedings. Edited by R. A. Bryce, J. Cossey and M. F. Newman. VII, 146 pages. 1977.

Vol. 574: J. Moldestad, Computations in Higher Types. IV, 203 pages. 1977.

Vol. 575: K-Theory and Operator Algebras, Athens, Georgia 1975. Edited by B. B. Morrel and I. M. Singer. VI, 191 pages. 1977.

Vol. 576: V. S. Varadarajan, Harmonic Analysis on Real Reductive Groups. VI, 521 pages. 1977.

Vol. 577: J. P. May, E_∞ Ring Spaces and E_∞ Ring Spectra. IV, 268 pages. 1977.

Vol. 578: Séminaire Pierre Lelong (Analyse) Année 1975/76. Edité par P. Lelong. VI, 327 pages. 1977.

Vol. 579: Combinatoire et Représentation du Groupe Symétrique, Strasbourg 1976. Proceedings 1976. Edité par D. Foata. IV, 339 pages. 1977.

Vol. 580: C. Castaing and M. Valadier, Convex Analysis and Measurable Multifunctions. VIII, 278 pages. 1977.

Vol. 581: Séminaire de Probabilités XI, Université de Strasbourg. Proceedings 1975/1976. Edité par C. Dellacherie, P. A. Meyer et M. Weil. VI, 574 pages. 1977.

Vol. 582: J. M. G. Fell, Induced Representations and Banach *-Algebraic Bundles. IV, 349 pages. 1977.

Vol. 583: W. Hirsch, C. C. Pugh and M. Shub, Invariant Manifolds. IV, 149 pages. 1977.

Vol. 584: C. Brezinski, Accélération de la Convergence en Analyse Numérique. IV, 313 pages. 1977.

Vol. 585: T. A. Springer, Invariant Theory. VI, 112 pages. 1977.

Vol. 586: Séminaire d'Algèbre Paul Dubreil, Paris 1975–1976 (29ème Année). Edited by M. P. Malliavin. VI, 188 pages. 1977.

Vol. 587: Non-Commutative Harmonic Analysis. Proceedings 1976. Edited by J. Carmona and M. Vergne. IV, 240 pages. 1977.

Vol. 588: P. Molino, Théorie des G-Structures: Le Problème d'Equivalence. VI, 163 pages. 1977.

Vol. 589: Cohomologie l-adique et Fonctions L. Séminaire de Géométrie Algébrique du Bois-Marie 1965–66, SGA 5. Edité par L. Illusie. XII, 484 pages. 1977.

Vol. 590: H. Matsumoto, Analyse Harmonique dans les Systèmes de Tits Bornologiques de Type Affine. IV, 219 pages. 1977.

Vol. 591: G. A. Anderson, Surgery with Coefficients. VIII, 157 pages. 1977.

Vol. 592: D. Voigt, Induzierte Darstellungen in der Theorie der endlichen, algebraischen Gruppen. V, 413 Seiten. 1977.

Vol. 593: K. Barbey and H. König, Abstract Analytic Function Theory and Hardy Algebras. VIII, 260 pages. 1977.

Vol. 594: Singular Perturbations and Boundary Layer Theory, Lyon 1976. Edited by C. M. Brauner, B. Gay, and J. Mathieu. VIII, 539 pages. 1977.

Vol. 595: W. Hazod, Stetige Faltungshalbgruppen von Wahrscheinlichkeitsmaßen und erzeugende Distributionen. XIII, 157 Seiten. 1977.

Vol. 596: K. Deimling, Ordinary Differential Equations in Banach Spaces. VI, 137 pages. 1977.

Vol. 597: Geometry and Topology, Rio de Janeiro, July 1976. Proceedings. Edited by J. Palis and M. do Carmo. VI, 866 pages. 1977.

Vol. 598: J. Hoffmann-Jørgensen, T. M. Liggett et J. Neveu, Ecole d'Eté de Probabilités de Saint-Flour VI – 1976. Edité par P.-L. Hennequin. XII, 447 pages. 1977.

Vol. 599: Complex Analysis, Kentucky 1976. Proceedings. Edited by J. D. Buckholtz and T. J. Suffridge. X, 159 pages. 1977.

Vol. 600: W. Stoll, Value Distribution on Parabolic Spaces. VIII, 216 pages. 1977.

Vol. 601: Modular Functions of one Variable V, Bonn 1976. Proceedings. Edited by J.-P. Serre and D. B. Zagier. VI, 294 pages. 1977.

Vol. 602: J. P. Brezin, Harmonic Analysis on Compact Solvmanifolds. VIII, 179 pages. 1977.

Vol. 603: B. Moishezon, Complex Surfaces and Connected Sums of Complex Projective Planes. IV, 234 pages. 1977.

Vol. 604: Banach Spaces of Analytic Functions, Kent, Ohio 1976. Proceedings. Edited by J. Baker, C. Cleaver and Joseph Diestel. VI, 141 pages. 1977.

Vol. 605: Sario et al., Classification Theory of Riemannian Manifolds. XX, 498 pages. 1977.

Vol. 606: Mathematical Aspects of Finite Element Methods. Proceedings 1975. Edited by I. Galligani and E. Magenes. VI, 362 pages. 1977.

Vol. 607: M. Métivier, Reelle und Vektorwertige Quasimartingale und die Theorie der Stochastischen Integration. X, 310 Seiten. 1977.

Vol. 608: Bigard et al., Groupes et Anneaux Réticulés. XIV, 334 pages. 1977.

Vol. 609: General Topology and Its Relations to Modern Analysis and Algebra IV. Proceedings 1976. Edited by J. Novák. XVIII, 225 pages. 1977.

Vol. 610: G. Jensen, Higher Order Contact of Submanifolds of Homogeneous Spaces. XII, 154 pages. 1977.

Vol. 611: M. Makkai and G. E. Reyes, First Order Categorical Logic. VIII, 301 pages. 1977.

Vol. 612: E. M. Kleinberg, Infinitary Combinatorics and the Axiom of Determinateness. VIII, 150 pages. 1977.

Vol. 613: E. Behrends et al., L^P-Structure in Real Banach Spaces. X, 108 pages. 1977.

Vol. 614: H. Yanagihara, Theory of Hopf Algebras Attached to Group Schemes. VIII, 308 pages. 1977.

Vol. 615: Turbulence Seminar, Proceedings 1976/77. Edited by P. Bernard and T. Ratiu. VI, 155 pages. 1977.

Vol. 616: Abelian Group Theory, 2nd New Mexico State University Conference, 1976. Proceedings. Edited by D. Arnold, R. Hunter and E. Walker. X, 423 pages. 1977.

Vol. 617: K. J. Devlin, The Axiom of Constructibility: A Guide for the Mathematician. VIII, 96 pages. 1977.

Vol. 618: I. I. Hirschman, Jr. and D. E. Hughes, Extreme Eigen Values of Toeplitz Operators. VI, 145 pages. 1977.

Vol. 619: Set Theory and Hierarchy Theory V, Bierutowice 1976. Edited by A. Lachlan, M. Srebrny, and A. Zarach. VIII, 358 pages. 1977.

Vol. 620: H. Popp, Moduli Theory and Classification Theory of Algebraic Varieties. VIII, 189 pages. 1977.

Vol. 621: Kauffman et al., The Deficiency Index Problem. VI, 112 pages. 1977.

Vol. 622: Combinatorial Mathematics V, Melbourne 1976. Proceedings. Edited by C. Little. VIII, 213 pages. 1977.

Vol. 623: I. Erdelyi and R. Lange, Spectral Decompositions on Banach Spaces. VIII, 122 pages. 1977.

Vol. 624: Y. Guivarc'h et al., Marches Aléatoires sur les Groupes de Lie. VIII, 292 pages. 1977.

Vol. 625: J. P. Alexander et al., Odd Order Group Actions and Witt Classification of Innerproducts. IV, 202 pages. 1977.

Vol. 626: Number Theory Day, New York 1976. Proceedings. Edited by M. B. Nathanson. VI, 241 pages. 1977.

Vol. 627: Modular Functions of One Variable VI, Bonn 1976. Proceedings. Edited by J.-P. Serre and D. B. Zagier. VI, 339 pages. 1977.

Vol. 628: H. J. Baues, Obstruction Theory on the Homotopy Classification of Maps. XII, 387 pages. 1977.

Vol. 629: W. A. Coppel, Dichotomies in Stability Theory. VI, 98 pages. 1978.

Vol. 630: Numerical Analysis, Proceedings, Biennial Conference, Dundee 1977. Edited by G. A. Watson. XII, 199 pages. 1978.

Vol. 631: Numerical Treatment of Differential Equations. Proceedings 1976. Edited by R. Bulirsch, R. D. Grigorieff, and J. Schröder. X, 219 pages. 1978.

Vol. 632: J.-F. Boutot, Schéma de Picard Local. X, 165 pages. 1978.

Vol. 633: N. R. Coleff and M. E. Herrera, Les Courants Résiduels Associés à une Forme Méromorphe. X, 211 pages. 1978.

Vol. 634: H. Kurke et al., Die Approximationseigenschaft lokaler Ringe. IV, 204 Seiten. 1978.

Vol. 635: T. Y. Lam, Serre's Conjecture. XVI, 227 pages. 1978.

Vol. 636: Journées de Statistique des Processus Stochastiques, Grenoble 1977, Proceedings. Edité par Didier Dacunha-Castelle et Bernard Van Cutsem. VII, 202 pages. 1978.

Vol. 637: W. B. Jurkat, Meromorphe Differentialgleichungen. VII, 194 Seiten. 1978.

Vol. 638: P. Shanahan, The Atiyah-Singer Index Theorem, An Introduction. V, 224 pages. 1978.

Vol. 639: N. Adasch et al., Topological Vector Spaces. V, 125 pages. 1978.

Vol. 640: J. L. Dupont, Curvature and Characteristic Classes. X, 175 pages. 1978.

Vol. 641: Séminaire d'Algèbre Paul Dubreil, Proceedings Paris 1976–1977. Edité par M. P. Malliavin. IV, 367 pages. 1978.

Vol. 642: Theory and Applications of Graphs, Proceedings, Michigan 1976. Edited by Y. Alavi and D. R. Lick. XIV, 635 pages. 1978.

Vol. 643: M. Davis, Multiaxial Actions on Manifolds. VI, 141 pages. 1978.

Vol. 644: Vector Space Measures and Applications I, Proceedings 1977. Edited by R. M. Aron and S. Dineen. VIII, 451 pages. 1978.

Vol. 645: Vector Space Measures and Applications II, Proceedings 1977. Edited by R. M. Aron and S. Dineen. VIII, 218 pages. 1978.

Vol. 646: O. Tammi, Extremum Problems for Bounded Univalent Functions. VIII, 313 pages. 1978.

Vol. 647: L. J. Ratliff, Jr., Chain Conjectures in Ring Theory. VIII, 133 pages. 1978.

Vol. 648: Nonlinear Partial Differential Equations and Applications, Proceedings. Indiana 1976–1977. Edited by J. M. Chadam. VI, 206 pages. 1978.

Vol. 649: Séminaire de Probabilités XII, Proceedings, Strasbourg, 1976–1977. Edité par C. Dellacherie, P. A. Meyer et M. Weil. VIII, 805 pages. 1978.

Vol. 650: C*-Algebras and Applications to Physics. Proceedings 1977. Edited by H. Araki and R. V. Kadison. V, 192 pages. 1978.

Vol. 651: P. W. Michor, Functors and Categories of Banach Spaces. VI, 99 pages. 1978.

Vol. 652: Differential Topology, Foliations and Gelfand-Fuks-Cohomology, Proceedings 1976. Edited by P. A. Schweitzer. XIV, 252 pages. 1978.

Vol. 653: Locally Interacting Systems and Their Application in Biology. Proceedings, 1976. Edited by R. L. Dobrushin, V. I. Kryukov and A. L. Toom. XI, 202 pages. 1978.

Vol. 654: J. P. Buhler, Icosahedral Golois Representations. III, 143 pages. 1978.

Vol. 655: R. Baeza, Quadratic Forms Over Semilocal Rings. VI, 199 pages. 1978.

Vol. 656: Probability Theory on Vector Spaces. Proceedings, 1977. Edited by A. Weron. VIII, 274 pages. 1978.

Vol. 657: Geometric Applications of Homotopy Theory I, Proceedings 1977. Edited by M. G. Barratt and M. E. Mahowald. VIII, 459 pages. 1978.

Vol. 658: Geometric Applications of Homotopy Theory II, Proceedings 1977. Edited by M. G. Barratt and M. E. Mahowald. VIII, 487 pages. 1978.

Vol. 659: Bruckner, Differentiation of Real Functions. X, 247 pages. 1978.

Vol. 660: Equations aux Dérivée Partielles. Proceedings, 1977. Edité par Pham The Lai. VI, 216 pages. 1978.

Vol. 661: P. T. Johnstone, R. Paré, R. D. Rosebrugh, D. Schumacher, R. J. Wood, and G. C. Wraith, Indexed Categories and Their Applications. VII, 260 pages. 1978.

Vol. 662: Akin, The Metric Theory of Banach Manifolds. XIX, 306 pages. 1978.

Vol. 663: J. F. Berglund, H. D. Junghenn, P. Milnes, Compact Right Topological Semigroups and Generalizations of Almost Periodicity. X, 243 pages. 1978.

Vol. 664: Algebraic and Geometric Topology, Proceedings, 1977. Edited by K. C. Millett. XI, 240 pages. 1978.

Vol. 665: Journées d'Analyse Non Linéaire. Proceedings, 1977. Edité par P. Bénilan et J. Robert. VIII, 256 pages. 1978.

Vol. 666: B. Beauzamy, Espaces d'Interpolation Réels: Topologie et Géometrie. X, 104 pages. 1978.

Vol. 667: J. Gilewicz, Approximants de Padé. XIV, 511 pages. 1978.

Vol. 668: The Structure of Attractors in Dynamical Systems. Proceedings, 1977. Edited by J. C. Martin, N. G. Markley and W. Perrizo. VI, 264 pages. 1978.

Vol. 669: Higher Set Theory. Proceedings, 1977. Edited by G. H. Müller and D. S. Scott. XII, 476 pages. 1978.